VNR VERLAG
für die Deutsche Wirtschaft AG

Sebastian Dederichs, Jens Hildebrandt, Nina Füger (Hrsg.)

Handbuch zum Wissenschaftlichen Arbeiten

Für Studierende der Business School und der Media School an der Hochschule Fresenius

VNR Verlag für die Deutsche Wirtschaft AG

Bonn 2017

Bibliografische Information Der Deutschen Bibliothek

Die Deutsche Bibliothek verzeichnet diese Publikation in der Deutschen Nationalbibliografie; detaill
bibliografische Daten sind im Internet über http://dnb.ddb.de abrufbar

©   VNR Verlag für die Deutsche Wirtschaft AG
    Theodor-Heuss-Straße 2-4 I 53177 Bonn
    USt.-ID: DE 812639372
    Amtsgericht Bonn, HRB 8165
    Internet: www.vnrag.de
    E-Mail: info@vnr.de
    Vorstand: Guido Ems, Helmut Graf, Frederik Palm

Umschlaggestaltung: Moritz Ludwig und Andreas Engel

Druck: druckhaus köthen GmbH & Co. KG

ISBN: 978-3-8125-2447-6

I   Inhaltsverzeichnis

II   Abbildungsverzeichnis ....**IX**

III   Tabellenverzeichnis ....**XIII**

Vorwort ....**XIV**

Danksagung ....**XVI**

1   Einleitung **1**

2   Wissenschaft in Alltag und Studium **3**

2.1   Wissenschaftliches Arbeiten 3

    2.1.1   Beispiele für Wissenschaftstheorien 4

    2.1.2   Forschungsablauf der wissenschaftlichen Methode 8

2.2   Von der ersten Hausarbeit zum Master-Abschluss 12

3   Innerer Schweinehund ade! **15**

3.1   Von Zeitfressern und anderen Ungeheuern 15

3.2   Zielsetzung und Priorisierung 17

    3.2.1   Zielsetzung – Seien Sie SMART 17

    3.2.2   Priorisierung – Ziele realisieren 20

    3.2.3   Methoden der Priorisierung 20

3.3   Selbstmanagement 26

    3.3.1   Den eigenen Lerntyp bestimmen 27

        3.3.1.1   Lerntypen und Leistungskurven 27

        3.3.1.2   Lernumgebungen 28

    3.3.2   Disziplin und Motivation 30

    3.3.3   Umgang mit Stress 31

4   Von der Idee zum Thema **36**

4.1   Themenfindung 36

4.2   Literaturrecherche und -auswertung 39

    4.2.1   Literatursuche und -beschaffung 39

    4.2.2   Literaturauswertung 46

    4.2.3   Quantität und Qualität 51

4.3   Gute Themen sind die halbe Miete! 54

Inhaltsverzeichnis

**5   Innere und äußere Werte – Inhalt und Form einer
     wissenschaftlichen Arbeit** **57**

5.1   Form 57

5.1.1   Formale Vorgaben und Formatierung 57

5.1.2   Rahmenelemente 62

5.1.3   Vorlagen und Hinweise zu einzelnen Rahmenelementen 64

5.2   Inhalt 66

5.2.1   Elemente des Textteils 67

5.2.2   Struktur einer wissenschaftlichen Arbeit 68

5.2.2.1   Formale Gliederungskriterien 69

5.2.2.2   Inhaltliche Gliederungsmöglichkeiten 72

5.2.2.3   Gliederung empirischer Arbeiten 73

6   Richtig zitieren – Ehrlich währt am längsten **76**

6.1   Dimensionen des Plagiats 77

6.2   Allgemeine Hinweise zur Kurzzitiertechnik 79

6.3   Zitiertechnik an der Business School und Media School 82

6.3.1   Direkte und indirekte Zitate 82

6.3.2   Abbildungen und Tabellen 84

6.3.3   Muster-Quellenangaben 86

6.3.4   Studienschwerpunkt Steuerberatung & Unternehmensprüfung 106

6.4   Zitiertechnik im Studiengang Wirtschaftsrecht 113

6.4.1   Direkte und indirekte Zitate 113

6.4.2   Abbildungen und Tabellen 115

6.4.3   Muster-Quellenangaben für Wirtschaftsrecht 117

7   Wissenschaftliches Schreiben **136**

7.1   Eine Starthilfe zum wissenschaftlichen Schreiben 136

7.2   Wissenschaftliches Formulieren 138

7.2.1   Wortwahl 139

7.2.2   Ausdrucksweise und Satzbildung 140

8   Empirie – nicht nur glauben, sondern belegen **143**

8.1   Qualitative und quantitative Forschung 145

8.2   Empirischer Forschungsprozess 147

8.3   Methoden der Datengewinnung 152

8.3.1   Gespräch 153

8.3.1.1   Mögliche Frageformen 156

8.3.1.2   Formulierungen für Fragen 158

8.3.2   Fragebogen 159

8.3.2.1   Formulierung von Fragebogen-Fragen 160

8.3.2.2   Dramaturgie des Fragebogens 162

8.3.3   Tests 164

8.3.4   Experimentelle Methode 165

8.3.5   Beobachtung 167

8.3.6   Inhaltsanalyse 169

8.4   Darstellung von Ergebnissen 172

8.4.1   Darstellung statistischer Ergebnisse 173

8.4.2   Darstellung qualitativer Ergebnisse 174

9   Computergestützte Anwendungen in der Forschungspraxis 177

9.1   Internetbasierte Datenerhebung 177

9.1.1   Online-Fragebogen versus Papierfragebogen 177

9.1.2   Wissenswertes zu QuestBack, Unipark und EFS Survey 179

9.1.3   Projektanlage und wichtige Grundeinstellungen 180

9.1.4   Erstellen von Seiten und Fragen 182

9.1.4.1   Text und Multimedia 183

9.1.4.2   Felder für Texteingabe 185

9.1.4.3   Einfachauswahl 185

9.1.4.4   Mehrfachauswahl 187

9.1.4.5   Matrix 188

9.1.5   Filterfragen und Ausblendbedingungen 192

9.1.5.1   Dynamische Fragebogengestaltung 192

9.1.5.2   Bedingungseditor 193

9.1.6   Erweiterte Frageeinstellungen 195

9.1.6.1   Codierung 195

9.1.6.2   Fehlende Werte 196

9.1.6.3   Randomisierung 197

9.1.6.4   Exklusivität bei Mehrfachauswahl 198

9.1.6.5   Pflichtfragen 198

9.1.7   Distribution 199

9.1.7.1   Vorbereitung der Distribution 199

Inhaltsverzeichnis

9.1.7.2　Durchführung eines Pretests 201

9.1.7.3　Feldphase 201

9.1.8　Export von Daten 203

9.2　SPSS 205

9.2.1　Wissenswertes über SPSS 205

9.2.2　Grundstruktur und Aufbau 206

9.2.2.1　Programmfenster 206

9.2.2.2　Dateiformate 209

9.2.2.3　Menüsystem und Syntax 209

9.2.3　Variablen- und Dateneingabe 211

9.2.4　Datenbearbeitung und -transformation 214

9.2.4.1　Datensatz teilen 214

9.2.4.2　Variablen umcodieren 215

9.2.4.3　Was tun mit offenen Nennungen? 217

9.2.5　Datenanalyse und Interpretation für Beginner 218

9.2.5.1　Häufigkeiten und Lagemaße 219

9.2.5.2　Variablensets für Mehrfachantworten 223

9.2.6　Darstellung von Ergebnissen 226

9.2.6.1　Diagramme 226

9.2.6.2　Bearbeitung in SPSS und Export 229

10　Vorhang auf! Die Präsentation Ihrer Arbeit 233

10.1　Vorbereitung der Präsentation 234

10.2　Inhalte und Struktur der Präsentation 237

10.3　Layout der Präsentation 240

10.4　Vortragsstil 241

IV　Literaturverzeichnis 245

V　Stichwortverzeichnis 255

II Abbildungsverzeichnis

Abb. 1: Wissenschaftliche Methode 8

Abb. 2: Pareto-Prinzip 21

Abb. 3: Wichtigkeits-Dringlichkeits-Matrix 23

Abb. 4: Gantt-Diagramm zur Erstellung einer Hausarbeit 25

Abb. 5: Exkurs Lernkartei – Fakten lernen 30

Abb. 6: Grad der Belastung – Wirkung von Stress 32

Abb. 7: Persönliche Stressauslöser 33

Abb. 8: Mindmap zum Thema Globalisierung 37

Abb. 9: Zitierwürdigkeit und Zitierfähigkeit von Quellen 53

Abb. 10: Beispiele für die Themenwahl 54

Abb. 11: Thema, Fragestellung und Forschungsfragen - ein schwaches Beispiel 55

Abb. 12: Thema, Fragestellung und Forschungsfragen - ein gutes Beispiel 55

Abb. 13: Kapitelüberschriften in Times New Roman 61

Abb. 14: Kapitelüberschriften in Arial 61

Abb. 15: Formatierung Inhaltsverzeichnis 65

Abb. 16: Formale Gliederungsarten 70

Abb. 17: Formale Gliederungsprinzipien 70

Abb. 18: Falsche und richtige Untergliederung 71

Abb. 19: Falsche und richtige hierarchische Untergliederung 71

Abb. 20: Heuristisches Modell mit drei Schritten zur Prädiktion Pathologischen
Kaufverhaltens 84

Abb. 21: Heuristisches Modell mit drei Schritten zur Prädiktion Pathologischen
Kaufverhaltens 85

Abb. 22: Musterangaben Monografien 86

Abb. 23: Musterangaben Aufsätze/Beiträge in Sammelbänden 87

Abb. 24: Musterangaben wissenschaftliche Zeitschriftenaufsätze 88

Abb. 25: Musterangaben Artikel aus einer Zeitschrift/Zeitung 89

Abb. 26: Musterangaben Schriftenreihen Monografien 90

Abb. 27: Musterangaben Schriftenreihen Aufsätze/Beiträge in Sammelbänden 91

Abb. 28: Musterangaben Sekundärzitat 92

Abb. 29: Musterangaben Hochschul- und Unternehmensschriften 93

Abbildungsverzeichnis

Abb. 30: Musterangaben unveröffentlichte Unternehmensschriften 94

Abb. 31: Musterangaben CD 94

Abb. 32: Musterangaben Fotos und Filme 95

Abb. 33: Musterangaben Graue Literatur 96

Abb. 34: Musterangaben Internetquellen 97

Abb. 35: Musterangaben Clips auf Videoportalen und Beiträge von Blogs 98

Abb. 36: Musterangaben PDF-Dokumente 99

Abb. 37: Musterangaben Interviews/E-Mails 100

Abb. 38: Musterangaben Loseblatt-Sammlungen 101

Abb. 39: Musterangaben Juristische Ergänzungen – Nationale Gerichtsurteile 1 102

Abb. 40: Musterangaben Juristische Ergänzungen – Nationale Gerichtsurteile 2 103

Abb. 41: Musterangaben Juristische Ergänzungen – Gerichtsurteile im Europarecht 104

Abb. 42: Musterangaben Juristische Ergänzungen – Anmerkungen zu
Zitationsregeln in Fußnoten 105

Abb. 43: Häufige Musterangaben – Amtliche Sammlung 109

Abb. 44: Sonstige Musterangaben – Gerichtsurteile – Zeitschriften & Internet 110

Abb. 45: Musterangaben StB. – Urteile im Europarecht 111

Abb. 46: Musterangaben – Gesetze und EG/EU-Richtlinien 112

Abb. 47: Heuristisches Modell mit drei Schritten zur Prädiktion Pathologischen
Kaufverhaltens 115

Abb. 48: Heuristisches Modell mit drei Schritten zur Prädiktion Pathologischen
Kaufverhaltens 116

Abb. 49: Musterangaben im Studiengang WR – Monografien 117

Abb. 50: Musterangaben im Studiengang WR – Lehrbücher 118

Abb. 51: Musterangaben im Studiengang WR – Aufsätze aus Fachzeitschriften 118

Abb. 52: Musterangaben im Studiengang WR – Aufsätze/Beiträge in Sammelbänden . 119

Abb. 53: Musterangaben im Studiengang WR – wissenschaftliche
Zeitschriftenaufsätze 120

Abb. 54: Musterangaben im Studiengang WR – Kommentar 121

Abb. 55: Musterangaben im Studiengang WR – Artikel aus einer Zeitschrift/Zeitung .. 122

Abb. 56: Musterangaben im Studiengang WR – Sekundärzitat und
Hochschulschriften 123

Abb. 57: Musterangaben im Studiengang WR – Unternehmensschriften 124

Abb. 58: Musterangaben im Studiengang WR – Internetquellen 125

Abb. 59: Musterangaben im Studiengang WR – Clips auf Videoportalen und
Beiträge von Blogs 126

Abb. 60: Musterangaben im Studiengang WR – PDF-Dokumente 127

Abb. 61: Musterangaben im Studiengang WR – CD.. 127

Abb. 62: Musterangaben im Studiengang WR – Fotos und Filme 128

Abb. 63: Musterangaben im Studiengang WR – Interviews/E-Mails........................... 129

Abb. 64: Musterangaben im Studiengang WR – Loseblattsammlungen 130

Abb. 65: Musterangaben im Studiengang WR – Nationale Gerichtsurteile 1 131

Abb. 66: Musterangaben im Studiengang WR – Nationale Gerichtsurteile 2 132

Abb. 67: Musterangaben im Studiengang WR – Gerichtsurteile im Europarecht 133

Abb. 68: Musterangaben im Studiengang WR – Anmerkungen zu
Zitationsregeln in Fußnoten 134

Abb. 69: Alltagsbeobachtungen und empirische Forschung.. 144

Abb. 70: Standardisierung von Gesprächen 154

Abb. 71: Beispiele für geschlossene und offene Fragen... 157

Abb. 72: Qualitative und Quantitative Forschungsmethoden 169

Abb. 73: Wichtige Grundeinstellungen bei der Projektanlage...................................... 180

Abb. 74: Zentrale Gliederungsansicht des Fragebogens... 183

Abb. 75: Bearbeitungsfenster des Fragetyps *Text und Multimedia* 184

Abb. 76: Definition des Eingabeformats beim Fragetyp *Felder für Texteingabe* 186

Abb. 77: Anpassung der Antwortoptionen beim Fragetyp *Einfachauswahl*.................. 187

Abb. 78: Anlage von Antwortkategorie und Freitext beim Fragetyp *Mehrfachauswahl* 188

Abb. 79: Anlage von *Dimensionen* und *Wahlmöglichkeiten* beim Fragetyp *Matrix*....... 190

Abb. 80: Anlage von Gegensatzpaaren bei der Variante *Semantisches Differential* 191

Abb. 81: Ausblendbedingung bei Antwortoptionen 193

Abb. 82: Bedingungseditor.. 194

Abb. 83: Codierung bei Skalenoptionen... 196

Abb. 84: Randomisierte Antwortoptionen... 197

Abb. 85: Exklusivität bei Mehrfachauswahl.. 198

Abb. 86: Projektinformationen 200

Abb. 87: Feldbericht.. 202

Abb. 88: Datenexport... 203

Abb. 89: Ergebnis-Export... 204

Abbildungsverzeichnis

Abb. 90: IBM SPSS Statistics Desktopverknüpfung 206

Abb. 91: Dateneditor: Datenansicht 207

Abb. 92: Dateneditor: Variablenansicht 207

Abb. 93: Ausgabedatei: Viewer 208

Abb. 94: Menüleiste in SPSS 210

Abb. 95: Syntax-Editor mit Befehl 210

Abb. 96: Zuordnung numerischer Codes 212

Abb. 97: Dialogfenster Datei aufteilen 215

Abb. 98: Dialogfenster Umcodieren in andere Variablen 216

Abb. 99: Dialogfenster Umcodieren in andere Variablen: Alte und neue Werte 217

Abb. 100: Menüfolge für die Berechnung von Häufigkeiten 219

Abb. 101: Dialogfenster Häufigkeiten 220

Abb. 102: Dialogfenster Häufigkeiten: Statistik 221

Abb. 103: Dialogfenster Mehrfachantwortensets 225

Abb. 104: Dialogfenster Häufigkeiten und Unterfenster Häufigkeiten: Diagramme 227

Abb. 105: Dialogfenster Diagrammerstellung 228

Abb. 106: Dialogfenster Diagrammeditor und Unterfenster Eigenschaften 230

Abb. 107: Dialogfenster Ausgabe exportieren 231

III Tabellenverzeichnis

Tab. 1: Lang-, mittel- und kurzfristige Ziele 19

Tab. 2: Auswahl von elektronischen Recherchemöglichkeiten 46

Tab. 3: Matrix der Missing Values 197

Tab. 4: Grundlegende Befehle in SPSS 211

Tab. 5: Mittelwert 221

Tab. 6: Häufigkeitsverteilung 222

Tab. 7: Fallzusammenfassung Mehrfachantworten 225

Tab. 8: Häufigkeiten Mehrfachantwortenset 226

Vorwort

Liebe Kommilitonen,

vor Euch liegt das Handbuch zum Wissenschaftlichen Arbeiten! Das Handbuch wird Euch als Helfer und Ratgeber durch das Studium an der Hochschule Fresenius begleiten und Euch vor allem bei der Erstellung wissenschaftlicher Arbeiten in jeglicher Form anleiten und unterstützen. Bekanntlich liegt der Nutzen eines Handbuchs darin, dass nicht das ganze Buch gelesen werden muss, wenn ein Problem bei der Erstellung Eurer wissenschaftlichen Arbeit besteht. Es geht vor allem darum, schnell die richtigen Antworten und Lösungen zu finden; das nötige Wissen schnell zur Hand zu haben. Das Handbuch konnte hier mit seinem verständlichen Schreibstil und seinem systematischem Aufbau bei den Studierenden stets punkten. Jedes Kapitel schließt mit einer praktischen Kurzzusammenfassung ab. Am Kapitelende findet Ihr einen QR-Code bzw. den zugehörigen ILIAS-Pfad, der jeweils zum ILIAS-Kurs Wissenschaftliches Arbeiten 2.0 führt. Dieser Kurs bietet ergänzende Übungen zur selbstständigen Wiederholung und Vertiefung, mit denen Ihr sichergehen könnt, dass Ihr die Inhalte aus dem Buch auch verstanden habt und richtig anwenden könnt.

Viele Kapitel befassen sich mit zentralen Problemstellungen bei der Erstellung einer wissenschaftlichen Arbeit. So hilft Euch das Kapitel „Wissenschaftliches Schreiben" dabei, den Schreibprozess Eurer wissenschaftlichen Arbeit strukturiert und blockadefrei zu beginnen, damit Ihr erfolgreich durchstarten könnt. Des Weiteren werden Euch die Besonderheiten und Regeln des Formulierens eines wissenschaftlichen Textes vorgestellt und erläutert. Das Kapitel „Äußere und innere Werte – Form und Inhalt einer wissenschaftlichen Arbeit" besitzt weiterhin eine ganz besondere Relevanz, da es Euch den direkten Zugriff auf die formalen Vorgaben für eine wissenschaftliche Arbeit an der Hochschule Fresenius ermöglicht. Die Gliederung des Kapitelinhaltes durch Aufzählungszeichen macht das Kapitel sehr übersichtlich und unterstützt Euch dabei, die formalen Regeln einzuhalten und Punktabzüge wegen formaler Fehler zu vermeiden.

Darüber hinaus bieten Euch aber auch alle anderen Kapitel wertvolle Hilfestellungen für Haus-, Bachelor-, oder Masterarbeiten. Je besser Ihr die Inhalte und Anleitungen in der Praxis umsetzen könnt, desto erfolgreicher werden die Ergebnisse Eurer Arbeiten ausfallen. Und je besser Eure Ergebnisse im Studium sind, desto mehr Spaß werdet Ihr an Euren Studieninhalten und am wissenschaftlichen Arbeiten und Schreiben haben. Denkt immer daran: Mit jeder gut absolvierten wissenschaftlichen Arbeit kommt Ihr Eurem Ziel, einem erfolgreich abgeschlossenen Studium, ein Stück näher.

Das Handbuch hilft Euch aber nicht nur bei der Erstellung Eurer Arbeiten, sondern unterstützt Euch auch dabei, Problemstellungen grundsätzlich strukturiert anzugehen und Euch selbst zu organisieren. Es gibt auch noch einige Dinge, die

Euch das Handbuch nicht explizit vermitteln kann, die aber zu einem erfolgreichen Studium und guten Studienleistungen beitragen können. Die korrekte und höfliche Kommunikation mit Euren Professoren und Dozenten gehört genauso dazu wie der möglichst regelmäßige und aktive Vorlesungsbesuch. Fragen in der Vorlesung zu stellen, ist immer sinnvoll und hilft Euch dabei, Inhalte besser zu verstehen. Damit wirkt Ihr auch dem Aufschieben von Klausuren entgegen, was ganz schnell ein zusätzliches Studiensemester bedeuten kann, in dem die Prüfungen nachgeholt werden müssen. Die durch gute Selbstorganisation freigewordene Zeit könnt Ihr dann z. B. für soziales Engagement oder Praktika verwenden.

Zum Schluss wünsche ich Euch viel Spaß mit diesem Handbuch, viel Freude beim Schreiben Eurer wissenschaftlichen Arbeiten und natürlich viel Erfolg für Euer Studium!

Jana Grund

Studierende im Masterstudiengang Corporate Communication

Danksagung

Sie halten das Handbuch zum Wissenschaftlichen Arbeiten in Ihren Händen, das bereits vielen Studierenden der Hochschule Fresenius die Techniken des wissenschaftlichen Arbeitens ergänzend zur Lehrveranstaltung nähergebracht und verständlich gemacht hat.

Erstmalig erschien diese Publikation im Jahr 2011, seither hat sich die Hochschule Fresenius stets weiterentwickelt und dieses Handbuch mit ihr. Die Hochschule Fresenius hält an ihrem hohen Anspruch an die Qualität der eigenen Bildungs- und Studienprogramme fest. Die regelmäßigen Neuauflagen und -ausgaben des Handbuchs zum Wissenschaftlichen Arbeiten begleiten diese Entwicklung und dokumentieren sie ein Stück weit.

Um diesen Entwicklungen gerecht zu werden, wird das Handbuch zum Wissenschaftlichen Arbeiten fortwährend sorgfältig überarbeitet. Wir möchten uns daher ausdrücklich bei allen beteiligten Personen und Institutionen bedanken, die uns bei der Veröffentlichung des Handbuchs unterstützt haben.

Die Veröffentlichung des Handbuchs wurde durch Herrn Prof. Dr. Marcus Pradel, Vizepräsident und Geschäftsführer der Hochschule Fresenius, ermöglicht. Unser erster und besonderer Dank gilt daher der Geschäftsführung und Hochschulleitung. Für die engagierte und kompetente Unterstützung der Kollegen der Standorte Köln, Düsseldorf, Frankfurt, Hamburg, München, Berlin und Idstein bedanken wir uns ebenfalls in besonderem Maße – ohne diese produktive Zusammenarbeit wäre ein Buchprojekt wie dieses kaum zu ermöglichen.

Ein ausdrücklicher Dank geht an unsere Marketingabteilung und hier insbesondere an unsere Grafikerinnern und Grafiker, die neben der Covergestaltung auch für die ausgezeichnete und übersichtliche Gestaltung der im Handbuch enthaltenen Abbildungen und Tabellen verantwortlich sind. Nicht zuletzt möchten wir uns auch bei den Studierenden der Hochschule Fresenius bedanken, deren wertvolles Feedback zur inhaltlichen Weiterentwicklung des Handbuchs beigetragen hat.

Die Herausgeber

Köln, im Juli 2015

1 Einleitung

Sebastian Dederichs, Annika Musiol

Das wissenschaftliche Arbeiten und Schreiben wird Sie von Beginn Ihres Studiums bis hin zu Ihrer Bachelor- oder Masterarbeit begleiten. Durch das gesamte Studium hindurch werden Sie unterschiedliche Arten dieser Arbeiten anfertigen (z. B. Projekt- oder Hausarbeiten). Somit ist das wissenschaftliche Arbeiten essentieller Bestandteil des Studiums an der Hochschule Fresenius. Die wissenschaftliche Praxis folgt an vielen Stellen strengen Regeln, bei welchen es keinen oder kaum Ermessensspielraum gibt. So müssen Sie bspw. beim Zitieren oder auch bei der formalen Textgestaltung Vorgaben beachten. Ziel dieses Handbuchs ist es, diese Regeln möglichst umfassend darzustellen und Sie somit bestmöglich während Ihres Studiums zu begleiten. Dennoch kann dieses Handbuch in der komplexen Wissenschaftslandschaft keinen Anspruch auf Vollständigkeit erheben. Die hier aufgeführten Regeln gelten grundsätzlich für alle wissenschaftlichen Arbeiten, die Sie an der Hochschule Fresenius anfertigen. Die beschriebenen Vorgaben wurden durchweg an anerkannte Systeme angelehnt, das Handbuch weicht dennoch bewusst an einigen Stellen von diesen Regelwerken ab. Darüber hinaus ist es unerlässlich, sich fortwährend mit der wissenschaftlichen Fachliteratur Ihres Studiengangs auseinanderzusetzen.

Um ein grundlegendes Verständnis zu schaffen, wird zunächst in Kapitel 2 geklärt, wie sich **Wissenschaft** definiert und was sich hinter der **wissenschaftlichen Methode** verbirgt. Hier wird auch darauf eingegangen, welche unterschiedlichen Arten von wissenschaftlichen Arbeiten Sie im Verlauf Ihres Studiums anfertigen müssen und wie sich diese unterscheiden. Da sich das Verfassen von wissenschaftlichen Arbeiten meist als ein größeres Unterfangen darstellt, widmet sich Kapitel 3 dem **Selbst- und Zeitmanagement**. Hilfestellungen zur **Literaturrecherche, Themensuche und -findung** werden Ihnen in Kapitel 4 aufgezeigt. In diesem Kapitel wird außerdem dargestellt, welche Kanäle zur Literaturrecherche genutzt werden können und wie Sie die Qualität der Quellen sicherstellen können. Kapitel 5 beschäftigt sich dann mit den Bestandteilen einer wissenschaftlichen Arbeit und der **Gliederung** dieser. Auch wird hier darauf eingegangen, welche Bestandteile Ihre wissenschaftliche Arbeit zwingend aufweisen muss. Die formalen Vorgaben zur Gestaltung Ihrer Arbeit werden ebenfalls dort behandelt. Hier finden Sie zudem einige Formatvorlagen, die Ihnen die Arbeit erleichtern werden.

Die Instrumente einer sauberen und adäquaten **Zitation** sind in Kapitel 6 ausführlich beschrieben. Auch wird hier darauf eingegangen, an welchen Stellen die Arbeit einen Quellenverweis erfordert. Die **Muster-Quellenangaben** zeigen, wie die unterschiedlichen Quellenarten im Text und im Literaturverzeichnis anzugeben sind. Kapitel 7 behandelt das Thema **wissenschaftliches Schreiben**. Hier wird insbesondere dargestellt, in welchem Stil wissenschaftliche Arbeiten zu verfassen sind. Da Sie im Laufe Ihres Studiums auch empirisch arbeiten werden, das heißt, eigenständig Daten zu einem bestimmten Themengebiet oder zu einer Fragestellung sammeln werden, befasst sich Kapitel 8 mit den **Grundlagen des empirischen Arbeitens**. Es werden verschiedene Methoden der Datengewinnung vorgestellt und die Darstellung statistischer Ergebnisse erläutert. Um die empirischen Daten analysieren zu können, werden in Kapitel 9 **computergestützte Anwendungen in der Forschungspraxis** vorgestellt. Eine weitere Kompetenz, die während des Studiums an der Hochschule Fresenius erlernt bzw. optimiert werden soll, ist das **Präsentieren**. In Kapitel 10 wird deshalb schließlich erläutert, wie man sich bestmöglich auf einen Vortrag vorbereitet und welche Punkte hier beachtet werden sollten.

Sollten Sie über dieses Handbuch hinaus Fragen zum wissenschaftlichen Arbeiten haben, stehen Ihnen die Wissenschaftlichen Mitarbeiter[1] der Hochschule Fresenius am jeweiligen Standort selbstverständlich gerne zur Verfügung.[2] Darüber hinaus haben Sie zusätzlich die Möglichkeit, Ihre Fähigkeiten des wissenschaftlichen Arbeitens online auf unserer E-Learning Plattform ILIAS im standortübergreifenden Bereich zu trainieren.

---

[1] Die nachstehend verwendeten Personen- und Funktionsbezeichnungen sind geschlechtsneutral zu verstehen. Auf die durchgängige Verwendung der weiblichen und männlichen Form wird aus stilistischen Gründen verzichtet.

[2] Bei weiteren Fragen, Anregungen oder Kritik zu diesem Handbuch senden Sie eine E-Mail an: wissenschaftliches_arbeiten@hs-fresenius.de.

2 Wissenschaft in Alltag und Studium

Jens Hildebrandt

Kenntnisse des wissenschaftlichen Arbeitens können Ihnen auch dann von Nutzen sein, wenn Sie nach Ihrem Studium der Wissenschaft den Rücken kehren. Sie werden Ideen und Fertigkeiten entwickelt haben, um systematisch an Probleme und Fragestellungen heranzutreten, um zu ihrer Lösung bzw. Beantwortung notwendige Informationen zu beschaffen und auszuwerten, um Ihre Erkenntnisse adäquat vorzustellen. Ferner werden Sie sich mit den **methodologischen Grundkenntnissen** vertraut gemacht haben, die Sie benötigen, um sozialwissenschaftliche Themen mittels **Fragebogen**, **Testverfahren** und anderen Methoden **empirisch** zu bearbeiten und auszuwerten. *Empirisch* bedeutet, dass Ihr Vorgehen auf **Erfahrungswissen** beruht. Damit meinen Sozialwissenschaftler, dass Daten von Ihnen selbst erhoben und im Hinblick auf Forschungsfragen und Hypothesen analysiert und ausgewertet werden (siehe Kapitel 8).

2.1 Wissenschaftliches Arbeiten

Die sogenannte **wissenschaftliche Methode** stammt ursprünglich aus den Naturwissenschaften. Das Vorgehen als solches hat sich vor einem speziellen theoretischen Hintergrund entwickelt. Diesen Hintergrund nennt man **Wissenschaftstheorie**. Diese versucht, zwei zentrale Fragen zu beantworten: „Was ist die Wirklichkeit?" und „Wie können wir Erkenntnisse über die Wirklichkeit gewinnen?"[3]

Vielleicht erscheint es Ihnen zunächst ganz klar, dass Wirklichkeit das sein muss, was Sie vor Ihren Augen sehen, was Sie anfassen und vielleicht auch riechen, schmecken und hören können. Der Zugang zur Wirklichkeit kann über die physiologische Wahrnehmung der Objekte der Außenwelt durch die Sinnesorgane (z. B. sehen, hören, riechen) geschehen.[4] Doch was ist, wenn uns diese täuschen oder sie nicht fein genug sind, um die Wirklichkeit wahrzunehmen?

Für die **empirischen Sozialwissenschaften** ergeben sich zusätzliche Probleme, da menschliche Eigenschaften, Denken, Fühlen und Erleben in der Regel Aspekte der Wirklichkeit sind, die wir nicht sehen, anfassen, riechen, schmecken oder hören können. Diese Aspekte nennt man *latent*, also nicht offen zugänglich. Zudem sind Sozialwissenschaftler Forscher, die andere Menschen erforschen, die wiederum selbst Forscher sein könnten. Menschen, die mittels Fragebogen befragt werden, entwickeln also bspw. selbst Hypothesen darüber, wozu sie gerade

---

[3] Sedlmeier/Renkewitz [2008], S. 22.
[4] Vgl. Meidl [2009], S. 100 f.

befragt werden und verändern dadurch möglicherweise ihr eigenes Antwortverhalten.[5] Diese komplexen Sachverhalte haben dazu geführt, dass von verschiedenen Wissenschaftlern unterschiedliche theoretische Positionen vorgeschlagen worden sind, wie man den Problemen der Wissenschaftstheorie begegnen könnte:

> „Die *Aufgabe der Erkenntnistheorie* [hier wird der Begriff synonym mit Wissenschaftstheorie verwendet; Anm. d. Autoren] besteht in der Aufstellung einer Methode zur *Rechtfertigung der Erkenntnisse*. Die Erkenntnistheorie soll angeben, wie eine vorgebliche Erkenntnis als gültige Erkenntnis gerechtfertigt, begründet werden kann.“[6] (Hervorhebungen im Original)

2.1.1 Beispiele für Wissenschaftstheorien

Im Folgenden sollen zum besseren Verständnis der wissenschaftlichen Methode und den dahinterstehenden wissenschaftstheoretischen Überlegungen kurz der sogenannte **Positivismus**, der **logische Empirismus** sowie der **kritische Rationalismus** dargestellt werden.

Der **Positivismus** postuliert die Existenz einer **einheitlichen realen Welt**, in der die für die Sozialwissenschaften relevanten Ereignisse stattfinden.[7] Auch das Individuum mit seinen Gedächtnisprozessen, Emotionen und Gedanken ist Teil dieser realen Welt. Psychische Prozesse und Merkmale wie Gedächtnis, Emotion und Kognition sind also durch überdauernde Eigenschaften zu beschreiben und über Sinnesdaten messbar. Sie stehen mit anderen Ereignissen, Prozessen und Zuständen in Zusammenhang. Die **Welt** kann somit als **Gefüge von messbaren Variablen** verstanden werden, die miteinander in **systematischem Zusammenhang** stehen, also nach bestimmten **Gesetzmäßigkeiten** funktionieren. Um diese komplexen Zusammenhänge darzustellen, entwerfen Wissenschaftler vereinfachte Modelle mit weniger komplexen Ursache-Wirkung-Beziehungen zwischen den Variablen. Der Zweck der Forschung ist folglich, **Hypothesen** dahingehend zu prüfen, ob die Annahmen über die Zusammenhänge von Variablen korrekt sind, um so zu einer Theorie bzw. einem umfassenden Modell zu gelangen, das nach und nach wissenschaftlich fundierte Gesetzmäßigkeiten abbildet. Der Positivismus postuliert somit, dass wir uns mittels unserer Sinne ein Bild von der Welt machen können; nichtsdestotrotz gibt es dabei Dinge und Fragestellungen, die der Positivismus nicht beantworten kann (z. B. die Frage nach der Existenz Gottes).

---

[5] Vgl. Sedlmeier/Renkewitz [2008], S. 38.
[6] Carnap [1961], S. 9.
[7] Vgl. Ashworth [2003], S. 10.; Sedlmeier/Renkewitz [2008], S. 34.

Der **Materialismus** und der **Konstruktivismus** hingegen sind andere wissenschaftstheoretische Positionen: Der Materialismus behauptet, dass **nur Materie real existiert** und durch unsere Sinne wirklichkeitsgetreu abgebildet wird; der Konstruktivismus besagt, dass es **keine reale Welt** unabhängig vom Beobachter gibt.[8] Jeder Mensch konstruiert durch seine Wahrnehmung und durch soziale Konventionen seine eigene Realität. Diese beiden Perspektiven sollen im Weiteren jedoch nicht verfolgt werden, da sie der klassischen sozialwissenschaftlich-empirischen Forschung eher entgegenstehen.

In der Tradition des Positivismus steht der **logische Empirismus** bzw. der **logische Positivismus**.[9] Hier gilt der Leitsatz, dass alle Aussagen in der Wissenschaft auf **konkrete Beobachtungen der Umwelt** zurückzuführen sein müssen. Die Sprache dieser wissenschaftlichen Richtung ist geprägt durch die **Aussagen-** und **Prädikatenlogik**. Das bedeutet, dass durch eine vorgegebene formelhafte Sprache die Mehrdeutigkeit der Alltagssprache vermieden wird und theoretische Begriffe vollständig durch Beobachtungsbegriffe **bestätigbar** sein sollen. Dieses Vorgehen der wissenschaftlichen Argumentation von einzelnen Beobachtungen auf generalisierbare und allgemeingültige theoretische Begriffe und Modelle nennen wir **induktives Vorgehen**. Die Induktion ist jedoch wegen ihres Anspruchs auf Allgemeingültigkeit nicht unproblematisch. Wenn z. B. Gesundheitsökonomen bei einer ihrer Untersuchungen nur Studierende der Hochschule Fresenius in Köln, nicht aber Studierende in Düsseldorf, Frankfurt, Idstein, Hamburg, München oder Berlin befragen, lassen die Ergebnisse nicht darauf schließen, ob die Erkenntnisse, die man anhand der studentischen Stichprobe in Köln gesammelt hat, für alle Studierenden an der Hochschule Fresenius gelten oder sogar für alle Studierenden an Universitäten und (Fach-)Hochschulen in Köln, Düsseldorf, Frankfurt, Idstein, Hamburg, München und Berlin oder nicht. Die **Induktion** ist also nur anzuwenden, wenn man die Gesamtheit aller möglichen Untersuchungsteilnehmer befragen oder testen kann oder wenn die gefundene Gesetzmäßigkeit gar nicht für die Gesamtheit gelten soll, sondern lediglich für die untersuchte Stichprobe. Die Frage des wirklichen Erkenntnisgewinns bleibt damit jedoch offen, denn welchen Gewinn hat man von der Erkenntnis, dass ein Ergebnis eben nur für die untersuchte Stichprobe gilt?

Ein weiteres Beispiel: Untersucht man alle Kölner Schwäne hinsichtlich ihrer weißen Federfarbe, und wird die Annahme bestätigt, dass alle diese Schwäne weiß sind, heißt das nicht, dass in München nicht auch schwarze Schwäne existieren könnten.

---

[8] Vgl. Meidl [2009], S. 221 f.; Sedlmeier/Renkewitz [2008], S. 33 f.
[9] Vgl. Sedlmeier/Renkewitz [2008], S. 27.

Eine Weiterentwicklung der positivistischen Theorienansätze ist der **kritische Rationalismus**, der vor allem durch **Karl Popper** vertreten wurde.[10] Dieser Ansatz postuliert im Gegensatz zum logischen Empirismus, dass Theorien und Hypothesen nicht mit Erkenntnisgewinn bestätigt, wohl aber **falsifiziert**, also widerlegt werden können. Dazu müssen sie so formuliert sein (präzise und überprüfbar), dass sie widerlegt werden können. Zunächst muss also eine Theorie existieren, bevor daraus Hypothesen und Annahmen über die Welt abgeleitet und überprüft werden können. Werden die Hypothesen dann bei einer Überprüfung nicht bestätigt, wissen wir, dass sie keine Allgemeingültigkeit besaßen; werden sie bestätigt, haben sie sich vorerst bewährt und können bis zur möglichen künftigen Falsifizierung zur Beschreibung, Erklärung und Vorhersage von Ereignissen und Zuständen in der Welt verwendet werden. Dieses Vorgehen, bei dem zunächst eine Theorie vorhanden sein muss, die dann überprüft wird, nennt man **deduktives Vorgehen**. Eine Theorie gilt so lange, bis sie sich nicht mehr empirisch bewährt (falsifiziert wird) und durch eine neue Theorie abgelöst wird. Kuhn bezeichnet diesen Prozess auch als **wissenschaftliche Revolution**.[11]

Da sozialwissenschaftliche Theorien aufgrund der Komplexität menschlichen (Er-)Lebens und Verhaltens meist keine deterministischen „Wenn-dann"-, sondern probabilistische (= Wahrscheinlichkeits-)Aussagen machen, können Theorien nicht durch eine einzige Falsifizierung widerlegt werden. Hier bedarf es wiederholter starker Abweichungen in den Ergebnissen von verschiedenen Wissenschaftlern.

Die **Rechtswissenschaft** besitzt einen eigenen wissenschaftstheoretischen Hintergrund. Der Ort des Nachdenkens über eine Wissenschaftstheorie des Rechts ist die **Rechtstheorie**. In der theoretischen Reflexion öffnet sich die Rechtstheorie für die allgemeine sozialwissenschaftliche Wissenschaftstheorie; anders als in den Sozialwissenschaften lässt sich die aus den Naturwissenschaften abgeleitete wissenschaftliche Methode aber nicht ohne weiteres auf die Jurisprudenz übertragen.

Die Rechtstheorie als eine Grundlagendisziplin des Rechts ist darum bemüht, durch eine kritische Distanz zur Rechtspraxis einen wissenschaftstheoretischen Problemzugang zum Recht zu ermöglichen.[12] Das Recht oder die Rechtswissenschaft lassen sich jedoch nicht als experimentelles Objekt zuschneiden, da der Betrachter immer Teil und Teilnehmender des Rechtsprozesses bleibt, sofern das Recht nicht nur als soziale Tatsache, sondern auch in seiner Fähigkeit zur Fallentscheidung verstanden werden soll. Ein **Ausbruch aus dem hermeneutischen**

---

[10] Vgl. Chalmers [2007], S. 7.; Meidl [2009], S. 37.; Popper [1994], S. 222.

[11] Vgl. Kuhn [1973], S. 128 ff.

[12] Vgl. Kunz/Mona [2006], S. 22 ff.

Zirkel[13] ist für die Rechtswissenschaft bzw. die juristische Logik nicht möglich, da es im wiederkehrenden Interpretationsmuster des Rechts zwischen induktiver Wertung und deduktivem Sachverhaltsbezug keinen Endpunkt gibt. Die Rechtswissenschaft unterliegt zudem nur bedingt dem Kriterium der Falsifikation, da sie als **normative Wissenschaft** kontrafaktische Aussagen trifft. Diese werden nicht empirisch bestätigt, sondern argumentativ begründet.[14]

Trotzdem ist die Rechtstheorie ebenfalls eine Metatheorie, die **Rationalität und Logik der Rechtswissenschaft** ergründen will. Die Rechtstheorie geht dabei über die reine Dogmatik und Methodik des Rechts hinaus, die sich mit der Entwicklung und Durchsetzung von Rechtsregeln befassen. Gleichsam beschäftigt sich die Rechtstheorie aber auch mit der Frage nach dem **Wesen des Rechts**. Aus dieser Feststellung ergibt sich eine zentrale Problemstellung: Ist Rechtstheorie in erster Linie die Theorie der Rechtswissenschaft, die Theorie des Rechts oder beides? Ist sie ersteres, ist sie die Wissenschaftstheorie der Jurisprudenz und legt fest, was den Wissenschaftsgehalt der Rechtswissenschaft ausmacht. Ist sie zweiteres, ist sie die Lehre vom richtigen Rechtsverständnis, da nicht die Rechtslehre, sondern das Recht selbst theoretisch erfasst wird. Im letzten Fall muss sie den Gegenstand und die Disziplin des Rechts durchdringen und analysieren.[15]

Wie oben bereits angedeutet, kann die Rechtstheorie aber nicht das erbringen, was eine Wissenschaftstheorie für die Natur- oder Sozialwissenschaften leistet. Die Rechtswissenschaft ist im Grunde eine **politische Wissenschaft**, die ihren Geltungsanspruch nicht in endgültiger Objektivität findet, sondern diesen in einem durch transparente **Argumentation begründeten Konsens** herstellt.

Insofern ist die Wissenschaftstheorie der Rechtswissenschaft gleichzusetzen mit einer **Theorie der juristischen Argumentation**.[16] Diese ermöglicht die Prüfung der Rationalität juristischer Argumente und das Auffinden des normativen Sinns einer an sich existierenden guten und richtigen Entscheidung.

---

[13] Hermeneutik ist eine Methode des Verstehens und bedeutet in diesem Kontext das Auslegen und Verstehen von (Gesetzes-)Texten. Der hermeneutische Zirkel ist im Grunde eine hermeneutische Spirale und bezeichnet die Erweiterung des eigenen Wissens und Kenntnisstandes durch das fortwährende Lesen von Texten. Hermeneutisches Verstehen ist nie abgeschlossen, da bspw. bereits gelesene Texte mit einem neuen Wissensstand in neuem Licht erscheinen.

[14] Vgl. Kunz [1977], S. 33 ff.

[15] Vgl. Mastronardi [2009], S. 3 f.

[16] Vgl. Neumann [2011], S. 385 ff.

2.1.2 Forschungsablauf der wissenschaftlichen Methode

Vor diesem erkenntnis- und wissenschaftstheoretischen Hintergrund hat sich in den Sozialwissenschaften die bereits genannte **wissenschaftliche Methode** als eine deduktive Methode entwickelt, wenn ein Forscher theoriegeleiteten Forschungsfragen nachgehen will (siehe Abb. 1).

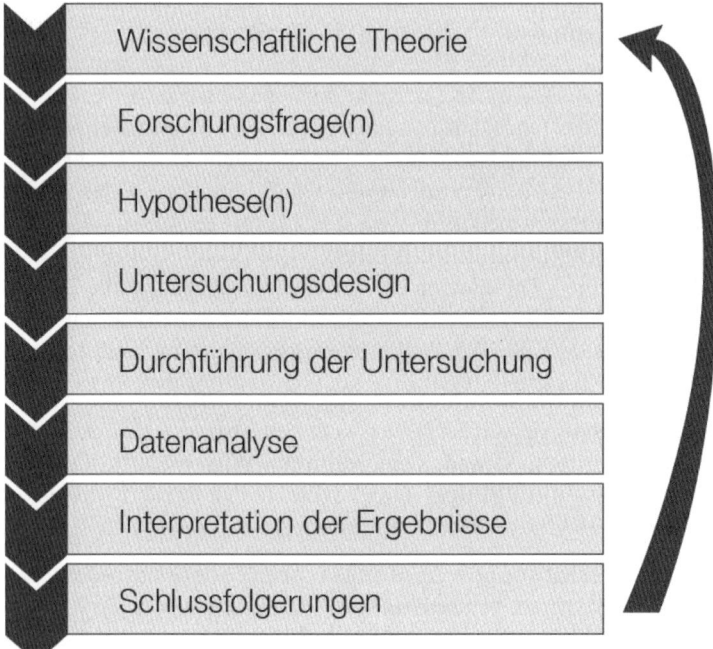

Abb. 1: Wissenschaftliche Methode
(Eigene Darstellung in Anlehnung an Sedlmeier/Renkewitz [2008], S. 16)

Zunächst entwickelt der Forscher selbst eine **Theorie** über die Sachverhalte seiner Fragestellung. Zu einer Theorie kann er z. B. auf Basis einzelner Beobachtungen gelangen, die er in seiner Umwelt gemacht hat. Bei der Entwicklung einer Theorie ist ein induktives Vorgehen also durchaus möglich, da es hier zunächst nur um die Entwicklung von „Gedankengebäuden" **über die Realität** geht und noch nicht um deren Überprüfung **in der Realität (Empirie)**.

Gibt es bereits Theorien anderer Wissenschaftler zu einem Thema, kann man auch auf diesen aufbauen. Dadurch können Theorien von der sogenannten *scientific community*, also der Gemeinschaft aller wissenschaftlich tätigen Menschen, immer wieder auf die Probe gestellt werden, um zu prüfen, inwiefern sie sich bewähren oder durch andere Erklärungen ersetzt werden sollten.

Eine gute Theorie zeichnet sich dabei durch folgende Kriterien aus:

1. Sie sollte widerspruchsfrei sein.

2. Sie sollte Phänomene adäquat beschreiben, erklären und vorhersagen.

3. Sie sollte so einfach wie möglich formuliert und konzipiert werden.

4. Sie sollte gut operationalisiert und empirisch überprüft (falsifiziert) werden können.

5. Sie sollte sich empirisch bewähren (d. h., dass die aus ihr abgeleiteten Annahmen möglichst selten falsifiziert werden sollten).[17]

Aus einer Theorie werden dann konkrete Fragen an einen Sachverhalt gestellt. So kann z. B. auf Basis von Theorien über die menschliche Persönlichkeit gefragt werden, ob sich Menschen mit unterschiedlichen Eigenschaften auch in ihren Markenpräferenzen beim Einkauf unterscheiden. Ein bekanntes theoretisches Modell der Persönlichkeit ist das **Fünf-Faktoren-Modell** (auch **Big Five** genannt).

Dieses Modell postuliert fünf breite Eigenschaftsbereiche des Menschen, anhand derer man jedes Individuum beschreiben kann. Die fünf Eigenschaftsbereiche heißen **Extraversion**, **Neurotizismus**, **Gewissenhaftigkeit**, **Verträglichkeit** und **Offenheit für Erfahrungen**. Extraversion beinhaltet Persönlichkeitsmerkmale wie Geselligkeit, Optimismus und Aktivitätsdrang. Neurotizismus beinhaltet Merkmale wie Ängstlichkeit, Nervosität und Unsicherheit. Gewissenhaftigkeit beinhaltet Merkmale wie Zielstrebigkeit, Genauigkeit und Zuverlässigkeit. Verträglichkeit beinhaltet Merkmale wie Freundlichkeit, Kompromissbereitschaft und Hilfsbereitschaft. Offenheit für Erfahrungen beinhaltet Merkmale wie Neugier, Musikalität und Kreativität. Auf Basis dieser theoretischen Unterscheidung könnte man nun bspw. fragen, ob sich extravertierte und gewissenhafte Menschen in ihrer Markenwahl bei Körperpflegeprodukten unterscheiden.

Ein Wissenschaftler oder der Mitarbeiter eines Marktforschungsunternehmens, der diese Frage untersuchen möchte, würde daher als nächstes eine **Hypothese** aufstellen, die wie oben beschrieben verschiedene **Kriterien** erfüllt, damit man sie prüfen kann:

1. Hypothesen müssen so **präzise** formuliert sein, dass man sie in empirischen Studien prüfen kann.

2. Hypothesen sollen als **All-Sätze** formuliert sein, die allgemeingültige, über den Einzelfall hinausgehende Behauptungen beinhalten.

---

[17] Vgl. Bortz/Döring [2006], S. 18.

3. Hypothesen sollen zumindest implizit wie ein **Konditionalsatz** aufgebaut sein, d. h. eine „wenn-dann"– oder eine „je-desto"-Beziehung zwischen den Variablen beinhalten.

4. Hypothesen müssen in Anlehnung an den kritischen Rationalismus **falsifizierbar** sein. Das heißt, dass Ereignisse denkbar sein müssen, die dem (impliziten) Konditionalsatz widersprechen und die Hypothese so widerlegen.

5. In der sozialwissenschaftlichen Forschung werden Hypothesen zudem meist **statistisch** formuliert, sodass man sie mithilfe statistischer Verfahren auch **rechnerisch prüfen** kann.[18]

Im obigen Beispiel könnte eine Hypothese lauten, dass extravertierte Menschen eher moderne, jugendliche und „schrille" Marken präferieren. Gewissenhafte Menschen wiederum sollten auf Basis ihrer Persönlichkeit eher zu bekannten, zuverlässigen und traditionellen Marken tendieren. Diese Aussagen (Hypothesen) sind eindeutig überprüfbar: Entweder kaufen extravertierte Menschen mehr moderne als traditionelle Markenprodukte oder nicht.

Um die Hypothesen prüfen zu können, muss eine empirische, wissenschaftliche Studie im Vorhinein anhand der Hypothesen geplant werden. Man spricht dabei von der Planung eines **Versuchsdesigns**. Z. B. kann man den Ort und die Zeit zur Durchführung der Untersuchung planen, man kann Erhebungsinstrumente (bspw. Fragebögen) erstellen oder Interviewleitfäden konstruieren. Man muss überlegen, ob diese Instrumente geeignet sind, um die Hypothesen zu prüfen. Entsprechende Teilnehmer müssen akquiriert werden. Erst, wenn die konkrete Untersuchung gut geplant ist, kann man sie auch durchführen.

An die **Durchführung der Untersuchung** schließt sich die Phase der **Datenanalyse** an. Hierzu werden Sie in den Vorlesungen zur Mathematik und Statistik an der Hochschule Fresenius alle wesentlichen Verfahren kennenlernen, sodass an dieser Stelle eine ausführliche Beschreibung entfällt. Zudem lernen Sie in diesen Vorlesungen, wie man mathematische und statistische Berechnungen **interpretieren** kann, um daraus Schlüsse zu ziehen. Denn diese Schlüsse lassen wiederum **Schlussfolgerungen** über die zugrundeliegende Theorie zu. Die empirische Untersuchung trägt daher entweder zur Bewährung der Hypothesen und der Theorie bei, oder sie dient der Ablehnung von Hypothesen, sodass möglicherweise auch die zugrundeliegende Theorie die Realität nicht korrekt beschreibt.

So könnten wir z. B. die Kunden aller Kölner Märkte der Drogeriemarkt-Kette *md* untersuchen. Wir würden sie bitten, mittels Fragebogen zu ihren Persönlichkeitseigenschaften Auskunft zu geben, und sie danach fragen, welche von mehre-

---

[18] Vgl. Diekmann [2005], S. 107 ff.

ren Markenprodukten zur Körperpflege sie eher kaufen würden. Diese Markenprodukte sollten wir im Vorhinein schon entweder der Gruppe der modernen Marken oder der Gruppe der traditionsreichen Marken zugeordnet haben. Nach der Untersuchung könnten wir dann die Unterschiede in den Kaufpräferenzen statistisch berechnen und möglicherweise so feststellen, dass unsere Hypothesen korrekt waren. Das würde die Theorie der fünf großen Persönlichkeitsmerkmale stützen und zu ihrer Bewährung beitragen. Einen wirklichen Erkenntnisgewinn hätten wir dabei allerdings nicht, da wir ja nur die *md*-Kunden befragt haben.

Kunden der *Rotmann*-Märkte hätten möglicherweise ganz anders geantwortet. An Erkenntnis gewonnen hätte man in Anlehnung an den kritischen Rationalismus lediglich bei der Falsifizierung der Hypothesen, wenn also extravertierte Menschen z. B. lieber traditionelle Markenprodukte kaufen würden. In diesem Fall hätten wir erkannt, dass unsere Hypothesen falsch waren und nicht auf alle Menschen übertragbar sind. Gegebenenfalls wäre dann auch die zugrundeliegende Theorie anhand der oben genannten Kriterien zu prüfen.

Wie aufgezeigt gibt es verschiedene der Wissenschaft vorgelagerte Metatheorien, die wissenschaftlichem Forschen und Begreifen bestimmte erkenntnistheoretische Grenzen und Vorgaben setzen. Ähnlich verhält es sich mit dem Kriterium der **Wissenschaftlichkeit**. In Anlehnung an die systemtheoretischen Überlegungen von Niklas Luhmann könnte man Wissenschaft als Funktionssystem der Gesellschaft begreifen, das aus einer spezifischen Form der Kommunikation entstanden ist und über eine eigene Codierung der Kommunikation verfügt (wahr/falsch).[19] Der Pädagoge Hartmut von Hentig argumentiert prozessorientierter und sieht in der Wissenschaft eine „methodisierte Weise, sichere, gemeinsame, anwendbare Erkenntnisse hervorzubringen"[20], während die Richter des Bundesverfassungsgerichts konkrete Anforderungen an das Ergebnis dieses Prozesses formulieren, die in der „Ermittlung der Wahrheit"[21] bestehen sollen. Die Ermittlung von wahren Tatsachen ist nach den Maßgaben verschiedener Wissenschaftstheorien allerdings problematisch bis unmöglich. Damit Ihre Arbeit diesem Ziel aber möglichst nahe kommt und hochwertige Ergebnisse produziert, sollten Sie einige Gütekriterien beachten, die als anerkannte Standards für wissenschaftliche Qualität gelten.[22] Einige Kriterien besitzen dabei eine herausragende Bedeutung.

Objektivität bezeichnet eine möglichst neutrale Haltung des Verfassers einer wissenschaftlichen Arbeit. Die Inhalte wissenschaftlicher Arbeiten sollten **sachlich** und **vorurteilsfrei** gestaltet und präsentiert werden, sodass sich Leser ohne

---

[19] Vgl. Luhmann [1984], S. 22 ff.; Luhmann [1992], S. 271 f.
[20] Von Hentig [2005], S. II.
[21] BVerfG, Urt. v. 29.05.1973, BVerfGE 35, 79, 112 f.
[22] Vgl. Deutsche Forschungsgemeinschaft [1998], S. 7 ff.

Angst vor Manipulationen mit diesen beschäftigen können. Die angefertigte Arbeit sollte zudem ein **klar erkennbares Thema** behandeln, das sich in einem prägnanten Titel sowie präzise formulierten Fragestellungen konkretisiert. Weiterhin sollte eine gute **Nachvollziehbarkeit** des Inhalts gegeben sein, was sich durch ein stringentes, methodisch adäquates und gut dokumentiertes Vorgehen erreichen lässt. Kommen **Theoriebezug** sowie **Originalität** im Sinne eines Neuigkeitsgehalts hinzu, entfaltet die Arbeit mit großer Sicherheit einen wissenschaftlichen Nutzen.[23]

Für empirische Arbeiten sind zwei weitere Aspekte von Bedeutung. Die **Reliabilität** einer Arbeit bzw. Messung bedeutet, dass sie in Forschung und Darstellung zuverlässig ist, damit ihre Erkenntnisse jederzeit nachvollziehbar und reproduzierbar sind. Eine hohe Reliabilität sagt aus, dass die verwendeten Messinstrumente über hohe Genauigkeit verfügen und auch bei wiederholten Messungen zuverlässige Ergebnisse liefern. Die **Validität** einer Arbeit steht für die Gültigkeit, mit der ein untersuchter Aspekt gemessen wird. Leitend ist dabei die Frage, ob das gemessen wird, was gemessen werden soll.[24]

Sorgen Sie also dafür, dass Ihre Argumentation **sachlich gut belegt**, **methodisch korrekt** und **nachvollziehbar** ist. Auf diese Weise steigern Sie die Qualität und Glaubwürdigkeit Ihrer Arbeit.

2.2 Von der ersten Hausarbeit zum Master-Abschluss

Ungeachtet ihrer Form und ihres Umfangs sollen Sie mit einer wissenschaftlichen Arbeit im Wesentlichen zeigen, dass Sie in der Lage sind, ein **komplexes Thema** mithilfe entsprechender **wissenschaftlicher Methoden und Techniken** auf Grundlage Ihres **Fachwissens** in einem **begrenzten Zeitraum eigenständig** zu bearbeiten.[25] Diese Kriterien gelten nicht nur für umfangreiche Bachelor- und Masterarbeiten, sondern auch für Ihre Referate und Hausarbeiten. Im Folgenden werden Ihnen kurz die wesentlichen Aspekte der unterschiedlichen Formen wissenschaftlicher Arbeiten vorgestellt:

Ein **Referat** ist ein mündlicher Bericht über ein Thema, das Sie wissenschaftlich bearbeiten. Es beschränkt sich dabei idealerweise nicht auf die Darstellung des gewählten Themas, sondern beinhaltet auch relevante Fragestellungen und mögliche Standpunkte. Ferner umfasst ein Referat auch die Herausarbeitung eines Fazits.

---

[23] Vgl. Ebster/Stalzer [2008], S. 18 ff.
[24] Vgl. Ebster/Stalzer [2008], S. 156.
[25] Siehe hierzu die jeweils gültigen Prüfungsordnungen und Curricula.

Bei einer **Hausarbeit** handelt es sich um die schriftliche Ausarbeitung eines gestellten oder von Ihnen selbst gewählten Themas, welches klar erfasst und selbstständig erarbeitet werden muss. Diese Art von wissenschaftlicher Arbeit verlangt von Ihnen nicht, bahnbrechende Forschungsfragen zu entwickeln, sondern vielmehr fremde Gedankengänge zu **reproduzieren** und diese in einen **neuen Gesamtzusammenhang** einzubinden. Mit Ihrer Hausarbeit weisen Sie nach, dass Sie den Umgang mit wissenschaftlicher Literatur beherrschen und in der Lage sind, Transferleistungen zu erbringen.[26]

Obwohl sich **Bachelor-** und **Masterarbeit** in vielerlei Hinsicht unterscheiden, sollen Studierende mit beiden Arten von Abschlussarbeiten die Fähigkeit unter Beweis stellen, mithilfe wissenschaftlicher Methoden **konkrete Problemlösungen** zu erarbeiten. Bei diesen Formen der wissenschaftlichen Arbeit liegt der Schwerpunkt auf der **eigenen Thesenbildung** und der **rationalen Argumentation**. Folglich beweisen Sie mit Ihrer Abschlussarbeit nicht nur, dass Sie mit wissenschaftlicher Literatur umgehen können, sondern auch, dass Sie Thesen eigenständig erarbeiten und entsprechende Problemlösungen argumentativ belegen können.[27]

---

[26] Vgl. Karmasin/Ribing [2011], S. 16 f.
[27] Vgl. ebd.

ZUSAMMENFASSUNG

- Kritischer Rationalismus: deduktives Vorgehen und Prinzip der Falsifizierbarkeit
- In der empirischen Sozialwissenschaft beruht die Erkenntnis auf Erfahrungen
- Mit der wissenschaftlichen Methode können Annahmen aus Theorien überprüft werden
- Es gibt verschiedene Arten wissenschaftlicher Arbeiten

QR-Code zu den Übungen:

ILIAS-Pfad zu den Übungen: Magazin » FB Wirtschaft & Medien » Standortübergreifend » "Wissenschaftliches Arbeiten 2.0"

3 Innerer Schweinehund ade!

Pascal Aurin, Denis Dahmer, Leonie Heygster, Annette Höhmann, Maria Schmidt, Dominik Sethe, Leona Straube

Zu viel Stress - doch anstatt die Dinge anzupacken, machen Sie lieber erst einmal gar nichts. Diese Situation kommt Ihnen bekannt vor? Die vergleichsweise freie Zeiteinteilung, über die Sie als Studierender verfügen, erfordert ein hohes Maß an Selbstdisziplin. Doch selbst die besten Absichten schützen nicht immer vor Demotivation und Ablenkungen von Ihren eigentlichen Aufgaben. Dieses Kapitel liefert Tipps und Tricks, wie Sie Ihre Zeitfenster sinnvoll nutzen können, dem inneren Schweinehund keine Chance lassen und auch in stressigen Situationen einen kühlen Kopf bewahren.

3.1 Von Zeitfressern und anderen Ungeheuern

Ob Arbeitnehmer mit Vollzeitjob oder Studierender – es gibt Verpflichtungen und Aufgaben, die in Ihrer Verantwortung liegen. Das Studium schafft oft einen komplett neuen Rhythmus, an den Sie sich gewöhnen müssen: Ihre Zeiteinteilung gestaltet sich deutlich autonomer als noch zu Schulzeiten und Sie müssen Ihre Leistungsfortschritte selbst steuern. Gleichzeitig bekommen Sie Fristen und Vorgaben, an die Sie sich halten müssen. Das Gefühl, immer noch mehr machen zu können, kollidiert mit dem Bedürfnis nach Freizeit, Entspannung und Erholung.[28] Zu den studentischen Verpflichtungen kommt meist noch parallel ein Studentenjob dazu, der ebenfalls mit Pflichten verbunden ist.

Besonders zu Beginn Ihres Studiums kommen viele neue Aufgaben auf Sie zu. Wenn Sie all diese Aufgaben perfekt erledigen möchten und keine Prioritäten setzen, kann dies schnell zu Stresssituationen führen. Beispielsweise sind Sie anfangs sehr motiviert, bis Sie merken, dass Sie zu viel lernen und nur noch nervös sind, weil Sie nicht alles in der vorgegebenen Zeit schaffen. Gleichzeitig vernachlässigen Sie Ihre private Freizeit (Freunde, Sport, Urlaub). Aber wenn man fit sein muss, um konzentriert zu lernen, bedeutet das auch, dass man Phasen am Tag braucht, um sich zu entspannen und wieder Kraft zu tanken.[29]

Vielleicht kennen Sie aber auch das folgende Problem: Sie tun zu wenig, da Sie die Möglichkeit der freien Zeiteinteilung oft und gerne darauf verwenden, sich Ihrem Privatleben zu widmen. Allerdings laufen Sie auf diese Weise schnell

---

[28] Vgl. Püschel [2010], S. 61.
[29] Vgl. Janson [2007], S. 68 f.

Gefahr, dass Sie in Stresssituationen eher versuchen sich abzulenken, anstatt mehr zu lernen und so gezielt fehlende Fachkenntnisse nachzuholen.[30]

Auch der Umstand, dass Sie für manche Aufgaben motivierter sind als für andere, dürfte Ihnen bekannt sein. Wahrscheinlich widmen Sie sich lieber den Aufgabenbereichen, die Sie als Ihre Fachgebiete bezeichnen. Andere Aufgabengebiete hingegen werden von Ihnen möglicherweise vernachlässigt – Sie arbeiten gleichzeitig zu viel und zu wenig.[31]

Es gibt noch weitere „Zeitfresser"[32], die sich in Ihre Arbeitsprozesse einschleichen können. Vielleicht wollen Sie alles auf einmal erledigen, weil Sie alle Aufgaben für gleich wichtig halten und überall dabei sein möchten. Oder Sie haben das Gefühl, erst anfangen zu können, wenn Sie alle Fakten beisammen und den kompletten Überblick haben. Oft kann auch der eigene Perfektionismus hinderlich sein, da man sich so getrieben fühlt, alles schnell und richtig erledigen zu müssen.[33] Motivation kann ebenfalls vom Treiber zum Blockierer werden. Wenn Sie mit Ihrer eigenen Arbeitsleistung zufrieden sind und sich dies in persönlichen Erfolgen zeigt, werden Ihre Motivation und Disziplin gefördert. Wenn sich jedoch Misserfolge einstellen und Sie trotz vollem Einsatz nicht das gewünschte Ergebnis erzielen, wirkt sich dies negativ auf Ihren Arbeitswillen aus – Ihre Aufgaben bleiben erst einmal liegen.[34]

All das kann zu Konflikten führen, die Sie im Vorfeld nicht erwartet haben. Denn das Studium sollte ja vor allem eines: Sie fachlich qualifizieren, Ihnen gute Chancen auf dem Arbeitsmarkt eröffnen, Sie motivieren, fordern, fördern und Spaß machen. Zudem soll Raum für die Weiterentwicklung Ihrer Interessen und Ihres Selbstbewusstseins vorhanden sein. Um all diese positiven Resultate zu erzielen, benötigt es ein gutes Zeit- und Selbstmanagement.[35] Dies impliziert nicht, sich selbst einschränken und eingrenzen zu müssen, im Gegenteil: „Planung bedeutet, Entscheidungsspielräume zu schaffen und Überschaubarkeit herzustellen."[36] Neben Zielsetzung, Zeiteinteilung und Priorisierung Ihrer Aufgaben beinhaltet dies auch den bewussten Umgang mit den eigenen Stärken und Schwächen sowie Handeln nach den eigenen Ansprüchen und Vorstellungen. Dies geschieht alles unter Berücksichtigung Ihrer eigenen Fähigkeiten und Ihrer individuellen Persönlichkeit.[37]

---

[30] Vgl. Janson [2007], S. 68 f.
[31] Vgl. ebd.
[32] Püschel [2010], S. 79.
[33] Vgl. Püschel [2010], S. 79 f.
[34] Vgl. Janson [2007], S. 19.
[35] Vgl. Püschel [2010], S. 7.
[36] Püschel [2010], S. 61.
[37] Vgl. Püschel [2010], S. 85.

Zeit lässt sich nicht festhalten oder speichern, auch nicht verdoppeln oder vermehren.[38] Durch ein gutes Zeit- und Selbstmanagement fällt es Ihnen aber leichter, effektiv zu arbeiten und Ihre Ziele in der Ihnen zur Verfügung stehenden Zeit umzusetzen. Mit einem gezielten Arbeitsplan und einem Verständnis über Ihren eigenen Arbeitsrhythmus haben Sie Ihre Aufgaben und Fristen im Blick und können bspw. auch besser abschätzen, wo Sie sich mehr Freiraum zugestehen können. Zeitfresser vollkommen auszuschließen, ist ein unmögliches Unterfangen. Sie können aber lernen, Ihre typischen Ablenkungen zu erkennen, sich dieser bewusst werden und sie dadurch größtenteils zu verhindern.[39] Ebenso ist es wichtig, Ihre eigenen Ziele zu kennen, da diese die Grundlage für Ihre Motivation und der Antreiber Ihres Handelns sind. Im Rahmen Ihres Selbstmanagements gibt es keine richtigen oder falschen Motive. Sie müssen erkennen, was Sie antreibt und nach welchen Vorstellungen Sie handeln.[40] Wie Ihr individuelles Zeit- und Selbstmanagement aussieht, hängt von Ihnen selbst und Ihrer Persönlichkeit ab.[41] Im Folgenden werden Ihnen einige Methoden vorgestellt, die Sie entsprechend Ihres eigenen Managements anwenden können.

3.2 Zielsetzung und Priorisierung

„Was Sie sich nicht vornehmen, kann nur durch Zufall geschehen!"[42] Das Setzen von Zielen und eine klare Priorisierung haben einen entscheidenden Einfluss auf den Erfolg Ihres Selbst- und Zeitmanagements. Um Ihre gesetzten Ziele in eine effektive und effiziente Reihenfolge zu bringen, gibt es verschiedene Herangehensweisen.

3.2.1 Zielsetzung – Seien Sie SMART

Bei der **Zielsetzung** beginnen Sie damit, alle Ziele festzulegen, die Sie erledigen wollen und bestimmen Arbeitsschritte, die zur Erledigung dieser Ziele anfallen. Ihre Motivation zur Erreichung eines Ziels wird immer auch davon bestimmt, wie schwierig Sie die hiermit verbundenen Arbeitsschritte empfinden. Dieses Schwierigkeitsempfinden ist subjektiv. Aufgaben, die Ihnen leicht von der Hand gehen, finden Ihre Kommilitonen vielleicht sehr schwierig oder umgekehrt. Wenn Sie etwas als schwierig empfinden, hat dies auch eine positive Seite, denn es bedeutet, dass Sie Ihr Ziel höher gesteckt haben als Ihre bisherigen Leistungsziele in vergleichbaren Aufgaben. Nur wenn dies der Fall ist, werden Sie Ihre

---

[38] Vgl. Jäger [2007], S. 58.
[39] Vgl. Püschel [2010], S. 79.
[40] Vgl. Jäger [2007], S. 20 f.
[41] Vgl. Püschel [2010], S. 61 f.
[42] Püschel [2010], S. 21.

Innerer Schweinehund ade!

Ziele als herausfordernd empfinden und auch entsprechende Anstrengungen unternehmen, um diese zu erreichen. Laut der sogenannten Zielsetzungstheorie führen herausfordernde, und vor allem auch, spezifische Ziele zu einer höheren Leistung als sehr allgemein formulierte Ziele.

Ein sehr allgemeines Ziel wäre bspw. „Ich komme mit meiner Bachelorarbeit weiter", wohingegen die Formulierung „Ich schreibe bis Ende dieser Woche zehn Seiten meiner Bachelorarbeit" ein sehr spezifisches Ziel ist. Bei vagen Zielen können viele Ergebnisse als positiv bewertet werden. Bei spezifischen Zielen hingegen ist klar definiert, welches Ergebnis als Erfolg bewertet wird, sodass Sie im Zweifel von vornherein eine bessere Leistung erbringen. Wenn Sie sich herausfordernde und spezifische Ziele setzen, kann das die Wahrscheinlichkeit des Eintritts persönlicher oder beruflicher Erfolge erhöhen.[43]

- Die von Ihnen gesteckten Ziele bestimmen die Richtung Ihres Handelns durch eine Fokussierung Ihrer Aufmerksamkeit.
- Herausfordernde und präzise formulierte Ziele führen zu besseren Leistungen als leicht zu erreichende und allgemein formulierte Ziele.
- Schwierigkeit ist eine subjektive Größe: Ihre Ziele sollten über den bislang in vergleichbaren Aufgaben gezeigten Leistungen liegen.
- Eine Erfolgskontrolle ist bei spezifischen Zielen wesentlich leichter als bei allgemeinen Zielen. In Literatur und Praxis werden vielfältige Anforderungen an die festzulegenden Ziele formuliert. Bekannt ist in diesem Zusammenhang die sogenannte **SMART-Regel**.[44]

Dabei sollten Sie sich folgende Fragen stellen:

Spezifisch
- Ist Ihr Ziel eindeutig und präzise formuliert?
- Haben Sie es schriftlich formuliert?
- Haben Sie ein klares Bild, wie Ihr Ergebnis aussieht, wenn Sie Ihr Ziel erreichen?

Messbar
- Können Sie eindeutig überprüfen, ob Sie Ihr Ziel erreicht haben oder nicht?

Aktionsorientiert
- Zeigt Ihr Ziel eine positive Veränderung eines bestimmten Zustands auf?
- Können Sie selbst etwas dafür tun?

---

[43] Vgl. Scott [2006], S. 214 f.
[44] Vgl. Storch [2009], S. 183 ff.

- Ist das Ziel positiv formuliert, d.h., dass Sie etwas schaffen werden und nicht, dass Sie etwas nicht schaffen werden?

Realistisch

- Ist das Ziel nicht zu hoch und nicht zu niedrig formuliert?

Terminierbar

- Ist Ihr Ziel zeitlich eingrenzbar?
- Gibt es ein definiertes Ende? Wann ist das Ziel zu erreichen?
- Was sind die Meilensteine, die Sie erreichen wollen?[45]

Nachdem Sie die **SMART-Regel** angewendet haben, können aus den übergeordneten Zielen konkrete Aufgaben abgeleitet werden, die Sie dann nacheinander ordnen können. Sie können Ihre Ziele auch in einzelne Kategorien aufteilen. So macht eine Einteilung in lang-, mittel- und kurzfristige Ziele Sinn, um sich einen besseren Überblick zu verschaffen. Was dies beispielsweise für Ihr Studium bedeuten könnte, können Sie anhand der Beispiele in der folgenden Tabelle sehen.

Langfristige Ziele	Maßnahmen	Wann zu erreichen?
Ich will mein Studium mit einer Durchschnittsnote von 2,0 in der Regelstudienzeit abschließen.	Ich gehe zu allen Vorlesungen und arbeite regelmäßig den Stoff nach. Ich arbeite neben dem Studium nicht mehr als zwei Tage.	In 2 Jahren
Mittelfristige Ziele	**Maßnahmen**	**Wann zu erreichen?**
Alle Klausuren am Semesterende mit mindestens einer 2,0 bestehen.	teitig vor den Klausuren den Stoff zusammen. Ich gründe vier Wochen vor den Klausuren eine Lerngruppe, um gemeinsam den Klausurstoff zu lernen.	In 4 Monaten
Kurzfristige Ziele	**Maßnahmen**	**Wann zu erreichen?**
Präsentation rechtzeitig fertigstellen, um noch ausreichend Zeit für eine Korrektur zu haben.	Ich stelle alle PowerPoint-Folien bis zwei Tage vor Abgabe fertig und bereite mich im Anschluss nur auf meinen mündlichen Vortrag vor.	In einer Woche

Tab. 1: Lang-, mittel- und kurzfristige Ziele
(Quelle: Eigene Darstellung in Anlehnung an Jansen [2007], S. 24 f.)

---

[45] Vgl. Storch [2009], S. 183.

3.2.2 Priorisierung – Ziele realisieren

Prioritäten zu setzen bedeutet, die (wenigen) Dinge zu erkennen, die wirklich wichtig sind und mit den (vielen) Dingen, die nicht wichtig sind, erst gar nicht zu beginnen.[46] Wenn Sie Prioritäten setzen, dann werden Sie mehr Zeit für wichtige Dinge haben. Sie können wesentlich gelassener neue Aufgaben angehen, Sie können Stress abbauen und Sie werden bessere Ergebnisse erzielen. Demnach dient ein gutes Zeitmanagement dazu, alle Pflichten fristgerecht zu erfüllen und dennoch Zeit für private Aktivitäten zur Verfügung zu haben.

Priorisierung bedeutet also nichts anderes, als dass Sie sich entscheiden müssen, was wichtig ist und was nicht. Eine solche Entscheidung können Sie allerdings nur dann treffen, wenn Sie ein Ziel vor Augen haben (z. B. einen Abgabetermin einhalten, eine Klausur erfolgreich schreiben etc.). Ziele bestimmen die Richtung Ihres Handelns durch die Steuerung Ihrer Aufmerksamkeit. Haben Sie Ihr Ziel für sich gesteckt, haben jene Arbeitsgänge Priorität, die zur Erreichung des Ziels notwendig sind.[47] Stellen Sie sich die Frage: Wann sind Aufgaben wichtig? Diese auf den ersten Blick recht banale Frage wird in der Praxis oft vernachlässigt. Das wiederum hat zur Folge, dass es dann schwieriger (bzw. nahezu unmöglich) wird, zwischen wichtigen und unwichtigen Aufgaben zu unterscheiden. Kurzgefasst lässt sich sagen, dass Aufgaben nur dann eine hohe Wichtigkeit für Sie haben sollten, wenn diese Sie Ihren Zielen näherbringen.

Nachdem Sie für sich die Frage nach dem „großen Ganzen" beantworten konnten und Sie Ihr Ziel SMART formuliert haben, können Sie sich jetzt mit den Methoden der Priorisierung befassen. Im folgenden Kapitel möchten wir Ihnen einige Methoden zur Priorisierung vorstellen, die sich bereits in der Praxis bewährt haben. Welche für Sie die ideale Methode ist, um sich Ihre Zeit optimal einzuteilen, können Sie durch Ausprobieren der verschieden Methoden herausfinden.

3.2.3 Methoden der Priorisierung

Für ein effektives Zeitmanagement wurden Methoden entwickelt, die den planvollen Umgang mit der Zeit ermöglichen. Zu diesen Methoden gehören die Zielplanung mit dem **Pareto-Prinzip**, die **Eisenhower-Methode**, **Gantt-Diagramme** und die **ALPEN-Methode**. Im Folgenden stellen wir Ihnen diese Methoden vor.

---

[46] Vgl. Pertl [2005], S. 106.
[47] Vgl. Janson [2007], S. 71.

Im Rahmen des Zeit- und Selbstmanagements ist es nicht nur wichtig, Zeit richtig einzuplanen und Aufgaben zu priorisieren, sondern sich zunächst darüber bewusst zu werden, mit welchem Zeiteinsatz welches Ergebnis erzielt werden kann. Wenn Sie sich ein Einsatz/Ergebnis-Verhältnis zu Beginn der eigentlichen Planung vor Augen führen, wird es Ihnen helfen, Ihre Aufgaben zu priorisieren und zeitlich einzuplanen.

Der italienische Volkswirt Vilfredo Pareto (1848-1923) ist bei der Analyse seiner Geschäftsbücher auf die **80/20-Regel** gestoßen, heutzutage besser bekannt als **Pareto-Prinzip**. Diese Regel hatte ihren Ursprung allerdings nicht in der Zeiteinteilung. Pareto fand vielmehr heraus, dass ungefähr 20 Prozent seiner Kunden für 80 Prozent seines Umsatzes verantwortlich waren. Im Umkehrschluss bedeutete dies natürlich, dass ein Großteil seiner Kunden, nämlich etwa 80 Prozent, nur 20 Prozent seines Umsatzes ausmachten. Dies fand er so erstaunlich, dass er auch das Volkseinkommen in Italien analysierte und zu demselben Ergebnis kam: 80 Prozent des Volkseinkommens lagen seinerzeit bei 20 Prozent der Bevölkerung.[48]

Im Laufe der Zeit ließ sich das Pareto-Prinzip auf weitere Bereiche adaptieren, so auch auf das Zeitmanagement. Das bedeutet für Sie, dass mit 20 Prozent Ihres Zeit- und Energieaufwands 80 Prozent Ihres Ergebnisses erzielt werden.

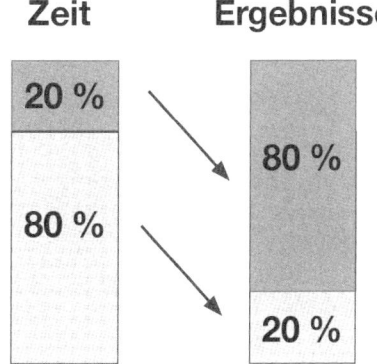

Abb. 2: Pareto-Prinzip
(Quelle: Eigene Darstellung in Anlehnung an Janson [2007], S. 73)

Da der Aufwand für ein hundertprozentiges im Vergleich zu einem achtzigprozentigen Ergebnis durch die stark erhöhte Energieleistung unwirtschaftlich ist, sollten Sie sich folglich auf die 80 Prozent konzentrieren, die schnell von der Hand gehen. Wenn Sie den Anspruch haben, ein hundertprozentiges Ergebnis zu erreichen und sich zunächst ausschließlich auf die 20 Prozent unwichtigeren

---

[48] Vgl. Jäger [2007], S. 192; Janson [2007], S. 72 f.

Aufgaben der Arbeit fokussieren, entscheiden Sie sich automatisch gegen die wichtigen 80 Prozent, die den Großteil des Erfolgs Ihrer Arbeit ausmachen.

Die 80/20-Regel hilft Ihnen nicht nur beim Erstellen einer wissenschaftlichen Arbeit, sondern in vielen Bereichen Ihres Studiums und Berufslebens, wenn es darum geht, Ihre Zeit optimal aufzuteilen. Wenn Sie sich dabei zunächst auf die 80 Prozent Ertrag konzentrieren, so haben Sie noch 80 Prozent Ihrer Zeit für andere Aufgaben übrig.[49]

Um effiziente Ergebnisse hervorzubringen, sollten Sie Ihre Aufgaben gemäß dem Pareto-Prinzip nach Wichtigkeit klassifizieren, aber auch die Dringlichkeit der Aufgabe nicht unbeachtet lassen. Dafür müssen Sie sich den Unterschied zwischen den wichtigen und dringlichen Aufgaben vor Augen führen. Eine dringliche Aufgabe muss zwar termingerecht erledigt werden, sie muss aber nicht unbedingt wichtig sein.[50] Manchmal besteht eine wichtige Aufgabe auch nur aus einem kleinen Schritt, dennoch kann diese Aufgabe sehr wichtig sein, weil Sie Ihrem Ziel mit Erledigung dieser Aufgabe erheblich näher gekommen sind.[51]

Einige Menschen lassen sich allzu schnell dazu verleiten, dringende Aufgaben als erste zu erledigen. Diese werden hektisch erledigt, ohne vorher genau zu überlegen, welche Aufgaben tatsächlich wichtig sind. Fragen Sie sich einmal, ob es die wirklich wichtigen Dinge in Ihrem Leben sind, die tatsächlich eilig erledigt werden müssen oder ob gerade diese Dinge eher langfristigen Charakter haben und nur durch mehrere Teilschritte und kleine Aufgabenpakete zu bewältigen sind.[52]

Eine gute Methode zur effizienten Strukturierung von Arbeitsgängen ist die sogenannte Wichtigkeits-Dringlichkeits-Matrix. Das Prinzip dieser Matrix wird dem ehemaligen US-Präsidenten Dwight D. Eisenhower zugeschrieben.[53] Zur Erstellung dieser Matrix sollten Sie die **Dringlichkeit** für eine zu erledigende Aufgabe mit deren **Wichtigkeit** in Beziehung setzen. Die Wichtigkeit der Aufgabe lässt sich daran messen, in welchem Maß ihre Durchführung Sie Ihrem gewünschten Ziel näher bringt. Damit Sie beurteilen können, ob eine Aufgabe wichtig ist, empfiehlt sich die **Vier-Quadranten-Darstellung**, die Sie in der nachfolgenden Matrix sehen können.[54]

---

[49] Vgl. Janson [2007], S. 73 f.
[50] Vgl. Janson [2007], S. 74 f.
[51] Vgl. ebd.
[52] Vgl. ebd.
[53] Vgl. Janson [2007], S. 74.
[54] Vgl. Janson [2007], S. 76.

+	B-Aufgaben	A-Aufgaben
	wichtig, aber nicht dringlich	dringlich und wichtig
Wichtigkeit		
	D-Aufgaben	C-Aufgaben
−	weder wichtig noch dringlich	nicht wichtig, aber dringlich
	− Dringlichkeit	+

Abb. 3: Wichtigkeits-Dringlichkeits-Matrix
(Quelle: Eigene Darstellung in Anlehnung an Janson [2007], S. 76)

A-Aufgaben sind alle Aufgaben, die sofort erledigt werden müssen, da sie wichtig sind. Darunter fallen persönliche Krisen oder bedeutsame zeitkritische Projekte. Stellen Sie sich vor, dass Sie eine Hausarbeit für das Fach Wissenschaftliches Arbeiten drucken lassen wollen, weil Sie die Arbeit in drei Tagen abgeben müssen. Diese Aufgabe würden Sie nun als A-Aufgabe klassifizieren. Es kann aber sein, dass eine andere Aufgabe zwischenzeitlich in das Blickfeld des Interesses rückt. So wäre es möglich, dass Ihnen plötzlich ein gravierender Formatierungsfehler in einer anderen Hausarbeit auffällt und Sie diese Hausarbeit bereits übermorgen abgeben müssen. Nun liegt es nahe, dass Sie sich zunächst mit der Korrektur des Formatierungsfehlers beschäftigen müssen und der Druck der Hausarbeit für das Fach Wissenschaftliches Arbeiten zu einer **B-Aufgabe** herabgestuft wird. Schließlich können Sie den Druck dieser Hausarbeit auch noch erledigen, nachdem Sie die Formatierung der anderen Hausarbeit abgeschlossen haben.

Dabei handelt es sich bei den wirklich wichtigen und dringlichen Aufgaben um Aufgaben des zweiten, mit „A" gekennzeichneten Quadranten. Bei Aufgaben des ersten Quadranten, die wichtig und nicht dringlich sind (B-Aufgaben), besteht die Gefahr, dass diese hinausgezögert werden, bis Sie diese nicht mehr aufschieben können und der Energieaufwand zur Bearbeitung dieser Aufgaben enorm ansteigt. Dazu gehören z. B. Aufgaben der Vorbereitung, Prävention, Planung, Erholung, Netzwerk- und Beziehungstätigkeiten, kurz gesagt, alle Tätigkeiten, die verhindern, dass Sie zu viel Zeit für dringende und meist stressige Aufgaben aufwenden müssen.[55]

Bei den sogenannten **C-Aufgaben**, jenen, die zwar dringend, aber nicht wichtig sind, sollten Sie prüfen, ob Sie diese auch delegieren können. Eventuell können Sie, statt selber zu kochen, einen Lieferservice beauftragen oder ein Restaurant aufsuchen und sparen dadurch die Zeit für den Einkauf der Lebensmittel und die

---

[55] Vgl. Pertl [2005], S. 107.

Zubereitung des Essens. Bei C-Aufgaben sollten Sie auch die Möglichkeit überprüfen, ob sich diese Aufgaben nicht verschieben lassen.

Bei Aufgaben, die weder dringend noch wichtig sind, sollten Sie die Möglichkeit
in Betracht ziehen, diese ersatzlos zu streichen. Zu diesen sogenannten **D-
Aufgaben** gehören Gewohnheitsaufgaben, wie bspw. erst einmal Ihren Schreibtisch aufzuräumen, Onlineblogs anzuklicken, die für Ihre Aufgaben nicht relevant sind, Smalltalk mit Ihren Mitbewohnern zu führen etc. Die an dieser Stelle
eingesparte Zeit kann für produktivere Aufgaben verwendet werden.

Aber auch innerhalb der gerade beschriebenen Klassifikationen gibt es graduelle
Abstufungen der Wichtigkeit und Dringlichkeit. Nachdem Sie sich nun der unwichtigen Aufgaben entledigt und die Aufgaben klassifiziert haben, können Sie
sich der eigentlichen Planung widmen. Dafür müssen Sie zunächst den Zeitbe-
darf ermitteln, den Sie für die Aufgaben benötigen.[56]

Eine sehr einfache Methode besteht in der **Netzplantechnik** mit der Visualisierung durch Balkendiagramme. Aufgaben, die während des Studiums anfallen,
können Sie meist mithilfe eines einfachen Balkendiagramms, des sogenannten
Gantt-Diagramms, organisieren.[57]

Bei einem Gantt-Diagramm gibt es zwei Ansichten: Eine Darstellung, in der die
Aufgaben aufgeführt sind und eine weitere Ansicht, die einen Kalender enthält.
Für jede Aufgabe muss von Ihnen zuvor ein Start- und ein Endtermin definiert
werden. Um die Aufgaben mit den entsprechenden Start- und Endterminen in
Verbindung zu bringen, werden im Gantt-Diagramm, parallel zu den Aufgaben,
Balken im Kalender dargestellt. Ein vereinfachtes Gantt-Diagramm zur Erstel-
lung einer Hausarbeit sehen Sie in der folgenden Abbildung.

---

[56] Vgl. Grass/Drügg [1998], S. 66 f.
[57] Vgl. Ebster/Stalzer [2008], S. 22.

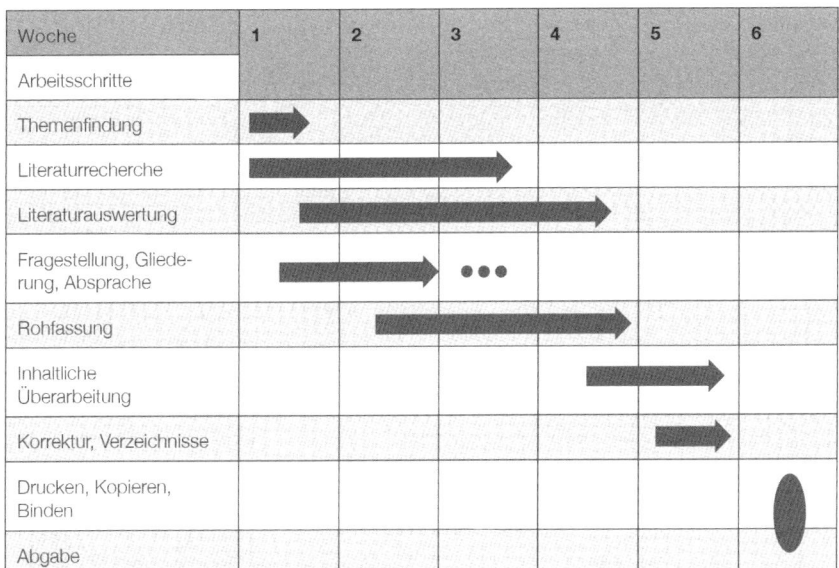

Woche	1	2	3	4	5	6
Arbeitsschritte						
Themenfindung						
Literaturrecherche						
Literaturauswertung						
Fragestellung, Gliederung, Absprache						
Rohfassung						
Inhaltliche Überarbeitung						
Korrektur, Verzeichnisse						
Drucken, Kopieren, Binden						
Abgabe						

Abb. 4: Gantt-Diagramm zur Erstellung einer Hausarbeit
(Quelle: Eigene Darstellung)

Zusätzlich können Beziehungen mit Pfeilen und **Meilensteinen** in das Gantt-Diagramm eingetragen werden. Durch die Darstellung mit den Balken wird deutlich, zu welchem Zeitpunkt Meilensteine spätestens abgeschlossen sein müssen, damit Sie mit anschließenden Aufgaben beginnen können. So können Sie erst mit dem Schreiben einer Hausarbeit anfangen, nachdem Sie sich entsprechende Literatur besorgt haben. Außerdem können Sie mithilfe des Balkendiagramms Kapazitätsengpässe rechtzeitig erkennen. Haben Sie zu viele Aufgaben auf einen Tag gelegt, erkennen Sie dies mithilfe des Balkendiagramms rechtzeitig. Wenn Sie mit spezieller Software (z. B. *Microsoft Project*) arbeiten, dann können den jeweiligen Aufgaben noch die entsprechenden Ressourcen zugeordnet werden (z. B. ob Sie für eine Aufgabe noch Literatur benötigen oder ein Gruppentreffen vereinbaren müssen).

Eine weitere Technik zur Strukturierung Ihrer Aufgaben stellt die **ALPEN-Methode** dar. Bei diesem Instrument des Zeitmanagements gehen Sie wie folgt vor:

A – Aufgaben festlegen
L – Länge der Aufgaben bestimmen
P – Pufferzeiten einplanen
E – Entscheidungen über Prioritäten treffen
N – Nachkontrolle

Zunächst erfassen Sie alle für Ihr Projekt relevanten Arbeitsschritte. Dies dient dazu, dass Sie sich einen Überblick über alle zu erledigenden Aufgaben verschaffen. Somit stellen Sie ebenfalls sicher, dass Sie keinen Arbeitsschritt übersehen haben. Daraufhin legen Sie die Länge des jeweiligen Arbeitsschritts fest. Dies ist ein sensibler Punkt innerhalb der ALPEN-Methode, da Ihnen eine realistische Zeitbestimmung anfänglich schwerfallen könnte. Je öfter Sie in folgenden Projekten einen Arbeitsschritt wiederholen, desto genauer sollte Ihre zeitliche Bestimmung werden. Sollten Sie keine Erfahrungsgrundlage haben, ist es ratsam, dass Sie den zeitlichen Aufwand der Aufgabe eher zu lang als zu knapp kalkulieren, da dies zu zeitlichen Engpässen führen kann. Die Einplanung von Pufferzeiten soll Ihnen sowohl helfen, länger andauernde Arbeitsschritte kompensieren zu können, als auch anderweitige Termine und Verpflichtungen wie Vorlesungen, Krankheiten oder soziale Kontakte, berücksichtigen zu können. Es empfiehlt sich, 60 Prozent Ihrer verfügbaren Zeit als Arbeitszeit fest einzuplanen und die restlichen 40 Prozent als möglichen Puffer zunächst freizuhalten. Im nächsten Schritt werden die einzelnen Aufgabenschritte priorisiert. Hier haben Sie die Möglichkeit, auf mehrere Verfahren der Priorisierung zurückzugreifen. Eine mögliche Methode ist das Eisenhower-Prinzip, das in diesem Kapitel bereits vorgestellt wurde. Nach Abschluss eines jeden Arbeitsschrittes sollte eine Nachkontrolle erfolgen. Mit Hilfe der Nachkontrolle können Sie reflektieren, ob die Länge oder die Priorisierung korrekt bestimmt wurde. Des Weiteren können Sie neue Aufgaben in den aktualisierten Arbeitsplan einsortieren und Ihre Prioritäten und Dauer überarbeiten. Zum Abschluss eines Projekts bietet sich eine Nachkontrolle an, um Ihr Zeitmanagement kritisch zu überprüfen.[58]

Ein gutes Zeitmanagement geht aber immer einher mit Ihrem persönlichen Selbstmanagement. Aus diesem Grund erläutern wir Ihnen im Folgenden, welche Dinge Sie in Bezug auf ein gutes Selbstmanagement beachten sollten.

3.3 Selbstmanagement

Um im Studium persönliche Ziele zu erreichen, bedarf es neben einem effektiven und effizientem Zeit- auch einem auf die Persönlichkeit abgestimmten Selbstmanagement. Eigene Bedürfnisse, Vorstellungen sowie Lern- und Biorhythmus bestimmen die Art und Weise, wie Ziele festgelegt und Aufgaben priorisiert werden. Zudem ist ein Bewusstsein gegenüber der eigenen Motivatoren sowie der Reaktion in stressigen Situationen hilfreich, um sich gut zu organisieren und Zeit optimal nutzen zu können.

---

[58] Vgl. Stickel-Wolf/Wolf [2013], S. 347 f.

3.3.1 Den eigenen Lerntyp bestimmen

„Das Schwerste am Lernen ist das Lernen lernen."[59] Das Zitat von Immanuel Kant befasst sich damit, dass Menschen auf sehr unterschiedliche Arten und Weisen lernen. Durch welche Sinneskanäle am besten Informationen aufgenommen werden, hängt vom jeweiligen Lerntyp sowie dem eigenen Biorhythmus ab.

3.3.1.1 Lerntypen und Leistungskurven

In der Literatur findet man unterschiedliche Aufteilungen zu Lerntypen. Im Folgenden soll zwischen dem **optisch/visuellen**, dem **auditiven** und dem **haptischen** Lerntyp differenziert werden. Der optisch/visuelle Lerntyp zeichnet sich dadurch aus, dass er zum Lernen Texte benötigt, die er sich lesend aneignen kann. Grafiken, Bilder oder Illustrationen erleichtern es ihm, Sachverhalte zu erfassen, da so Informationen in Bilder verwandelt werden können. Bei Vorträgen neigt dieser Lerntyp schnell dazu abzuschalten, daher sollten schriftliche Notizen während Präsentationen gemacht werden. Er erfasst Informationen durch Sehen, muss also ein Bild vor Augen haben. Daher bietet es sich an, eine gute Gesamtübersicht über das Thema selbst zu erstellen und nach Möglichkeit mit Farben zu arbeiten.[60]

Der auditive Lerntyp dagegen lernt und merkt sich Informationen leichter, indem er diese hört. Es hilft ihm beim Lernverständnis, wenn er sich selbst den Text vorliest, anderen zuhört oder aktiv an Diskussionen teilnimmt. Hier ein paar Tipps: Lesen Sie sich Texte laut vor, erklären oder fassen Sie diese mündlich zusammen und wiederholen Sie Ihre Aufschriebe laut. Verbalisieren Sie Grafiken und Abbildungen und besuchen Sie neben Vorlesungen auch Sprechstunden, um Informationen besser verarbeiten zu können.[61] Der haptische Lerntyp, in der Literatur auch als kinästhetischer oder motorischer Lerntyp bezeichnet,[62] lernt am besten, indem er persönlich agiert. Durch Ausprobieren, die Teilnahme an Rollenspielen oder Gruppenaktivitäten und das Halten von Übungspräsentationen nimmt er Wissensinhalte am besten auf. Der haptische Lerntyp sollte sich auf neue Situationen im Geiste vorbereiten und Szenarien vor seinem inneren Auge durchspielen. Ihm helfen eigene Kommentare bei der Lektüre und Wiedergabe vom Lernstoff oder wissenschaftlichen Texten.[63]

Zu erwähnen ist, dass fast alle Menschen **„Mischtypen"** sind und nicht auf einen Lerntyp eingeschränkt werden können. Somit ist es von Vorteil, mit allen Sinnen

---

[59] Kant [o.J.], o.S., zitiert nach Köder [2012], S. 73.

[60] Vgl. Boeglin [2012], S. 18; Vgl. Koeder [2007], S. 63 f.

[61] Vgl. Boeglin [2012], S. 18 f.

[62] Vgl. Boeglin [2012], S. 19.

[63] Vgl. ebd.

zu lernen. Sie werden merken, dass Sie für ein Referat, eine Hausarbeit oder eine Klausur eine andere Herangehensweise haben, diese vorzubereiten: Abhängig vom Ziel Ihrer Vorbereitung sprechen Sie unterschiedliche Lernkanäle an. Zudem beugt man durch die Ansprache mehrerer Sinne einer Ermüdung vor und erhöht den Lernerfolg. Hilfreich für die Prüfungsvorbereitung ist es beispielsweise, den zu erlernenden Stoff oft und in unterschiedlichen Kontexten zu wiederholen, um das Wissen in verschiedenen Settings abrufen zu können. Bei der Aneignung unstrukturierter Informationen kann es außerdem hilfreich sein, sich diese visuell zu veranschaulichen und mit Geschichten zu untermauern. Ein Blick in die Werbung: Spots, die kurz sind, häufig wiederholt werden und einfache Botschaften transportieren, bleiben dem Zuschauer im Kopf. Durch die Arbeit mit Bildern und Musik werden verschiedene Sinne angesprochen – eine Strategie zum Lernen, die Sie sich von der Werbebranche abschauen können. Bedenken Sie: Große Lernportionen wirken abschreckend. Wenn Sie den Stoff einer Vorlesung in kleinere Portionen aufteilen und eine entspannte Lernatmosphäre für sich schaffen, lernt es sich deutlich besser. Wichtig ist, dass Ihnen die Relevanz der Aufgabe klar wird und Sie eine positive Einstellung zu Ihrem Fach entwickeln.

Wie leistungsfähig Menschen im Laufe des Tages sind, variiert je nach Biorhythmus. Ein Tag besteht daher aus produktiveren Stunden und Zeiten, in denen Konzentration und Aufnahmefähigkeit nachlassen. Man unterscheidet zwischen zwei Typen: dem Morgen- und dem Abendmensch. Um Ihre Leistungshochs optimal nutzen zu können, sollten Sie Ihren Biorhythmus beobachten und entscheiden, ob Sie Lerche oder Eule sind. So empfiehlt es sich für einen Morgenmenschen, schwierige Aufgaben, die viel Konzentrationsfähigkeit benötigen, vormittags zu erledigen.[64]

3.3.1.2 Lernumgebungen

Menschen unterscheiden sich nicht nur hinsichtlich ihrer Art Informationen aufzunehmen und ihrer Leistungskurven, sondern auch bezüglich ihrer präferierten Lernumgebung. Der eine lernt am liebsten am eigenen Schreibtisch, wohingegen es der andere vorzieht, zum Lernen in die Bibliothek zu gehen oder sich mit Kommilitonen zu einer Lerngruppe zusammenzuschließen. Ganz egal ob zu Hause, in der Bibliothek oder im Seminarraum, ein richtig oder falsch bei der Wahl des Arbeitsplatzes gibt es nicht. Trotzdem birgt jeder sowohl Vor- als auch Nachteile, welche man bei der Wahl des Lernortes berücksichtigen sollte. Auf der einen Seite reduziert sich die Ablenkung durch äußere Einflüsse in der Bibliothek, wodurch ein ruhiges Arbeiten möglich ist. Man ist jedoch auf der anderen Seite an Öffnungszeiten gebunden und muss An- und Abreise mit einplanen. Zudem müssen Sie Ihre eigenen Arbeitsutensilien mitbringen, haben jedoch die bestmögliche Auswahl an Literatur. Falls Sie sich dazu entschließen, in Lern-

---

[64] Vgl. Koeder [2007], S. 53 f.

gruppen zu arbeiten, sollte auf Folgendes Acht gegeben werden. Lerngruppen sind insbesondere dann sinnvoll, wenn komplexe Probleme oder große Stoffmengen zusammengefasst bzw. kritisch hinterfragt werden sollen. Im gegenseitigen Austausch können neue Ideen entstehen und unterschiedliche Perspektiven aufgezeigt werden. Das gegenseitige Erklären in der Gruppe hilft allen Parteien – zum einen demjenigen, der den Aspekt nicht verstanden hat und zum anderen dem Erklärenden, der den Stoff dadurch wiederholt und in seinen eigenen Worten wiedergeben kann. Effektives und effizientes Lernen zeichnet sich durch eine gute Arbeitsorganisation aus. Widmen Sie sich immer nur einer Sache auf einmal und konzentrieren Sie sich in diesem Zusammenhang auf die Lösung dieser Aufgabe. So umgehen Sie den Fehler, gleichzeitig mehrere Dinge machen zu wollen und im Endeffekt nichts zu erledigen. Bei wichtigen Aufgaben ist besonderes Augenmerk darauf zu legen, Unterbrechungen zu vermeiden. Versuchen Sie daher sich „stille Stunden" einzurichten, in denen Sie nicht durch Telefone, Besuche oder sonstige Ablenkungen unterbrochen werden.[65]

Um der Gefahr vorzubeugen, eine große Menge von Lernstoff am letzten Tag vor einer Klausur zu lernen und diese danach zu vergessen, dienen die nachfolgenden Tipps als Orientierung für die optimale Prüfungsvorbereitungsphase:

1) Sammeln Sie Ihren Lernstoff aus Vorlesungsunterlagen, Lehrbüchern, Übungsblättern.

2) Strukturieren Sie ihn. Das bedeutet, zentrale Texte sowie Aufgaben zusammenfassen und Übersichten wie MindMaps, Tabellen oder Grafiken erstellen.

3) Arbeiten Sie mit dem Lernstoff. Finden Sie Verbindungen zwischen Konzepten, knüpfen Sie an Ihr Vorwissen an und hinterfragen Sie Aussagen kritisch. Zudem können Diskussionen mit Kommilitonen zum Lernstoff hilfreich sein.

4) Prägen Sie sich das Ganze ein. Durch Reflexion, Wiederholungen sowie Üben und Wiedergeben, kann der Lernstoff gut abgerufen werden.

---

[65] Vgl. Boeglin [2012], S. 20 ff.; Maier et al. [2011], S. 82.

Lernkartei – Fakten lernen

Hilfsmittel, um Fakten des Prüfungsstoffs zu lernen

Material

Kasten mit fünf Fächern (Das erste Fach ist am kleinsten, die folgenden Fächer sind größer) und passende Karteikarten.

Vorgehen

Die Karteikarten auf der Vorderseite mit Fragen/Aufgaben beschriften. Auf die Rückseite die Antworten/Lösungen schreiben. Ziehen Sie eine Karte, beantworten Sie die Frage und kontrollieren Sie Ihre Antwort.

- Richtige Antwort ➞ Karte wird in Fach 2 gelegt
- Falsche Antwort ➞ Karte bleibt in Fach 1

Die Karten in Fach 1 werden jeden Tag beantwortet, die anderen Fächer erst dann, wenn diese fast voll sind. Alle richtig beantworteten Karten werden in das nächste Fach gelegt. Falsch beantwortete Karten bleiben im jeweiligen Fach.

Abb. 5: Exkurs Lernkartei – Fakten lernen
(Quelle: Eigene Darstellung)

3.3.2 Disziplin und Motivation

Das Aufschieben von wichtigen Aufgaben, **Prokrastination** genannt, ist ein Alltagsphänomen: Bevor mit dem Lernen oder Schreiben der Hausarbeit oder der Prüfungsvorbereitung begonnen werden kann, muss unbedingt noch etwas erledigt werden: Plötzlich stören der leere Kühlschrank und der unaufgeräumte Schreibtisch. Außerdem wollte man ja seit Tagen schon bei den Eltern anrufen. Wie geht man damit um? Wie motiviert man sich dazu, Aufgaben anzugehen und zu erledigen? Motivation ist nach Anita Woolvolk „gewöhnlich ein interner Zustand, der Verhalten aktiviert, ihm Richtung gibt und es aufrecht hält."[66] Motivation beeinflusst unser Lernverhalten. Man unterscheidet zwischen **intrinsischer und extrinsischer Motivation**. Intrinsisch bedeutet, dass man sich proaktiv Herausforderungen stellt, sich folglich Wissen aneignen möchte. Man geht hierbei persönlichen Interessen und Begabungen nach, um so seine eigenen Ziele zu erreichen. Das Pendant dazu ist die extrinsische Motivation. Diese zeichnet sich dadurch aus, dass man nicht an der Aufgabenstellung selbst, sondern an dem anschließenden Ergebnis interessiert ist. Für Ihr Studium müssen Sie beispielsweise auch Fächer belegen und bestehen, welche Sie inhaltlich nicht reizen, jedoch für Ihren Abschluss relevant sind.[67]

---

[66] Woolvolk [2014], S. 386.
[67] Vgl. Woolvolk [2014], S. 387 f.

Insbesondere bei diesen Fächern ist die Gefahr der Prokrastination gegeben. Um diese zu überwinden, müssen Sie sich zunächst bewusst machen, welche Aufgaben Sie vor sich herschieben und überlegen, warum Sie dies tun. Ein weiterer Schritt besteht in der Festlegung von bestimmten Zeiten, in denen Sie sich ganz der Erledigung Ihrer Aufgaben widmen möchten. Orientieren Sie sich hierbei an Ihrem persönlichen Biorhythmus und erledigen Sie unangenehme Aufgaben zuerst. Zudem ist es hilfreich, Arbeitspakete zu bündeln und sich selbst Fristen zu setzen. Grundlage hierfür ist, dass diese realistisch sind, da sonst wiederum die Gefahr der Aufschiebung besteht. Auch die Einführung von Belohnungen bei der Erreichung von Zielen hilft Ihnen, Prokrastination zu vermeiden.[68] Um nicht Gefahr zu laufen, Teilziele aufzuschieben, können Sie Ihre Mitbewohner oder Freunde in selbstgesetzte Fristen und Lernzeiten involvieren. Dadurch werden diese verbindlicher. Gewöhnen Sie sich außerdem an, Aufgaben, die weniger als fünf Minuten dauern, sofort zu erledigen. Falls keiner der Tipps helfen sollte, probieren Sie diese stets in einem größeren Zusammenhang, der sogenannten Metaebene, zu betrachten. Hierbei sollte klar werden, welchen Nutzen die Aufgabe letztendlich für Sie hat. Durch einen persönlichen Perspektivenwechsel bleibt die unangenehme Aufgabe zwar bestehen, Ihre Sichtweise auf diese verändert sich jedoch.[69]

3.3.3 Umgang mit Stress

In Ihrem Studium werden Sie früher oder später in bestimmten Situationen Stress verspüren. Wann dieser auftritt und wie sich dieser äußert, ist subjektiv und abhängig von dem Grad der Belastung, den Sie empfinden. Stress ist nicht gleich Stress. Man unterscheidet zwischen Stress, der positiv und vitalisierend ist (Eustress) und negativem, schädlichen Stress (Distress).[70]

Abbildung 6 verdeutlicht, welche Auswirkungen äußerer Druck bzw. Herausforderungen auf die Leistungsfähigkeit haben können. Zu sehen ist, dass bei zu niedriger Herausforderung die Gefahr der Unterforderung besteht. Man ist gelangweilt und schöpft seine Leistungsfähigkeit nicht vollkommen aus. Mit steigendem äußeren Druck nehmen auch Interesse und Aufmerksamkeit zu, wodurch wiederum die eigene Motivation steigt und man zu Höchstleistungen angetrieben wird. Falls der Druck jedoch zu hoch ist oder stetig anhält, kann es zu einer Überlastung kommen.

---

[68] Vgl. Kentzler/Richter [2010], S. 84 f.

[69] Vgl. Kentzler/Richter [2010], S. 85.

[70] Vgl. Kentzler/Richter [2010], S. 47.; Vgl. Gerrig [2015], S. 473.

Innerer Schweinehund ade!

Abb. 6: Grad der Belastung – Wirkung von Stress
(Quelle: Kreidl et al. [2013], S. 53)

Man kann in dieser Phase reizbar sein, die Leistungsfähigkeit sinkt auf ein niedriges Niveau, was dazu führt, dass Aufgaben nicht mehr effektiv bearbeitet werden können. Stress, der bei dieser Überforderung entsteht, sollte vermieden werden. Durch „gesunden" Stress entwickelt man sich jedoch weiter. So wird beispielsweise die Fähigkeit ausgebildet, in Stresssituationen gute lösungsorientierte Ansätze zu entwickeln.[71] Zudem stärkt die Bewältigung von Herausforderungen nicht nur unser Selbstbewusstsein, sie macht auch mental leistungsfähig: „Durch die Ausschüttung von Botenstoffen, die dem Gehirn helfen, sich auf wichtige Informationen zu konzentrieren, werden wir schlagartig wacher, aktiver und leistungsfähiger."[72]

Aber wie entsteht Stress eigentlich in unserem Körper? Bestimmte belastende Reize (sogenannte Stressoren, die eine Anpassungsreaktion verlangen) konfrontieren Sie tagtäglich in Ihrer Umwelt. Wie Sie auf diese reagieren, hängt von Ihren Stressverstärkern ab. Darunter versteht man „die individuelle Wahrnehmung und Bewertung des Stressors, die auf ihren persönlichen Motiven, Einstellungen und Erfahrungen beruht."[73] Die Beurteilung der Situation ist dabei subjektiv und von der Einschätzung Ihrer Reaktionsmöglichkeiten abhängig. Wenn Sie davon überzeugt sind, mit der Situation nicht fertig werden zu können, ist Ihr Stresslevel höher, als wenn Sie sich in dieser kompetent fühlen. Die Stressreaktion spiegelt Ihnen Ihre individuelle Belastungsgrenze wider. Dabei zeigt Ihnen

---

[71] Vgl. Kentzler/Richter [2010], S. 21 ff.; Vgl. Gerrig [2015], S. 473.

[72] Kentzler/Richer [2010], S. 22.

[73] Kentzler/Richter [2010], S. 14.

Ihr Körper, wie belastend die Situation für Sie ist.[74] Stress löst bestimmte Reaktionen bei Menschen aus, wobei zwischen vier Aspekten unterschieden wird: Physiologische Reaktionen äußern sich beispielsweise durch Übelkeit, Schwindel- oder Schwächeanfälle. Behaviorale Auswirkungen zeichnen sich durch unkoordiniertes Arbeitsverhalten oder eine sinkende Produktivität aus. Emotionale Merkmale sind unter anderem Verzweiflung oder Hilflosigkeit, die sich nur schwer kontrollieren lassen. Abschließend ist die kognitive Reaktion zu erwähnen, die bspw. ein Blackout in der Klausur auslösen kann.[75]

Da Stress zum Leben dazu gehört, ist es wichtig, sich mit seiner Bewältigung auseinanderzusetzen. In Bezug auf Stressbewältigung wird auch immer wieder von „**Coping**" gesprochen. Gemeint ist damit die erfolgreiche und angemessene Bewältigung von Stresssituationen. Lazarus unterscheidet zwischen zwei unterschiedlichen Typen der Stressbewältigung. Zum einen nennt er das problemorientierte Coping. Diese Strategie hat die Eliminierung des Stressors durch eine aktive Veränderung der Umwelt zum Ziel. Kennzeichnend hierfür ist, dass man die Situation selbst beeinflussen kann. Wenn Sie der Besuch einer Vorlesung unter Stress setzt, Sie diese aber für Ihr Studium benötigen, können Sie den Stressor zwar nicht eliminieren, aber abschwächen. Sie können nach Strategien suchen, die Ihnen helfen, besser damit umzugehen. Eine Idee könnte sein, sich durch eine Lerngruppe oder Nachhilfe Unterstützung zu suchen. Beim emotionsorientierten Coping steht die eigene Einstellung bezüglich des Stressors im Mittelpunkt. Hierbei versucht man, seine Haltung gegenüber des Problems zu ändern und somit sein Wohlbefinden positiv zu beeinflussen. Versuchen Sie z. B. Vorträge nicht als Bedrohung anzusehen, sondern als Chance sich und Ihre Leistungen zu präsentieren. Durch die Änderung Ihrer inneren Einstellung nehmen Sie die Situation als positive Herausforderung wahr.[76]

Persönliche Stressauslöser

Beim Umgang mit Stress hilft es, seine Stressauslöser zu kennen.

- Von was fühle ich mich unter Druck gesetzt?
- Womit setze ich mich selbst unter Druck?
- In welchen Situationen fühle ich mich hilflos?
- Was überfordert mich?
- Worüber ärgere ich mich?

Abb. 7: Persönliche Stressauslöser
(Quelle: Eigene Darstellung in Anlehnung an Kentzler/Richter [2010], S. 32)

---

[74] Vgl. Gerrig [2015], S. 473.; Vgl. Kentzler/Richter [2010], S. 13 ff.

[75] Vgl. Gerrig [2015], S. 473.; Vgl. Kentzler/Richter [2010], S. 41.

[76] Vgl. Gerrig [2015], S. 482 ff.; Vgl. Lazarus [1993], S. 8.

Wie bereits erläutert, variiert das Stressempfinden von Mensch zu Mensch. Ob man schnell in Panik verfällt, bei kleinen Veränderungen Stress verspürt oder locker mit Stresssituationen umgeht, hängt von der eigenen Einstellung ab. Eine erfolgreiche **Stressbewältigung** fängt deswegen im Kopf an. Man unterscheidet folgende drei Grundsätze, die die eigene Einstellung in Bezug auf Stress beeinflussen. Zuerst ist hier das Gefühl der Verstehbarkeit zu nennen: Begreift man den Ursprung sowie die einzelnen Aspekte der Belastung? Ist es möglich, die Belastung von einer Metaebene aus zu betrachten oder fällt dieser Perspektivwechsel schwer? Das Gefühl der Machbarkeit spiegelt die eigene Einstellung gegenüber der Herausforderung wider. Sieht man sich selbst dazu in der Lage diese zu bewältigen? Ist man dazu bereit sich gegebenenfalls selbst dafür zu verändern? Und denkt man, dass das Verhalten die eigene Umwelt beeinflussen kann? Der dritte Grundsatz beinhaltet das Gefühl der Sinnhaftigkeit: Sieht man nur Belastungen oder kann man stressigen Situationen auch etwas Positives abgewinnen? Um Unangenehmes nicht aufzuschieben, sollten Belastungen aktiv angegangen werden, sodass Stress als Dauerzustand nicht eintreten kann.[77]

In stressigen Phasen ist es hilfreich, sich Auszeiten bzw. Pausen zu nehmen. Hierbei könnten Ihnen folgende Aspekte behilflich sein: Legen Sie für sich klare Tagesstrukturen fest. Wenn Sie ein Morgenmensch sind, sollten Sie zeitig aufstehen, Ihren Kaffee oder Tee trinken und dann mit dem Lernen beginnen. In Ihrer Erschöpfungsphase, die gegen den späten Nachmittag einsetzen kann, können Sie Ihre Lernzeit beenden und sich Ihrem Privatleben widmen. Gönnen Sie sich diese Erholungsphasen, um Kraft zu tanken. Indem Sie sich selbst etwas Gutes tun, werden Glücksgefühle frei gesetzt und Sie können sich so am nächsten Tag wieder Ihrem Lernstoff widmen. Achten Sie außerdem auf den Ausgleich von Psyche und Physe. Während der Lern- und Studierphase werden Sie viele Informationen aufnehmen. Ihr Geist wird gefordert, Ihr Körper jedoch nicht. Um dieses Ungleichgewicht auszugleichen und dadurch wiederum besser lernen zu können, sollten Sie sich auch körperlich fordern. Praktizieren Sie bspw. eine Sportart Ihrer Wahl, um so vom Lernen abschalten zu können.[78]

---

[77] Vgl. Kentzler/Richter [2010], S. 47 f.
[78] Vgl. Krautz et al. [2014], S. 86 ff.

ZUSAMMENFASSUNG

- Priorisierung der Aufgaben schafft Überschaubarkeit und Freiräume bei der Projektplanung
- Ziele sollten spezifisch und nach der SMART-Methode formuliert werden
- Methoden zur Aufgabenpriorisierung sind das Pareto-Prinzip, die Eisenhower-Methode, Gantt-Diagramme und die ALPEN-Methode
- Selbstreflexion und Berücksichtigung des eigenen Lerntyps helfen bei der Bewältigung des Lernstoffs
- Motivation und Disziplin sind zentrale Faktoren für die Erledigung studienbezogener Aufgaben
- Bewusster Umgang mit Stress hilft bei der Bewältigung von Problemsituationen

QR-Code zu den Übungen:

ILIAS-Pfad zu den Übungen: Magazin » FB Wirtschaft & Medien » Standortübergreifend » "Wissenschaftliches Arbeiten 2.0"

4 Von der Idee zum Thema

Sebastian Dederichs, Katharina Hennecke, Jens Hildebrandt, Katharina Quehenberger, Dominik Sethe

Im Laufe Ihres Studiums an der Hochschule Fresenius werden Sie mehrmals vor der Aufgabe stehen, sich ein Thema für eine wissenschaftliche Arbeit zu überlegen. Häufig geben Ihre Dozenten das Thema bei Haus- oder Projektarbeiten vor. Bei anderen Arbeiten wiederum sind Sie selbst für die **Themenfindung** zuständig. Die Art der Themenfindung ist demnach immer von der Art der wissenschaftlichen Arbeit abhängig.[79]

Auch wenn die **Themensuche** ein nicht immer einfaches Unterfangen darstellt, ist der Prozess von der ersten Idee zum finalen Thema häufig sehr spannend. Dieser Prozess der Themensuche gilt als grundlegender Schritt beim Verfassen einer wissenschaftlichen Arbeit und trägt maßgeblich zur Qualität der Arbeit bei.[80] In diesem Kapitel wird dargestellt, wie Sie aus einer Idee ein konkretes Thema entwickeln und welche Mittel und Methoden zur Literaturrecherche Sie dafür anwenden können.

4.1 Themenfindung

Am Anfang jeder Themenfindung steht die **Ideensammlung**.[81] Aus vielen verschiedenen Ideen wird in einem nächsten Schritt ein Thema generiert. Wie Sie zu möglichst vielen guten Ideen gelangen, aus denen sich dann viele interessante Fragestellungen ergeben, wird in diesem Kapitel erläutert. Exemplarisch werden hier einige **Strategien zur Themenfindung** vorgestellt.

Im Allgemeinen wird zwischen drei verschiedenen Suchstrategien für das Thema einer wissenschaftlichen Arbeit unterschieden: die **persönlichen,** die **interpersonellen** sowie die **literaturbasierten Strategien**. Die **persönlichen Strategien** basieren vor allem auf eigenen Erfahrungen. Hierbei können insbesondere Themenfelder und Fragestellungen des persönlichen Interesses in die Auswahl einbezogen werden. Auch wenn diese Fragestellungen möglicherweise anfangs noch zu breit gefächert erscheinen, sollten Sie es vermeiden, bei diesem ersten Schritt der Themenfindung Ideen auszuschließen. Darüber hinaus zählen auch **Kreativitätstechniken** zu den persönlichen Suchstrategien.[82] Im Folgenden werden die beiden Kreativitätstechniken **Brainstorming** und **Mindmapping**

---

[79] Vgl. Ebster/Stalzer [2008], S. 28.

[80] Vgl. ebd.

[81] Vgl. Berger [2010], S. 57.

[82] Vgl. Ebster/Stalzer [2008], S. 29.

kurz erläutert. Charakteristisch für das **Brainstorming** ist die Sammlung verschiedener Ideen. Diese Ideen werden zunächst niedergeschrieben, ohne sie jedoch einzeln zu bewerten.[83] Als eine weitere geeignete Methode für die Themenfindung ist das **systematische Brainstorming** zu empfehlen. Hierbei wird ein leeres Blatt in drei Spalten für die Bereiche Thema, mögliche Fragestellungen, die zum Thema passen, und eventuelle Notizen unterteilt. Auf diesem Blatt werden nun alle Ideen gesammelt und dazu jeweils eine entsprechende Fragestellung formuliert. Erst in einem zweiten Schritt werden die Themen nach Eignung für eine wissenschaftliche Arbeit bewertet und gegebenenfalls aussortiert.[84]

Eine weitere Kreativitätstechnik stellen die sogenannten **Mindmaps** dar. Bei dieser Technik wird ein Begriff des persönlichen Interesses auf ein Blatt Papier geschrieben. Weitere Begriffe, die mit dem ursprünglichen Begriff in Verbindung stehen, werden ebenfalls niedergeschrieben. Die Beziehungen der einzelnen Begriffe werden, wie in Abbildung 8 zu sehen, durch Linien zwischen den jeweiligen Begriffen dargestellt.[85]

Abb. 8: Mindmap zum Thema Globalisierung
(Quelle: Eigene Darstellung)

Die **interpersonellen Strategien** legen den Schwerpunkt auf den Kontakt mit anderen Personen, d. h. sie umfassen z. B. Gespräche mit Professoren und Wissenschaftlichen Mitarbeitern, die Teilnahme an Konferenzen und/oder die Nutzung von Firmeninformationen. Nutzen Sie hierzu auch Gastvorträge und den Kontakt zu Ihren Studiendekanen. Hierdurch lassen sich oftmals interessante

---

[83] Vgl. Ebster/Stalzer [2008], S. 30.

[84] Vgl. Berger [2010], S. 57.

[85] Vgl. Ebster/Stalzer [2008], S. 30.

Anregungen zu Themen sowie Kontakte zu Experten für eine wissenschaftliche Arbeit finden.[86]

Im Rahmen der **literaturbasierten Strategien** konzentriert sich die Recherche auf die Auswertung von Literatur.[87] Die Literaturrecherche, z. B. in der Bibliothek, stellt einen sehr effizienten Weg dar, um nach einem geeigneten Thema zu suchen.[88] Hier können Bücher, (Fach-)Zeitschriften sowie Abschlussarbeiten und Dissertationen durchgesehen werden.[89] Sofern separate Gruppenarbeitsräume vorhanden sind, können Sie dort auch gemeinsam nach Themen suchen und darüber diskutieren.

Generell sollten Sie bei der Themenwahl darauf achten, bestimmte Kriterien einzuhalten. Zum einen ist es sehr wichtig, dass das Thema einen **Bezug** zu einem Fach aus dem **Fächerkatalog des persönlichen Studiengangs** hat, und zum anderen sollte überprüft werden, ob die von Ihnen gewählte **Forschungsfrage** nicht bereits untersucht wurde.[90] Um dies herauszufinden, empfiehlt es sich, in der **Bibliothek der Hochschule** oder in einer **Online-Datenbank** zu recherchieren sowie mit den jeweiligen **Fachdozenten** Rücksprache zu halten. Zusätzlich können Sie den **Verbundkatalog** der wichtigsten Bibliotheken des Landes zur Recherche heranziehen.[91] Sollten Sie bei dieser Recherche auf ein ähnliches Thema stoßen, können Sie Ihr Thema trotzdem verfolgen, solange sich Ihre Fragestellung von den Fragestellungen anderer Arbeiten zumindest teilweise unterscheidet oder in Ihrer Arbeit andere Facetten der Fragestellung stärker hervorgehoben werden.[92]

Ihre **Fragestellung** präzisiert das von Ihnen gewählte Thema und definiert sowohl, womit sich die wissenschaftliche Arbeit exakt befasst als auch, welche Themenbereiche nicht behandelt werden.[93] Es ist auch möglich, mehrere Fragestellungen zu behandeln. Hierbei ist allerdings anzumerken, dass nicht ausschließlich die Anzahl der Fragestellungen entscheidend ist. Es geht vor allem darum, dass der wissenschaftlichen Arbeit eine möglichst **präzise Fragestellung** zugrunde liegt, welche das Thema gezielt eingrenzt und so ein Ausufern bzw. eine Verfehlung des Themas verhindert.[94]

---

[86] Vgl. Ebster/Stalzer [2008], S. 29.

[87] Vgl. ebd.

[88] Vgl. Berger [2010], S. 58.

[89] Vgl. ebd.

[90] Vgl. Stickel-Wolf/Wolf [2009], S. 109.

[91] Vgl. Berger [2010], S. 58 f.

[92] Vgl. ebd.

[93] Vgl. Ebster/Stalzer [2008], S. 36.

[94] Vgl. ebd.

Themen können z. B. nach **Institutionen**, nach **Personen** oder **Personengruppen**, nach **Quellen** und/oder nach **Theorieansätzen** respektive **Methoden** eingegrenzt werden. Ferner besteht die Möglichkeit, das Thema **zeitlich** oder **geografisch** abzugrenzen.

Abschließend ist festzuhalten, dass Sie bei der Wahl des Themas für Ihre wissenschaftliche Arbeit die Bedeutung Ihres **persönlichen Interesses** nicht unterschätzen sollten. Erst wenn Ihnen die Arbeit an einem bestimmten Thema richtig Freude bereitet und eine gewisse Neugier auf die Ergebnisse besteht, kann dieses Projekt zu einem Erfolg werden.[95] Darüber hinaus sind **Vorkenntnisse** Ihrerseits zu dem jeweiligen Thema, insbesondere in der Vorbereitung auf die Bachelor- bzw. Masterarbeit, von Vorteil, um die Themenauswahl sowie die Gliederung und das Verfassen der Arbeit zu erleichtern.

4.2 Literaturrecherche und -auswertung

Um ein Thema oder eine Fragestellung vor einem wissenschaftlichen Hintergrund zu betrachten und zu bearbeiten, benötigen Sie **wissenschaftliche Literatur**. Diese dient bei der Anfertigung der wissenschaftlichen Arbeit zum einen als **Beleg**, zum anderen gibt sie im Rahmen der Recherche eine **erste Orientierung** über den aktuellen **Stand der Forschung** zu dem jeweiligen Thema. Dementsprechend kann eine Literaturrecherche auch Auskunft darüber geben, ob sich das gewählte Thema oder die gewählte Fragestellung überhaupt im Rahmen einer wissenschaftlichen Arbeit umsetzen lässt. Welche Recherchemittel und -methoden eingesetzt werden können, erfahren Sie in diesem Kapitel.

4.2.1 Literatursuche und -beschaffung

Bevor Sie mit Ihrer wissenschaftlichen Arbeit beginnen, sollten Sie prüfen, ob **ausreichend Literatur** für das jeweilige Thema zur Verfügung steht.[96] Die Frage, ob Literatur bzw. die Anzahl der gefundenen Quellen für eine wissenschaftliche Arbeit als ausreichend bezeichnet werden kann, ist in erster Linie von der Art Ihrer wissenschaftlichen Arbeit und Ihrem Thema abhängig. Wählen Sie z. B. ein Thema mit einem aktuellen Bezug, kann es sein, dass dieses in der Literatur bisher nur wenig oder kaum bearbeitet wurde. Dafür gibt es ggf. geeignete Literatur zu einem verwandten, aber besser untersuchten Thema. Wird Ihr Thema dagegen schon ausführlich in der Literatur behandelt, ist die Anzahl der Quellen, die Sie für Ihre wissenschaftliche Arbeit berücksichtigen sollten, natürlich deutlich höher.[97]

---

[95] Vgl. Ebster/Stalzer [2008], S. 32.
[96] Vgl. Berger [2010], S. 64.
[97] Vgl. Bänsch [2003], S. 5.

Generell gilt, dass Sie im Rahmen Ihrer wissenschaftlichen Arbeit nicht nur die Meinung eines einzelnen Autors bzw. die Erkenntnisse einer einzigen Quelle abbilden, sondern **viele verschiedene Quellen** und damit **verschiedene Ansichten** einbeziehen sollten. **Jede Behauptung** müssen Sie auch mit einer **entsprechenden Quelle belegen**. Mit der Zeit werden Sie selbst ein Gefühl für die Bedeutung der Formulierung „ausreichend Literatur" entwickeln. Eine gute wissenschaftliche Arbeit zeichnet sich dadurch aus, dass sie weder unter- noch überzitiert ist, d. h. eine quantitativ nicht angemessene Literaturausschöpfung sollte ebenso vermieden werden wie unnötige Zitate und die zu häufige Verwendung von direkten Zitaten.[98]

Die **Literaturrecherche** für die wissenschaftliche Arbeit kann über verschiedene Wege erfolgen. Neben der klassischen Variante der Recherche in Bibliotheken existieren noch weitere Möglichkeiten.[99] Einen idealen Einstieg in die Literaturrecherche stellen z. B. die **Literaturhinweise** des Dozenten oder, im Falle einer Bachelor- oder Masterarbeit, des Betreuers dar. Nachfolgend werden weitere wichtige Wissensträger vorgestellt. Eine Auswahl elektronischer Recherchemöglichkeiten finden Sie am Ende dieses Kapitels in einer übersichtlichen Tabelle.

Bibliotheken: In den meisten Fällen sind Bibliotheken die erste Anlaufstelle für die Literaturrecherche und -beschaffung. Dort können Sie in den angebotenen Katalogen und Datenbanken recherchieren und haben Zugang zu wissenschaftlicher Literatur, wie Büchern, Zeitschriften und anderen Medien. Für den Fall, dass sich ein bestimmtes Buch oder eine Zeitschrift nicht im Bestand Ihrer Bibliothek befindet, bieten viele Bibliotheken die Möglichkeit, Bücher und Zeitschriftenartikel per **Fernleihe** aus anderen Bibliotheken zu bestellen.

Bibliothekskataloge weisen den Bestand einer oder mehrerer Bibliotheken nach. Eine Recherche in einem Bibliothekskatalog gibt bspw. Auskunft darüber, welche Medien die jeweilige Bibliothek zu einem bestimmten Thema bereitstellt oder ob in ihrem Bestand ein bestimmtes Buch vorhanden ist. Viele Bibliotheken verfügen über Online-Kataloge, sogenannte **OPACs** (Online Public Access Catalogs), welche gegenüber Zettelkatalogen den Vorteil aufweisen, dass dabei verschiedene Suchkriterien miteinander verknüpft werden können.

Die Bestände der Bibliotheken der Hochschule Fresenius lassen sich mit solchen Online-Katalogen durchsuchen. Der Zugriff erfolgt über das Internet, sodass Sie zeit- und ortsunabhängig von Ihrer Bibliothek und deren Öffnungszeiten nach Literatur recherchieren können, die an Ihrem Standort verfügbar ist.

---

[98] Vgl. Bänsch [2003], S. 7 f.
[99] Vgl. Berger [2010], S. 65.

Den weltweiten Katalog **WorldCat** sowie den **Karlsruher Virtuellen Katalog (KVK)** können Sie ebenfalls für die Recherche nutzen. Im KVK werden mehr als 500 Millionen Bücher, Zeitschriften und andere Medien in Bibliotheks- und Buchhandelskatalogen nachgewiesen.[100] Zusätzlich kann dort auch nach elektronischen Ressourcen gesucht werden.

Wissenschaftliche Fachzeitschriften: In wissenschaftlichen Fachzeitschriften wird der Forschungsstand der Wissenschaft diskutiert. Solche Fachzeitschriften bieten oftmals eine gute Möglichkeit, ausführlichere Informationen zu bestimmten Problemstellungen sowie Lösungsansätze zu erhalten.[101] Ein weiterer Vorteil wissenschaftlicher Fachzeitschriften ist, dass die dort publizierten Beiträge einen Qualitätssicherungsprozess durchlaufen, indem die eingereichten Artikel i. d. R. von Experten begutachtet und nach eingehender Prüfung publiziert werden. Es kann vorkommen, dass Manuskripte wegen inhaltlicher Mängel abgelehnt werden und nicht in Zeitschriften erscheinen. Durch diese Qualitätssicherung gelten Fachartikel als primäres Kommunikationsmittel der Wissenschaft und sollten in Ihrer Arbeit besondere Berücksichtigung finden.

Zeitschriften werden von Bibliotheken lose oder nach Jahrgängen gebunden bereitgestellt und im Bibliothekskatalog verzeichnet. Werden Sie in Ihrer Bibliothek nicht fündig, können Sie mit der **Zeitschriftendatenbank (ZDB)** andere Bibliotheken ermitteln, die die entsprechende Zeitschrift, Zeitung oder Schriftenreihe besitzen. Des Weiteren besteht die Möglichkeit, in Volltextdatenbanken und **Electronic Journal Collections** nach Zeitschriften zu recherchieren und die Zeitschriftenartikel herunterzuladen. Beispiele für Electronic Journal Collections sind: [102]

- Science Direct (Elsevier Verlag)
- Wiley Online Library
- Emerald Library (MCB Press)
- Oxford Journals (Oxford University Press)
- SpringerLink (Springer Verlag)
- Hogrefe eContent (Hogrefe & Huber Verlag)

In diesen Sammlungen können Sie nach Jahrgängen einzelner Zeitschriften suchen, haben in den meisten Fällen aber auch die Option, nach Autor, Titel, Thema etc. zu recherchieren.[103]

---

[100] Vgl. Karlsruher Institut für Technologie [2013], o. S.

[101] Vgl. Brink [2007], S. 46.

[102] Vgl. Ebster/Stalzer [2008], S. 58.

[103] Vgl. ebd.

Die **Elektronische Zeitschriftenbibliothek (EZB)** verzeichnet elektronisch erscheinende, wissenschaftliche Zeitschriften. Beachten Sie dabei, dass in der EZB nur eine Suche nach Zeitschriftentiteln, jedoch nicht nach Zeitschrifteninhalten möglich ist. Wenn Sie einen bestimmten Zeitschriftenaufsatz suchen, recherchieren Sie in der EZB nach dem Titel der Zeitschrift, in der der Aufsatz erschienen ist, und werden dann, je nach Zugriffsmöglichkeiten und -rechten, zu den entsprechenden Websites mit Volltexten weitergeleitet. Das Ampelsystem der EZB zeigt an, welche Zeitschriften frei verfügbar sind (grüne Ampel), welche für die Hochschule Fresenius lizenziert und daher nur innerhalb des Hochschulnetzes zugänglich sind (gelbe Ampel) und bei welchen Zeitschriften kein Zugriff auf die Volltexte besteht (rote Ampel).

Datenbanken: Literaturdatenbanken haben gegenüber Katalogen den Vorteil, dass sie sich nicht nur auf den Bestand bestimmter Bibliotheken beschränken und, im Gegensatz zu den meisten Katalogen, bspw. auch Zeitschriftenbeiträge nachweisen. Besonders **Volltextdatenbanken** sind bei der Literaturrecherche hilfreich, da sie neben Literaturhinweisen auch direkten Zugriff auf den gefundenen Artikel bieten.[104] Eine Literaturdatenbank, die im Hochschulnetz der Hochschule Fresenius zur Verfügung steht, ist die Datenbank **wiso**, welche wirtschafts- und sozialwissenschaftliche Literatur enthält. Hier können Sie unter anderem in Literaturnachweisen recherchieren und Volltexte verschiedener Fachzeitschriften und eBooks aufrufen. Eine weitere Rechercheplattform ist **Web of Science**, ein fächerübergreifendes Portal des Verlages Thomson Reuters.

Referenzdatenbanken umfassen neben bibliografischen Angaben (Autor, Titel etc.) meist auch Schlagwörter und Abstracts.[105] Zusätzlich zu Referenz- und Volltextdatenbanken gibt es **Faktendatenbanken**, die Daten und Fakten, wie z. B. Wirtschaftsdaten, Marktinformationen oder Statistiken enthalten.[106] Ein Beispiel für eine Faktendatenbank, auf die Sie aus dem Hochschulnetz der Hochschule Fresenius Zugriff haben, ist das Portal **Statista**, welches Statistiken und Studien verschiedener Institute und Quellen bereitstellt.

Für Gesundheitsökonomen und Psychologen können spezielle Datenbanken wie die **Cochrane Library**, **PubMed** und **MEDPILOT** einen Mehrwert bieten, da diese Datenbanken evidenzbasierte Informationen zu einer therapeutischen Fragestellung anbieten. Wirtschaftsjuristen können von der Nutzung spezieller juristischer Datenbanken profitieren. In diesen Datenbanken werden mitunter Gesetzestexte, Verwaltungsvorschriften, höchstrichterliche und obergerichtliche Entscheidungen sowie Kommentare, Handbücher und Zeitschriften vorgehalten und können größtenteils als Volltext eingesehen und heruntergeladen werden. In

---

[104] Vgl. Ebster/Stalzer [2008], S. 44.
[105] Vgl. Ebster/Stalzer [2008], S. 46.
[106] Vgl. Ebster/Stalzer [2008], S. 47.

diesem Zusammenhang sind besonders die Datenbanken **Beck-Online**, das **Juris-Rechtsportal** und **SpringerLink** zu erwähnen. Im Weiteren kann es, abhängig von der Problemstellung, hilfreich sein, in Entscheidungssammlungen (bspw. der Bundesgerichte oder des Europäischen Gerichtshofes) zu recherchieren oder im Bundesgesetzblatt bzw. –anzeiger nach aktuellen Bekanntmachungen und Gesetzesverkündungen zu suchen. Eine Möglichkeit, Datenbanken auf der Metaebene zu durchdringen, bietet die **Virtuelle Fachbibliothek Recht**.[107] Hier können mit der Funktion der „parallelen Suche" mehrere juristische Datenbanken nach Quellen durchsucht werden. Weiterhin können dort aber auch auf komfortable Art rechtliche Internetquellen, Aufsätze, Zeitschriften und Bibliografien recherchiert werden.

Unterstützung bei der Datenbankauswahl bietet das **Datenbank-Infosystem (DBIS)**. Hierbei handelt es sich um ein Nachweissystem für frei zugängliche und lizenzierte Datenbanken, welches Informationen über die ausgewählten Datenbanken und deren Inhalte zur Verfügung stellt. Zu den Datenbanken selbst werden Sie über entsprechende Links weitergeleitet. Bitte informieren Sie sich in der Bibliothek an Ihrem Standort, wenn Sie weitere Fragen zu den verfügbaren Datenbanken haben.

Buchhandelskataloge: Das **Verzeichnis lieferbarer Bücher (VLB)** verschafft einen Überblick über die Literatur, die im Buchhandel erhältlich ist. Dieses Verzeichnis ist online über die Internetseite der deutschsprachigen Buchhandlungen und Verlage recherchierbar.[108]

Verlagsverzeichnisse: Informationen von Fachverlagen, in Form von Verlagsverzeichnissen, können ebenfalls als Recherchemittel herangezogen werden. Verlage erstellen regelmäßig ein Verzeichnis ihrer lieferbaren Bücher sowie eine Liste der Neuerscheinungen. In Verlagsprospekten, welche teilweise auch im Internet verfügbar sind, wird deren Inhalt genauer beschrieben. Verlagsverzeichnisse bieten die Möglichkeit, auf schnellem Wege zu prüfen, welche Auflage eines Werkes die aktuelle ist.[109]

Verlagsverzeichnisse stellen eine gute Einstiegsmöglichkeit für die Recherche nach Buchveröffentlichungen dar, sind für die systematische Literaturrecherche jedoch kein ideales Recherchemittel.[110]

Bibliografien: Diese erscheinen in gedruckter oder elektronischer Form und verzeichnen Literatur unabhängig von ihrem Standort. Fachbibliografien geben Auskunft darüber, welche Literatur in dem jeweiligen Fachgebiet in einem be-

---

[107] Vgl. Virtuelle Fachbibliothek Recht [2013], o. S.

[108] Vgl. Ebster/Stalzer [2008], S. 43.

[109] Vgl. Brink [2007], S. 76.

[110] Vgl. Ebster/Stalzer [2008], S. 44.

stimmten Zeitraum erschienen ist, während Allgemeinbibliografien Literatur fächerübergreifend dokumentieren. Die Deutsche Nationalbibliografie, welche von der Deutschen Nationalbibliothek herausgegeben wird, ist bspw. eine Allgemeinbibliografie. Sie umfasst unter anderem ab 1913 sowohl in Deutschland veröffentlichte Werke als auch im Ausland veröffentlichte deutschsprachige Werke, Übersetzungen aus dem Deutschen in andere Sprachen und fremdsprachige Werke über Deutschland.[111]

Dokumentations- und Recherchedienste bieten neben dem Zugang zu Datenbanken und Bibliografien fachkundige Beratung an. In diesem Bereich lassen sich neben kommerziellen Anbietern auch Non-Profit-Anbieter, wie z. B. Informationszentren der Universitätsbibliotheken finden.[112]

Suchmaschinen: Zusätzlich zu den gängigen Suchmaschinen gibt es Suchmaschinen, die sich auf wissenschaftliche Internetquellen spezialisiert haben. Beispiele für **wissenschaftliche Suchmaschinen** sind Google Scholar oder BASE (Bielefeld Academic Search Engine), eine der weltweit größten Suchmaschinen für wissenschaftliche Open-Access-Dokumente.

Kontakt zu Experten: Oftmals sind Literaturhinweise und Hintergrundinformationen von Unternehmen, Organisationen und Personen aus der Praxis für Ihre wissenschaftliche Arbeit von besonderem Interesse. Expertengespräche können dazu dienen, neue Erkenntnisse zu gewinnen sowie einen praktischen Bezug zu Ihren theoretischen Überlegungen herzustellen.[113] Ist es Ihnen gelungen, zitierwürdige Literatur zu finden (siehe Kapitel 4.2.3), können Sie Ihre Literaturliste mithilfe des sogenannten **Schneeballsystems** ausweiten: Über das Literaturverzeichnis eines von Ihnen recherchierten Buches oder Artikels lässt sich weitere Literatur finden, welche wiederum zu weiteren Quellen führen kann. Der Nachteil bei diesem Vorgehen ist, dass die zitierten Quellen zwangsläufig älter sind als Ihre Ausgangsquelle und neuere Literatur nicht berücksichtigt wird. Zudem besteht die Gefahr, ein einseitiges Meinungsbild zu erhalten, da Autoren mit ähnlichen Ansichten sich oft gegenseitig zitieren. Das Schneeballsystem kann demzufolge dazu dienen, sich einen Überblick über ein Thema zu verschaffen und/oder weitere Literatur zu ermitteln. Es ist aufgrund der genannten Defizite jedoch nicht als alleinige Suchstrategie zu empfehlen, sondern sollte nur als Ergänzung zur systematischen Suche, wie bspw. der Suche in Bibliothekskatalogen und Datenbanken, eingesetzt werden.[114]

---

[111] Vgl. Deutsche Nationalbibliothek [2012], o. S.
[112] Vgl. Ebster/Stalzer [2008], S. 44 f.
[113] Vgl. Brink [2007], S. 134.
[114] Vgl. Ebster/Stalzer [2008], S. 45 f.

AUSWAHL VON ELEKTRONISCHEN RECHERCHEMÖGLICHKEITEN

Datenbank	Kurzbeschreibung
Beck-Online	Juristische Volltextdatenbank des C.H. Beck-Verlages
Bielefeld Academic Search Engine (BASE)	Suchmaschine für wissenschaftliche Open-Access-Dokumente
Buchhandel.de	Buchhandelskatalog, der im Buchhandel erhältliche Titel verzeichnet
Cochrane Library	Datenbank zur evidenzbasierten Medizin mit systematischen Übersichtsarbeiten
Datenbank-Infosystem (DBIS)	Verzeichnis für frei zugängliche und lizenzpflichtige Datenbanken
Elektronische Zeitschriftenbibliothek (EZB)	Verzeichnis für elektronische wissenschaftliche Zeitschriften
Emerald	Datenbank mit Volltexten und Literaturhinweisen unter anderem zu Betriebs- und Volkswirtschaftslehre
Google Scholar	Von Google betriebene Suchmaschine für die Suche nach wissenschaftlicher Literatur
Hogrefe eContent (PsyJOURNALS & HealthJOURNALS)	Volltextdatenbank der Hogrefe-Verlagsgruppe mit Zeitschriften aus den Bereichen Psychologie, Psychiatrie, Medizin und Pflege
Juris - Das Rechtsportal	Juristisches Informationssystem der Bundesrepublik Deutschland mit Rechts- und Wirtschaftsinformationen
Karlsruher Virtueller Katalog (KVK)	Metakatalog, der die gleichzeitige Recherche in deutschen und internationalen Bibliotheks- und Buchhandelskatalogen ermöglicht
MEDPILOT	Medizinisches Suchportal über mehrere Datenbanken und Kataloge
Online-Katalog (OPAC) der Hochschule Fresenius	Bestandsnachweis für die Bibliotheken der Standorte der Hochschule Fresenius
Oxford Journals	Fachübergreifende Volltextdatenbank für Zeitschriften des Verlages Oxford University Press
PsycARTICLES	Volltextdatenbank der American Psychological Association mit Zeitschriften aus allen Gebieten der Psychologie

Datenbank	Kurzbeschreibung
PsycINFO	Bibliografische Datenbank zur Psychologie
PubMed	Bibliografische Datenbank zur Medizin und angrenzender Wissenschaften
Science Direct	Fachübergreifende Datenbank des Elsevier-Verlages
SpringerLink	Online-Bibliothek der Springer-Verlagsgruppe
Statista	Portal mit Statistiken, Marktdaten, Branchenreports, Statistik-Dossiers und Studien
Virtuelle Fachbibliothek Recht	Portal zu rechtswissenschaftlichen Fachinformationen
Web of Science	Fachübergreifende, bibliografische Datenbank des Verlages Thomson Reuters
Wiley Online Library	Fachübergreifende Datenbank des Wiley-Verlages
Wiso	Datenbank für Wirtschafts- und Sozialwissenschaften, Technik, Recht und Psychologie mit Literaturnachweisen, Volltexten (eBooks, Fachzeitschriften, Presse) sowie Firmeninformationen, Marktdaten und Personeninformationen
WorldCat	Größter Bibliothekskatalog für die Recherche in Bibliotheksbeständen weltweit
Zeitschriftendatenbank (ZDB)	Datenbank mit Titel- und Besitznachweisen fortlaufender Zeitschriften, Zeitungen etc. (keine Zeitschriftenaufsätze!)

Tab. 2: Auswahl von elektronischen Recherchemöglichkeiten
(Quelle: Eigene Darstellung)

4.2.2   Literaturauswertung

Um eine wissenschaftliche Arbeit erfolgreich zu verfassen, ist die fundierte **Auswertung** der zum Thema der Arbeit existierenden Literatur besonders wichtig.[115] Die für das Verfassen der wissenschaftlichen Arbeit verwendete Literatur sollte bestimmte **Kriterien** erfüllen, anhand derer eine Aussage zur Qualität der von Ihnen zitierten Quellen gemacht werden kann. Sie sollten einschlägige Literaturquellen verwenden, indem Sie versuchen, den aktuellen Stand der Erkenntnis in einem Forschungsbereich wiederzugeben.[116]

Die Einhaltung dieser Kriterien gewährleistet gleichzeitig die **Qualität der wissenschaftlichen Arbeit**. Können Sie mehrere dieser Kriterien für das Verfassen Ihrer wissenschaftlichen Arbeit bzw. für die Umsetzung Ihres Themas nicht erfüllen, bietet es sich an, erneut über das Thema und die Fragestellung nachzu-

---

[115] Vgl. Stickel-Wolf/Wolf [2009], S. 134.
[116] Vgl. Stickel-Wolf/Wolf [2009], S. 134 f.

denken und ggf. ein anderes Themengebiet zu wählen, bei welchem die Literaturrecherche zu einem besseren und umfangreicheren Ergebnis führt.

Haben Sie geeignete Literatur gefunden, so müssen Sie die wesentlichen Inhalte zusammenfassen, den Kontext erfassen und die Informationen miteinander in Verbindung bringen. Es gibt mehrere Möglichkeiten, die gefundene **Literatur zu verwalten**. Eine von Anfang an sorgfältig und systematisch ausgerichtete Literaturverwaltung rentiert sich spätestens bei Abschluss der Arbeit und ist daher die beste Stress- und Panikprävention. Idealerweise beginnen Sie schon im ersten Semester mit der Literaturverwaltung und haben zum Abschluss Ihres Studiums eine prall gefüllte Literaturdatenbank, die Ihr Gedächtnis entlastet und auf die Sie auch in anderen Zusammenhängen (Bachelor-/Masterarbeit) zurückgreifen können.

Je nach Vorliebe können Sie sich zwischen klassischen Karteikarten- oder Zettelsystemen bis hin zu professionellen elektronischen Literaturverwaltungsprogrammen entscheiden.

Bevor es elektronische Programme gab, wurden **Zettelsammlungen und Karteikartensysteme** zur Literaturverwaltung verwendet. Bei Karteikartensystemen werden die bibliografischen Daten der Quellen auf kleine Karten geschrieben und geordnet. Um die Karten zu ordnen und leicht wiederzufinden, werden sie nach vorher festgelegten Kriterien sortiert. Sinnvolle Kriterien sind bspw. die alphabetische Reihenfolge der Autoren, verschiedene Erscheinungsorte, Bestandsorte oder ein bestimmtes Datum, wobei es noch viele weitere effektive Möglichkeiten gibt, die Quellen in Kategorien einzuteilen und demensprechend zu ordnen. Das einmal festgelegte Ordnungsprinzip wird visuell durch Karteireiter umgesetzt. Die Karteireiter fassen bspw. alle Autoren, die mit dem Anfangsbuchstaben M beginnen, in eine homogene Kategorie zusammen. Bei einer alphabetischen Gliederung können Sie dadurch die Autoren Meyer, Müller etc. durch den Karteireiter M leicht in der entsprechenden Ordnungsgruppe wiederfinden.

Eine Erweiterung der Karteikartensysteme sind die **Zettelkästen**. Zettelkästen sind wie Karteikartensysteme aufgebaut, erweitern diese aber durch Querverweise und Schlagwörter. Bei der Verwendung der klassischen Karteikarten und Zettelsysteme werden die Schritte der Literatursuche, der Literaturauswertung, der Erstellung von Exzerpten und die Suche nach Zusammenhängen meist unmittelbar nacheinander ausgeführt.[117] Die Arbeit mit den Karteikartensystemen und Zettelkästen verlangt deshalb ein sehr sorgfältiges Vorgehen, denn bereits während Sie die wesentlichen Inhalte aus den Quellen erfassen und alle bibliografischen Daten notieren, können viele Fehler geschehen. Diese Methode bietet

---

[117] Vgl. Stock/Schneider/Peper/Molitor [2009], S. 112.

jedoch den Vorteil, dass Sie sich die Inhalte und bibliografischen Daten während der Erstellung der Karteikarte besser einprägen, weil Sie sich sehr intensiv mit diesen auseinandersetzen. Über ein möglichst einfaches und leistungsfähiges System zur Literaturverwaltung mit Zettelkästen haben sich diverse Forscher und Wissenschaftler den Kopf zerbrochen. Hier hat sich vor allem Niklas Luhmann hervorgetan, der einerseits für seine System- und Gesellschaftstheorie bekannt ist, aber auch mit seinem umfangreichen Zettelkasten assoziiert wird. Luhmanns Zettelkasten ist mitverantwortlich für seine imposante Produktivität und selbst ein Forschungsobjekt, das in seiner tatsächlichen Systematik und Funktionsweise noch zu ergründen ist.[118] Vermutlich ist Luhmann mit seinem Zettelkasten dem Prinzip des sich selbst schreibenden Textes sehr nahe gekommen; jedenfalls scheint dieser Kasten über die Jahre so etwas wie ein Zweitgedächtnis oder eine fast schon eigenständige Person, ein „Alter ego, mit dem man laufend kommunizieren kann"[119], geworden zu sein.

Diesem gewissermaßen denkenden und kommunizierenden Zettelkasten liegt eine spezielle Methode der Verknüpfung von Zetteln und damit Gedanken zugrunde. Luhmann versah seine Zettel, auf denen er Exzerpte, Kommentare und Zitate notierte, mit in Ordnungsnummern transformierten Schlagworten und teilweise speziellen Querverweisen (Folgezetteln), die eine ständig wachsende Verzweigungs- und Verknüpfungsstruktur im Zettelkasten entstehen ließen. Mit der Zeit bilden sich auf diese Weise „Cluster" um bestimmte Schlagworte, deren Struktur man auf bestimmten Pfaden abschreiten kann, wie folgendes Beispiel zeigt:

> „Wenn wir unter einem Schlagwort im Register etwas suchen, so finden sich Nummern. Wir steigen dann ein und ziehen die Karte mit einer dieser Nummern und verfolgen die Verzweigungen: also zum Beispiel von 57/12 zu 57/13 und 57/13a usw. So kann man, wenn man den Kasten nach ‚Moral' fragt auf die Erinnerungen von ‚Marlene Dietrich' kommen, die ihre Mutter als von ‚Immanuel Kant' und dessen ‚Pflichtbegriff' geprägte Persönlichkeit beschrieb, oder schließlich auf Kants ‚Kategorischen Imperativ'."[120]

Dieses analoge und grundsätzlich für systemdurchbrechende Unordnung[121] anfällige Prinzip künstlicher Intelligenz wird von verschiedenen Computerprogram-

---

[118] Vgl. Horster [2005], S. 24.
[119] Luhmann [1984], S. 225.
[120] Berzbach [2001], o. S.
[121] Ein Zettel, der aus dem Zettelkasten entnommen und an falscher Stelle wieder einsortiert wird, ist für das Zettelkastensystem verloren, da er losgelöst von dem zugrundeliegenden Ordnungsalgorithmus des Zettelkastens nur noch durch einen Zufall und nicht durch einen gezielten Suchvorgang wieder aufzufinden ist.

men imitiert. Darunter ist besonders das kostenlose Open Source-Programm **Zettelkasten 3 (Zkn 3)** hervorzuheben. Mit dem Programm können elektronische Zettel bzw. Datensätze erstellt werden, die mittels Schlagworten automatisch zu Clustern geformt werden.[122] Weiterhin lassen sich spezielle Beziehungen zwischen einzelnen Zetteln manuell herstellen. Ein großer Vorteil ist die Suchfunktion, mit der aufblitzende Erinnerungen an einen bestimmten Aufsatz oder ein bestimmtes Buch auch unabhängig von den vordefinierten Schlagworten gefunden werden können. Weiterhin bietet das Programm die Möglichkeit, einen eigenen „Schreibtisch" für eine Arbeit anzulegen, auf dem die mit Exzerpten und Notizen gefüllten Zettel in eine Reihenfolge gebracht und nach Export zu einem Fließtext verdichtet werden können.

Während die klassischen Karteikartensysteme dabei helfen, Literatur zu speichern und zu ordnen, können die elektronischen Verwaltungsprogramme ebenso zur Recherche, zur komplexen Wissensverwaltung, zur Wissensorganisation und zur Erstellung von Zitaten und Literaturverzeichnissen verwendet werden.

Mittlerweile stehen Ihnen umfangreiche und teilweise sogar kostenlose elektronische Programme zur Verfügung. Die Programme bieten unterschiedliche Benutzeroberflächen oder Funktionalitäten. Demnach sollten Sie im Vorfeld genau überlegen, wozu Sie das Programm verwenden wollen. Da immer neue Programme entwickelt werden, können in der folgenden Tabelle nur die derzeit gängigen Programme dargestellt werden, sodass sowohl die Tabelle als auch die darauf folgende Beschreibung der besonders verbreiteten Programme nicht den Anspruch auf Vollständigkeit erheben.

Für die Erstellung einer Hausarbeit können Sie bspw. die kostenlosen Versionen von Citavi, Bibliographix, JabRef, Mendeley und Zotero benutzen. Sie sollten dabei jedoch beachten, dass die kostenlosen Versionen meist nur einen eingeschränkten Funktionsumfang im Vergleich zu den kostenpflichtigen Programmen bieten. Citavi und EndNote sind im deutschsprachigen Raum stark verbreitet und werden daher in diesem Abschnitt eingehend besprochen.[123]

Wenn Sie Windows als Betriebssystem nutzen, dann bietet **Citavi** vielfältige Anwendungsmöglichkeiten, denn das Programm unterstützt Sie sowohl bei der Recherche, bei der Wissensorganisation, beim Dokumentenmanagement, beim Aufgabenmanagement als auch bei der Textproduktion. Mithilfe von Citavi können Sie Zitate, Dokumente und Grafiken direkt in das Literaturverwaltungsprogramm übernehmen. Sie haben die Möglichkeit, per Direktimport Quellen aus dem Internet oder aus Datenbanken, Bibliothekskatalogen und Fachbibliotheken zu importieren, ohne mühsam die Quellenangaben selbst abschreiben zu

---

[122] Vgl. Lüdecke [2013], o. S.

[123] Vgl. Swiss Academic Software [2013], o. S.; Adept Scientific [2012], o. S.

müssen. Eine besondere Funktion ist der ISBN Download. Sie müssen nur die ISBN eines Buches eingeben oder einscannen und alle weiteren Quellenangaben werden durch Citavi ergänzt. Der sonst sehr umständliche Umgang mit Sammelwerken und Beiträgen ist bei Citavi kein Problem. Citavi ermöglicht es Ihnen, Sammelbände und Beiträge in zwei Schritten aufzunehmen und miteinander zu verknüpfen. Der Citavi Picker ist eine besondere Funktion, die über Firefox, Internet Explorer und Adobe Reader gesteuert wird. Mit dem Picker können Sie direkt Daten aus dem Internet in das Literaturverwaltungsprogramm übernehmen. Dadurch können Sie Zitate und zusätzliche Informationen, wie bspw. Abstracts, auf Knopfdruck im Verwaltungsprogramm speichern.

Außerdem können Sie im Team arbeiten und Zusammenfassungen, Verknüpfungen und eigene Ideen hinzufügen. Wenn Sie mögen, dann können Sie mit Citavi auch Ihr Zeitmanagement optimieren. Organisieren Sie Aufgaben, wie das Ausleihen oder die Rückgabe der Bücher, oder planen Sie im Programm Meilensteine und Abgabetermine. Schließlich hilft Ihnen Citavi dabei, Quellen korrekt zu zitieren und erstellt ein Literaturverzeichnis aus einer großen Auswahl möglicher Zitationsstile. Mit der kostenlosen Citavi Free Version können Sie jedoch nur maximal 100 Quellen pro Projekt im Literaturverzeichnis der Arbeit aufführen.

Das Literaturverwaltungsprogramm **EndNote** ist im Gegensatz zu Citavi nicht nur im deutschsprachigen Raum, sondern auch international sehr stark verbreitet.[124] Dieses Programm ist ausschließlich in englischer Sprache erhältlich und wird sowohl für Microsoft Windows als auch für das Apple Macintosh Betriebssystem angeboten. EndNote ermöglicht Ihnen ebenso wie Citavi das Anlegen und Verwalten von Literaturdatenbanken sowie die Erstellung von Literaturlisten und Literaturverzeichnissen. Zusätzlich zur manuellen Eingabe von Datensätzen ist auch aus EndNote heraus eine Recherche in Katalogen und Fachdatenbanken wie bspw. Web of Science möglich, bei der die recherchierte Literatur direkt in die eigene Literaturdatenbank übernommen werden kann. Neben bibliografischen Angaben kann das Programm auch elektronische Dokumente wie bspw. Bilder oder PDF-Dateien verwalten. Mit der Funktion „Find Full Text" recherchiert EndNote anhand der bibliografischen Angaben online nach Volltexten. Die in einer Literaturdatenbank gespeicherten Datensätze lassen sich nach verschiedenen Kriterien wie dem Autor oder dem Erscheinungsjahr anzeigen. Bei einer stetig wachsenden Literaturdatenbank ist die Erstellung von Gruppen und Untergruppen zu empfehlen, um die gespeicherten Titel bspw. thematisch ordnen und somit die gesamte Datenbank strukturieren zu können. Mithilfe von EndNote können Sie Literaturverweise sehr einfach in einen Text einfügen und Literaturverzeichnisse automatisch vom Programm erstellen lassen. EndNote verfügt über zahlreiche Zitierstile wie APA Style, Chicago Manual Style und Harvard-

---

[124] Vgl. Swiss Academic Software [2013], o. S.; Adept Scientific [2012], o. S.

Zitierweise. Es besteht auch die Möglichkeit, eigene Zitierstile zu generieren sowie bereits bestehende an die eigenen Bedürfnisse anzupassen.

4.2.3 Quantität und Qualität

Bei der Auswahl der Literatur für eine wissenschaftliche Arbeit kommt es im Wesentlichen darauf an, aus der Fülle von vorhandenen Quellen die für Ihr Thema **zentrale Literatur** herauszufiltern.[125] Die Verwendung von vielen Quellen mit einer geringen Qualität ist ebenso wenig zu empfehlen wie die Verwendung von nur einer oder zwei wissenschaftlich fundierten Quellen. Das Verhältnis zwischen Qualität und Quantität der verwendeten Quellen sollte möglichst ausgewogen sein. Die Qualität der für die wissenschaftliche Arbeit verwendeten Literatur hängt unter anderem von ihrer Aktualität ab. Hierbei orientieren Sie sich stets am aktuellen Stand der Forschung. Befassen Sie sich bspw. mit einem Thema, zu dem es seit längerem keine neuen Forschungsstudien gegeben hat, ist Ihre Literatur zwangsläufig älteren Datums als wenn Sie sich mit einem Thema befassen, das aktuell viel Beachtung findet. In Ihrer wissenschaftlichen Arbeit sollten Sie nach Möglichkeit **Primärquellen** verwenden, d. h. Quellen, die als Original angesehen werden können (z. B. Fachartikel aus wissenschaftlichen Zeitschriften). Werden diese Originalquellen in irgendeiner Form verarbeitet oder aufgegriffen, spricht man von **Sekundärquellen** (z. B. wissenschaftliche Beiträge über die Ergebnisse einer anderen Forschungsgruppe) oder **Tertiärquellen** (z. B. Lehrbücher oder Handbücher für Praktiker).[126]

Sie können Ihre wissenschaftlichen Quellen darüber hinaus nach ihrer Bindung zum Thema einordnen. Bei Quellen erster Ordnung würde es sich um Quellen handeln, die unmittelbar im Zusammenhang mit Ihrem Thema stehen. Quellen zweiter Ordnung weisen dann einen mittelbaren und Quellen dritter Ordnung nur noch einen erkennbaren Zusammenhang mit dem Thema auf. Die Unterscheidung ist in diesem Fall stark von Ihrem Thema abhängig, da Ihre Quellen erster Ordnung möglicherweise in einem anderen thematischen Zusammenhang nur noch Quellen nachrangiger Ordnung sein können.[127] Sicher werden Sie die Quellen erster Ordnung inhaltlich weiter bringen als die weiteren, auf die jedoch nicht verzichtet werden muss.

Die Frage nach der **Eignung** von **Quellen** für eine wissenschaftliche Arbeit lässt sich nach der Prüfung ihrer **Zitierwürdigkeit** beantworten. Generell sind die beiden Begriffe „**zitierfähig**" und „**zitierwürdig**" klar voneinander abzugrenzen. **Zitierfähig** bedeutet, dass eine Quelle in irgendeiner Form veröffentlicht wurde

---

[125] Vgl. Berger [2010], S. 71.

[126] Vgl. Theisen [2008], S. 87 f.

[127] Vgl. Karmasin/Ribing [2011], S. 103.

und dadurch die Nachvollziehbarkeit und Kontrollierbarkeit der Quelle gegeben ist.[128] Quellen können demnach als zitierfähig angesehen werden, wenn sie für Dritte zugänglich sind. Dies ist allerdings nicht immer gleichbedeutend mit der **Zitierwürdigkeit** der Quelle.

Diese Frage ist schwieriger zu klären, da sie untersucht, ob die Quelle **wissenschaftlichen Qualitätskriterien** entspricht und somit für die Verwendung in Ihrer wissenschaftlichen Arbeit geeignet ist.[129] Als nicht zitierwürdig gelten solche Quellen, die den Ansprüchen des Themas bzw. der Fragestellung nicht entsprechen, d. h. Trivialliteratur, wie z. B. Publikumszeitschriften, wie „Hörzu", „Brigitte" etc.[130] An dieser Stelle gilt es jedoch darauf hinzuweisen, dass die Auswahl der geeigneten Literaturquellen sehr stark von dem gewählten Thema abhängt. Sollten Sie bspw. für eine sportökonomische wissenschaftliche Arbeit Fußballergebnisse o. ä. benötigen, so kann in diesem Fall der „kicker" als vermeintlich nicht zitierwürdige plötzlich zu einer für Sie unverzichtbaren Quelle werden. Oder wenn Sie z. B. einen öffentlichen Mediendiskurs über einen bestimmten Prominenten thematisieren, so können möglicherweise auch Quellen der Trivialliteratur hilfreich sein, um Ihre thematische Abhandlung entsprechend mit Beispielen zu versehen. Von diesen Ausnahmefällen abgesehen, sollte die von Ihnen verwendete Quelle möglichst in einem *peer review*-Prozess von einer wissenschaftlich und fachlich ausgebildeten Gemeinschaft rezensiert worden sein, um als **zitierwürdig** angesehen zu werden. Indizien für eine niveauvolle und damit zitierwürdige Quelle können bspw. ein anerkannter Verlag, das Vorwort, eventuelle Geleitworte anerkannter wissenschaftlicher Persönlichkeiten oder ein Artikel in einem Sammelband namhafter Herausgeber sein. Zudem sollten Sie auch Ihre Literaturquellen auf die formalen Anforderungen einer wissenschaftlichen Arbeit überprüfen.[131]

In Ihrer wissenschaftlichen Arbeit sollten Sie auf nicht zitierwürdige Quellen verzichten. Welche Quellen im Allgemeinen als zitierwürdig gelten, können Sie der folgenden Abbildung entnehmen.

---

[128] Vgl. Theisen [2008], S. 140.
[129] Vgl. Ebster/Stalzer [2008], S. 63.
[130] Vgl. Theisen [2008], S. 141.
[131] Vgl. Karmasin/Ribing [2011], S. 106 f.

Zitierwürdig	Nicht zitierwürdig
Originalarbeiten Wissenschaftliche Fachbücher Fachwörterbücher und -lexika Dissertationen Artikel in Fachzeitschriften Electronic Journals im Internet	Praktikerbücher Allgemeine Lexika Einführungsliteratur Skripten Seminararbeiten Artikel in Boulevardzeitungen Allgemeine Seiten im Internet

Firmenschriften
Diplomarbeiten
Graue Literatur

Zum Teil zitierwürdig
und nur beschränkt zitierfähig

Abb. 9: Zitierwürdigkeit und Zitierfähigkeit von Quellen
(Quelle: Eigene Darstellung in Anlehnung an Ebster/Stalzer [2008], S. 63)

Werden nicht zitierfähige Quellen, wie **interne Unternehmenspapiere, ausnahmsweise und aus gegebenem Anlass** verwendet, müssen diese **zwingend** dem **Anhang** Ihrer Arbeit beigefügt werden, da sie dem Leser nur auf diese Weise zugänglich sind.[132]

Handelt es sich um mehrseitige Unternehmenspräsentationen, ist es ausreichend, die Titelseite der Unternehmenspräsentation und die Seiten, aus denen zitiert wurde, in den Anhang aufzunehmen. Aus der Quellenangabe muss sich eindeutig ergeben, dass und wo die betreffende Quelle im Anhang Ihrer Arbeit zu finden ist.[133] Hierfür sollte zudem ein **Anhangsverzeichnis** hinter dem Literaturverzeichnis eingefügt werden (vgl. Kapitel 5).

Verwenden Sie ausschließlich einschlägige und eindeutig nachvollziehbare Quellen. Dies sollten Sie als ebenso wichtig erachten wie auch das korrekte und lückenlose Zitieren fremder Textpassagen. Mehr zu dem Thema „Richtig Zitieren" und den möglichen Sanktionen bei Nichtbeachtung finden Sie in Kapitel 6.

---

[132] Vgl. Brink [2007], S. 210.
[133] Vgl. Theisen [2008], S. 140 f.

4.3 Gute Themen sind die halbe Miete!

Im Laufe der Zeit und mit etwas Erfahrung im Schreiben von wissenschaftlichen Arbeiten werden Sie ein Gefühl für die Wahl des richtigen Themas sowie die Formulierung einer präzisen Fragestellung entwickeln. Wie bereits beschrieben ist die Themeneingrenzung dabei eine wesentliche Hilfe. Sie verhindert, dass eine Fragestellung zu schwierig formuliert wird, dass die Menge an auffindbarer Literatur zu groß oder zu klein und die benötigte Bearbeitungszeit zu lang wird. Vor allem wird durch eine Themeneingrenzung aber vermieden, dass das Thema zu umfassend wird. Die folgenden Beispiele in Abbildung 10 sollen verdeutlichen, wie sich ein gut eingegrenztes Thema von einem schlecht eingegrenzten Thema unterscheidet.

Negative Beispiele	Positive Beispiele
Kann Migration ein bedeutender Wirtschaftsfaktor sein?	Migration als Wirtschaftsfaktor? Die Bedeutung der türkischen Migration für die deutsche Volkswirtschaft
Die Auswirkungen der Globalisierung auf die Umwelt	Der Faktor Umwelt - Die Umsetzung nachhaltigen Wirtschaftens in mittelständischen Unternehmen am Beispiel der XY AG
Die Vorteile des Internets für Unternehmen	Vor- und Nachteile online-gestützter Unternehmenskommunikation am Beispiel der XY AG

Abb. 10: Beispiele für die Themenwahl
(Quelle: Eigene Darstellung)

Lautet das Thema z. B. „Die Vorteile des Internets für Unternehmen", ist eine präzise Fragestellung kaum möglich, da das Thema viel zu weit gefasst ist. Besser wäre es an dieser Stelle, eine thematische Eingrenzung vorzunehmen. Dann könnte das Thema z. B. lauten: „Vor- und Nachteile online-gestützter Unternehmenskommunikation am Beispiel der XY AG". Das folgende Negativbeispiel stellt das gewählte Thema zusammen mit der Fragestellung und den Forschungsfragen dar.

Thema

Frauen beim Österreichischen Bundesheer

Fragestellung

Worin liegen Gründe, dass seit Inkrafttreten des Frauenausbildungsgesetzes nur wenige Frauen dem Österreichischen Bundesheer beigetreten sind?

Forschungsfragen

Welchen Wissensstand haben Frauen über das Österreichische Bundesheer?

Wie groß ist die Akzeptanz des Bundesheers bei Frauen?

Welche Schritte sollte das Bundesheer unternehmen, um den Wehrdienst für Soldatinnen und Soldaten attraktiver zu gestalten?

Abb. 11: Thema, Fragestellung und Forschungsfragen - ein schwaches Beispiel
(Quelle: Eigene Darstellung in Anlehnung an Ebster/Stalzer [2008], S. 38)

Das Beispiel zeigt, dass das Thema zu breit angelegt ist und eine Kluft zwischen Thema und einer relativ präzisen Fragestellung besteht. Ferner decken die Forschungsfragen die Fragestellung nur unzureichend ab. Fraglich ist, ob Wissensstand und Akzeptanz die einzigen Themen sind, die untersucht werden sollten. Darüber hinaus präzisiert die dritte Forschungsfrage weder die Fragestellung, noch stellt sie einen Themenbezug her. Ein Beispiel für ein gut eingegrenztes Thema mit präziser Fragestellung und geeigneten Forschungsfragen können Sie Abbildung 12 entnehmen.

Thema

Die Entwicklung von Kinderarmut in Deutschland nach der Wiedervereinigung

Fragestellung

Hat Kinderarmut in Deutschland seit der Wiedervereinigung zugenommen?

Worauf ist ein möglicher Anstieg zurückzuführen und welche Folgen sind für die Sozialordnung der Bundesrepublik zu erwarten?

Forschungsfragen

Ab wann und unter welchen Voraussetzungen kann man von Armut oder Armutsgefährung sprechen?

Was bedeutet Armutsgefährdung oder verfestigte Armut für die Entwicklung des Kindes und wie wird sie von den betroffenen Kindern erlebt?

Welche Rolle spielen externe Prozesse wie Sozialstaatsreformen und Globalisierung, die seit den 1990er Jahren vermehrt die Wirtschafts- und Sozialstruktur der Bundesrepublik verändern?

Abb. 12: Thema, Fragestellung und Forschungsfragen - ein gutes Beispiel
(Quelle: Eigene Darstellung in Anlehnung an Ebster/Stalzer [2008], S. 38)

ZUSAMMENFASSUNG

- Ein unerforschtes Thema entdecken und eingrenzen
- Wissenschaftliche Literatur finden
- Bibliotheken, Kataloge, Datenbanken, Suchmaschinen und Bibliografien nutzen
- Literatur auswerten
- Ableitung und Formulierung einer Fragestellung

QR-Code zu den Übungen:

ILIAS-Pfad zu den Übungen: Magazin » FB Wirtschaft & Medien » Standortübergreifend » "Wissenschaftliches Arbeiten 2.0"

5 Innere und äußere Werte – Inhalt und Form einer wissenschaftlichen Arbeit

Svetlana Harms, Annette Höhmann, Barbara Lier

Eine gelungene wissenschaftliche Arbeit muss sowohl formalen als auch inhaltlichen Kriterien genügen. Diese Kriterien greifen derart ineinander, dass sie einander bedingen und formen. Daher ist es schwierig, die formalen von den inhaltlichen Aspekten zu trennen. Um Ihnen aber auch bei diesen wahrscheinlich wichtigsten Bestandteilen einer wissenschaftlichen Arbeit unter die Arme zu greifen, möchten wir dies im Folgenden versuchen. Wenn Sie sich an die Form halten, kann der Inhalt folgen. Umgekehrt müssen einige formale Aspekte schlichtweg eingehalten werden und münden bei Nichteinhaltung in einem ärgerlichen und vermeidbaren Punktabzug. Also: aufgemerkt!

5.1 Form

Man kann das Obenstehende nicht oft genug betonen: Alle wissenschaftlichen Arbeiten müssen bestimmten formalen Kriterien entsprechen. Dies trifft auf Haus- und Seminararbeiten ebenso wie auf Bachelor- und Masterarbeiten zu. Dieses Kapitel gibt Ihnen einen Überblick über die formalen Anforderungen aller wissenschaftlichen Arbeiten an der Hochschule Fresenius. Dies beinhaltet die wichtigsten Vorgaben zur Formatierung Ihrer wissenschaftlichen Arbeiten im Allgemeinen und die Vorgaben für das Deckblatt, das Inhaltsverzeichnis sowie die Überschriften im Textteil. Ihr Wissen rund um die formale Gestaltung wissenschaftlicher Arbeiten können Sie nach der Lektüre des Kapitels auch in dem E-Learning Modul **„Wissenschaftliches Arbeiten 2.0"** im standortübergreifenden Bereich in ILIAS prüfen. Bitte beachten Sie zusätzlich zu den formalen Angaben, dass immer die Angaben in den aktuellen Leitfäden des Prüfungsamtes sowie die Vorgaben Ihrer jeweiligen Fachdozenten gelten.

5.1.1 Formale Vorgaben und Formatierung

Jede wissenschaftliche Arbeit besteht aus verschiedenen Teilen. Diese Elemente finden Sie hier in Form einer Checkliste. Sofern keine Einschränkung vorgenommen ist, handelt es sich um verpflichtende Bestandteile, die zwingend in jeder wissenschaftlichen Arbeit vorhanden sein müssen.

Innere und äußere Werte – Inhalt und Form einer wissenschaftlichen Arbeit

Folgendes Schema an Bestandteilen ist für die **formale Ordnung** einer wissenschaftlichen Arbeit vorgegeben:

1. Deckblatt

2. Sperrvermerk auf dem Deckblatt (nur erforderlich, wenn die Arbeit in einem Unternehmen geschrieben wird und sensible Daten enthält)

3. Beiblatt (optionale zweite Seite; nur erforderlich, wenn die Arbeit in Kooperation mit einem Unternehmen geschrieben wird)

4. Deutsche[134] **sowie** englische Zusammenfassung (je max. 1 Seite, nur erforderlich bei Bachelor- und Masterarbeiten)

5. Inhaltsverzeichnis mit rechtsbündig ausgerichteten Seitenangaben

6. Abbildungsverzeichnis mit rechtsbündig ausgerichteten Seitenangaben (sofern Abbildungen verwendet werden)

7. Tabellenverzeichnis mit rechtsbündig ausgerichteten Seitenangaben (sofern Tabellen verwendet werden)

8. Abkürzungsverzeichnis (sofern Abkürzungen verwendet werden, die nicht im Duden zu finden sind)

9. Textteil/der inhaltliche Teil der Arbeit (hierauf wird im folgenden Abschnitt „Inhalt" näher eingegangen)

10. Literaturverzeichnis

11. Anhangsverzeichnis (sofern mehr als ein Anhang verwendet wird)

12. Anhang/Anhänge (sofern für Ihre Arbeit erforderlich)

13. Eidesstattliche Erklärung

Die Elemente, die zwingend in jeder wissenschaftlichen Arbeit vorhanden sein müssen, sind das Titelblatt, das Inhaltsverzeichnis, der Textteil, das Literaturverzeichnis und die Eidesstattliche Erklärung. Die **Reihenfolge der Bestandteile** ist dabei unbedingt einzuhalten. Wenn Sie formale Regeln verletzen, kann Ihre Arbeit abgewertet bzw. bei groben Verstößen mit „nicht ausreichend" benotet werden.

Nicht nur der Rahmen der wissenschaftlichen Arbeit ist vorgegeben. Auch die Formatierung der Arbeit unterliegt klaren Regeln. Folgende Angaben zur **For-**

---

[134] Sofern die jeweils gültige Prüfungsordnung die Anfertigung der Abschlussarbeit nach Absprache mit den Prüfern in einer anderen Fremdsprache zulässt, ist die Zusammenfassung in Englisch sowie in der gewählten Sprache zu erstellen.

matierung und zum **Format** gelten für alle wissenschaftlichen Arbeiten, die an der Hochschule Fresenius verfasst werden:[135]

- **Format der Arbeit**: DIN A4, Hochformat, einseitig bedruckt

- **Schriftart & Schriftgröße**: Arial in Schriftgröße 11 pt oder Times New Roman in Schriftgröße 12 pt

- **Fußnoten**: zwei Schriftgrößen kleiner (Arial: Schriftgröße 9 pt/Times New Roman: Schriftgröße 10 pt), fortlaufende Nummerierung der Fußnoten

- **Zeilenabstand im Text**: 1,5

- **Zeilenabstand im Inhaltsverzeichnis**: wahlweise einheitlich 1 oder 1,5

- **Zeilenabstand im Literatur-, Abbildungs-, Tabellen-, Abkürzungs- und Anhangsverzeichnis**: wahlweise einheitlich 1 oder 1,5

- **Abbildungs- und Tabellenbeschriftungen**: eine Schriftgröße kleiner als im Fließtext, einfacher Zeilenabstand

- **Zeilenabstand in den Fußnoten**: 1 (einfach)

- **Seitenränder**: oben, unten und rechts jeweils 2 cm; links 4 cm

- **Textausrichtung**: Blocksatz mit Silbentrennung

- **Angabe der Seitenzahlen**:

  - Die Seitenzahlen sind durchgängig in arabischer Notation anzugeben. Das Titelblatt wird mitgezählt, jedoch nicht mit einer Seitenzahl versehen.

  - Alternativ können Sie für alle Verzeichnisse außer dem Literaturverzeichnis auch eine römische Seitennummerierung verwenden. Auch bei dieser Variante wird das Titelblatt mitgezählt, jedoch beginnt auch hier erst nach dem Titelblatt die Seitennummerierung. Ab der ersten Seite der Einleitung wechseln Sie dann zu arabischen Seitenzahlen und beginnen die fortlaufende Seitennummerierung mit einer 1.

- **Ausrichtung der Seitenzahlen**: Die Seitenzahlen sind entweder unten rechts oder unten zentriert auszurichten. Die Angabe erfolgt entweder in der Form – *Seitenzahl* – oder nur *Seitenzahl*.

---

[135] Bitte beachten Sie bei englischsprachigen Arbeiten, dass die Regeln etwas abweichen und richten Sie sich nach den entsprechenden Vorgaben.

- **Anhänge** können fortlaufend nummeriert werden oder alternativ mit römischen Zahlen oder Buchstaben (Anhang A, Anhang B etc.) versehen werden.

- **Absätze**: Diese sollten in der Regel aus mindestens drei Sätzen bestehen und einen geschlossenen Sinnzusammenhang transportieren.

- **Zahlen**: Beachten Sie, dass Zahlen im Fließtext bis einschließlich zwölf ausgeschrieben werden; danach erfolgt die Angabe in arabischen Ziffern. Ausnahmen bilden Verweise auf Textelemente oder Abbildungen/Tabellen (z. B. Kapitel 2, Abb. 7) sowie Angaben von Dezimalzahlen (z. B. 3,5) und statistischen Kennwerten (z. B. 10 %).

- Die **Überschriften innerhalb des Textes** werden entsprechend ihrer Gliederungsebene formatiert. Die jeweilige Schriftgröße entnehmen Sie den unten angeführten Beispielen (siehe Abb. 13 und Abb. 14). Die Überschriften werden innerhalb des Textes nicht eingerückt und stehen linksbündig. Dem Grundsatz entsprechend, dass der „Abstand zwischen Überschrift und dem vorangegangenen Text (…) größer sein [muss] als der Abstand zwischen Überschrift und dem nachfolgenden Text",[136] muss der **Abstand der Kapitelüberschriften jeder Ordnung** 12 pt zum vorangegangenen und 6 pt zum folgenden Text betragen. Beachten Sie ferner, dass die Überschriften im Text in **Nummerierung und Formulierung** exakt denen des Inhaltsverzeichnisses entsprechen müssen.

Prüfen Sie Ihre Arbeit nach dem Ausdrucken noch einmal auf die Einhaltung aller formalen Vorgaben, insbesondere der Seitenränder, da deren Beurteilung auf Basis des Ausdrucks erfolgt.

---

[136] Hagenloch [2010], S. 6.

Inhalt und Form einer wissenschaftlichen Arbeit

Beispiel: Schriftart Times New Roman

1 Kapitelüberschrift erster

1.1 Kapitelüberschrift zweiter Ordnu.

1.1.1 Kapitelüberschrift dritter Ordnung, 12 pt fer

1.1.1.1 Kapitelüberschrift vierter Ordnung und folgende, 1

Abb. 13: Kapitelüberschriften in Times New Roman
(Quelle: Eigene Darstellung)

Beispiel: Schriftart Arial

1 Kapitelüberschrift erster Ordnung, 14 pt fett

1.1 Kapitelüberschrift zweiter Ordnung, 12 pt fett

1.1.1 Kapitelüberschrift dritter Ordnung, 11 pt fett

1.1.1.1 Kapitelüberschrift vierter Ordnung und folgende, 11 pt

Abb. 14: Kapitelüberschriften in Arial
(Quelle: Eigene Darstellung)

Bitte achten Sie darauf, dass zwei Überschriften niemals direkt untereinander stehen. Es ist immer ein **einleitender Abschnitt zu den jeweiligen Unterkapiteln** eines Kapitels notwendig. Neue Kapitel müssen nicht zwingend auf einer neuen Seite beginnen, sondern sollten mit Augenmaß für den Lesefluss und die Ästhetik des Textkörpers positioniert werden. Achten Sie aber darauf, dass die Überschrift und der sich anschließende Kapitelinhalt eine deutlich erkennbare Einheit bilden und bspw. nicht durch einen Seitenumbruch getrennt werden.

Bei der **Verwendung von Eigennamen** in Ihrem Text können Sie diese mittels kursiver Schrift oder Anführungszeichen hervorheben. Dabei können Sie frei entscheiden, welche der beiden Methoden zur Hervorhebung Sie nutzen möchten. Die jeweilige Variante müssen Sie dann für die gesamte Arbeit beibehalten.

Innere und äußere Werte – Inhalt und Form einer wisse...

...bsanalyse für die „BIONADE

Beispiel:

a) Im Folgenden so... *Jugendstudie 2010* zufolge „haben junge Altersgenossen bei der Schulbildung über-

GmbH" durchge...

b) De... **rsiven Schrift/Anführungszeichen** kann auch für die Hervorhebung von Fachbegriffen oder Kunstwörtern jedoch nicht zur Legitimation von Umgangssprache.

...n Rahmenelemente Ihrer wissenschaftlichen Arbeit, wie das Titel-...das Inhaltsverzeichnis, müssen ebenso einigen formalen Kriterien ent-...en. Darüber hinaus müssen sie zwingend einige vorgegebene Informatio-...n enthalten. Im Folgenden finden Sie alle Vorgaben hierzu in übersichtlicher Form.

5.1.2 Rahmenelemente

Ihr **Titelblatt** sollte folgende Informationen enthalten:

- die Institution nebst Logo (z. B. Hochschule Fresenius),
- Ihren Fachbereich,
- Ihren Studiengang,
- Ihren Studienort,
- den vollständigen und exakten Titel Ihrer Arbeit,
- die Art Ihrer Arbeit (z. B. Hausarbeit, Projektarbeit, Bachelorarbeit, Masterarbeit),
- das Fach (z. B. Wissenschaftliches Arbeiten),
- den Namen des Dozenten,
- Ihren Namen und Ihre Matrikelnummer
- sowie das Datum der Abgabe.

Eine entsprechende Vorlage für verschiedene Arten von Arbeiten steht in ILIAS zur Verfügung.

In der Literatur, die Sie für Ihre wissenschaftliche Arbeit heranziehen, werden Sie einige Rahmenelemente finden, die nicht in jeder wissenschaftlichen Arbeit vorhanden sein müssen. Ein **Vorwort** findet sich üblicherweise nur in sehr umfangreichen Arbeiten (wie z. B. Dissertationen). Es enthält ausschließlich persön-

---

[137] Leven/Quenzel/Hurrelmann [2010], S. 74 f.

liche Anmerkungen des Autors. Inhaltliche Informationen, die für das Verständnis der Arbeit notwendig sind, sollten im Vorwort nicht enthalten sein.[138]

Das **Inhaltsverzeichnis** wiederum ist in jedem Fall unverzichtbar und gibt, neben den Seitenzahlen der verschiedenen Kapitel, die Gliederung Ihrer Arbeit wieder (siehe auch Kapitel 5.2). Es soll dem Leser erleichtern, bestimmte Inhalte oder Rahmenelemente unmittelbar aufzufinden, und zeigt auf einen Blick die Struktur und mögliche Schwerpunkte der Arbeit. Vermeiden Sie daher nichtssagende Kapitelüberschriften.

Ein **Abbildungs- sowie ein Tabellenverzeichnis** werden jeweils nur dann eingefügt, wenn die Arbeit auch Abbildungen bzw. Tabellen enthält. In diesem Fall muss das entsprechende Verzeichnis jedoch zwingend vorhanden sein und alle in der Arbeit enthaltenen Abbildungen und Tabellen müssen unter Angabe des Titels und der Seite in das jeweilige Verzeichnis aufgenommen werden. Bitte beachten Sie, dass weder das Tabellen- noch das Abbildungsverzeichnis ein Quellenverzeichnis für Tabellen bzw. Abbildungen ist und Quellenangaben dort nicht aufgeführt werden. Die Quellenangaben Ihrer Abbildungen und Tabellen erfassen Sie im Literaturverzeichnis.

Ein **Abkürzungsverzeichnis** sollten Sie nur in Ausnahmefällen verwenden. Es werden nur Abkürzungen aufgeführt, die nicht im Duden stehen. Bei der Erstellung des Verzeichnisses gilt es zu beachten, dass die Nennung der Angaben alphabetisch erfolgt.[139]

Das **Literaturverzeichnis** folgt in der Regel unmittelbar auf den Textteil einer Arbeit und enthält alle von Ihnen direkt oder indirekt zitierten Quellen in alphabetischer Anordnung, nach den Nachnamen der Autoren gelistet. Das heißt, jedes (direkt oder indirekt) zitierte Werk muss in das Literaturverzeichnis aufgenommen werden.[140] Im Umkehrschluss müssen die im Literaturverzeichnis aufgeführten Quellen auch tatsächlich im Fließtext Ihrer Arbeit zu finden sein. **Quellen, die Sie zwar gelesen, jedoch weder direkt noch indirekt zitiert haben, werden nicht in das Literaturverzeichnis aufgenommen**. Ebenso wenig gehören Quellen in das Literaturverzeichnis, die Sie sekundär zitiert haben (d. h. Sie nehmen nur Quellen auf, die Sie buchstäblich in der Hand gehalten haben). Im nächsten Kapitel finden Sie ausführlichere Informationen zu dem Literaturverzeichnis.

Einen **Anhang** findet man meist in umfangreicheren Arbeiten (Bachelor- oder Masterarbeiten sowie Dissertationen und insbesondere Projektarbeiten). Für eine vergleichsweise kurze Hausarbeit hingegen wird nur in Ausnahmefällen ein

---

[138] Vgl. Ebster/Stalzer [2008], S. 72.
[139] Vgl. Brink [2007], S. 195 f.
[140] Vgl. Ebster/Stalzer [2008], S. 128.

Anhang benötigt. Informationen, die typischerweise in den Anhang gehören, sind Materialien, die für das Verständnis der Arbeit und die Dokumentation der verwendeten Methodik notwendig sind (z. B. verwendete Fragebögen, große Tabellen, umfangreiche Berechnungen oder Interviews) sowie unveröffentlichte Dokumente, auf die Sie im Text verweisen (z. B. interne Unternehmenspräsentationen). Als Faustregel lässt sich festhalten, dass alles, was den Lesefluss stört und für das unmittelbare Textverständnis nicht notwendig ist, in den Anhang gehört. Es ist jedoch zu vermeiden, unnötige, für die Arbeit nicht essentielle Dokumente anzuhängen. Um unterschiedliche Anhänge voneinander abzugrenzen (z. B. verschiedene Fragebögen), müssen Sie die verschiedenen Anhänge mit Anhang I, II, III (oder A, B, C) usw. kennzeichnen und ein Anhangsverzeichnis anlegen. Hierin werden sämtliche Anhänge mit ihrer Seitenzahl aufgeführt, das Verzeichnis wird vor dem ersten Anhang eingefügt.

Als letzte Seite Ihrer Arbeit fügen Sie immer eine **Eidesstattliche Erklärung** bei. Diese ist bei allen wissenschaftlichen Arbeiten notwendiger Bestandteil. Die Eidesstattliche Erklärung versehen Sie mit dem Ort, Datum und Ihrer eigenhändigen Unterschrift. In ILIAS finden Sie eine Vorlage hierfür.

5.1.3 Vorlagen und Hinweise zu einzelnen Rahmenelementen

In ILIAS finden Sie einige hilfreiche **Word-Dokumente**, die Sie als **Vorlage** verwenden können und an deren Layout Sie sich in Ihren eigenen Arbeiten halten müssen. Besonders hilfreich sind die Vorlagen für die **Deckblätter** einer Hausarbeit, eines Praktikumsberichts oder einer Bachelor- bzw. Abschlussarbeit. Bitte beachten Sie, dass die notwendigen Angaben auf dem Deckblatt je nach Art der Arbeit abweichen können. Vermeiden Sie bereits bei der Gestaltung Ihres Deckblatts Nachlässigkeiten und prüfen Sie das Deckblatt nach Erstellung auf Vollständigkeit. Die Vorlage für das Beiblatt als **optionale zweite Seite** steht Ihnen in ILIAS ebenfalls unter Vorlagen zur Verfügung. Ein **Beiblatt** müssen Sie Ihrer Arbeit beigeben, wenn Sie diese in Kooperation mit einem Unternehmen schreiben.

Das **Inhaltsverzeichnis** folgt unmittelbar hinter dem Titelblatt bzw. in Bachelor- und Masterarbeiten unmittelbar hinter der deutschen[141] und englischen Zusammenfassung. Es zeigt den Aufbau und die Strukturierung der Arbeit auf. Im Inhaltsverzeichnis müssen die Seitenzahlen der Kapitel und Abschnitte aufgeführt werden. Im Inhaltsverzeichnis von Bachelor- und Masterarbeiten werden weder die deutsche noch die englische Zusammenfassung aufgeführt.

---

[141] Die Abschlussarbeit kann in Absprache mit den Prüfern und dem Prüfling auch in einer Fremdsprache angefertigt werden. In diesem Fall ist eine Zusammenfassung in der gewählten Fremdsprache sowie auf Englisch anzufertigen.

Beispiel: Schriftart Times New Roman (12 pt)

1 Kapitelüberschrift erster Ordnung (12 pt fett)

1.1 Kapitelüberschrift zweiter Ordnung (12 pt)

1.1.1 Kapitelüberschrift dritter Ordnung (12 pt)

Beispiel: Schriftart Arial (11 pt)

1 Kapitelüberschrift erster Ordnung (11 pt fett)

1.1 Kapitelüberschrift zweiter Ordnung (11 pt)

1.1.1 Kapitelüberschrift dritter Ordnung (11 pt)

Abb. 15: Formatierung Inhaltsverzeichnis
(Quelle: Eigene Darstellung)

Die Gliederungspunkte im Inhaltsverzeichnis sollten gemäß numerischer Gliederungsordnung (1; 1.1; 1.1.1 etc.) abgestuft werden (siehe auch Kapitel 5.2.1).[142] Die **Nummerierung der Kapitel im Inhaltsverzeichnis** erfolgt in **arabischen Zahlen. Rahmenelemente, die nicht zum Textteil gehören,** werden wahlweise entweder mittels römischer Zahlen oder gar nicht nummeriert.

Prüfen Sie vor Abgabe Ihrer Arbeit ein automatisch erstelltes Inhaltsverzeichnis unbedingt auf Vollständigkeit und beachten Sie dabei die richtige Nummerierung und Formatierung der Gliederungspunkte sowie die korrekte Zuordnung der Seitenzahlen.

Im **Literaturverzeichnis** wird, wie oben erläutert, die gesamte Literatur, die in der Arbeit zitiert wurde, vollständig und in alphabetischer Ordnung nach dem Nachnamen des Autors aufgeführt. Das Literaturverzeichnis ist zwingender Bestandteil einer wissenschaftlichen Arbeit.[143] Es steht hinter dem Text und vor dem Anhang einer Arbeit.

Wie eine **Quellenangabe im Literaturverzeichnis** auszusehen hat, hängt darüber hinaus von der jeweiligen Quellenart des Werkes ab. Bei allen Quellenangaben sind die Bestandteile, die Reihenfolge der Angaben sowie die Form und die Zeichensetzung exakt zu beachten. Transparenz und Nachvollziehbarkeit

---

[142] Vgl. Ebster/Stalzer [2008], S. 78.
[143] Vgl. Ebster/Stalzer [2008], S. 123.

müssen für wissenschaftliche Berichte unbedingt gegeben sein, daher ist es unerlässlich, dass der Leser über das Literaturverzeichnis sämtliche Quellen **eindeutig identifizieren** kann. Konkrete Beispiele für die unterschiedlichen Quellenarten entnehmen Sie bitte Kapitel 6.

Daten, Fakten, Transkripte, Fragebogen, verwendete Interviews, nicht dauerhaft verfügbare Internetquellen und andere Materialien, die für das Verständnis eines Textes notwendig sind bzw. Aussagen belegen oder Herangehensweisen dokumentieren, können im **Anhang** untergebracht werden. Diese Auslagerung ist jedoch nur sinnvoll, wenn sie das Lesen des Haupttextes erleichtert. Nichtsdestotrotz muss der Haupttext auch ohne Zuhilfenahme des Anhangs verständlich sein. Wichtige Abbildungen und Tabellen sollten in den Textverlauf integriert werden, damit der Leser nicht unnötig hin und her blättern muss.[144]

Hinter den Anhang, d. h. an das Ende der wissenschaftlichen Arbeit, ist zwingend eine **Eidesstattliche Erklärung** zu setzen. Eine Vorlage hierfür finden Sie in ILIAS.

Die Beantragung eines **Sperrvermerks** ist nur dann zulässig, wenn der Unternehmenspartner, von dem Sie Informationen für Ihre Bachelor- oder Masterarbeit erhalten haben, einen solchen vorschreibt. Der Sperrvermerk dient dazu, Unternehmensdaten der Öffentlichkeit nicht zugänglich zu machen. Der Praxispartner/Unternehmenspartner muss in einem formlosen Schreiben – gerichtet an das Prüfungsamt der Hochschule Fresenius – begründen, warum die Setzung eines Sperrvermerks notwendig ist. Anzugeben sind hierbei der Name des Verfassers der Arbeit, der Titel der Arbeit, eine Begründung für den Sperrvermerk und die Frist für den Sperrvermerk. Die Beantragung muss spätestens bis zur Abgabe der Arbeit im Prüfungsamt erfolgen. Ihr Praxispartner erhält ein entsprechendes Bestätigungsschreiben. Die maximale Dauer der Sperrfrist ist durch die Hochschule nicht vorgegeben, daher ist es auch möglich, eine unbegrenzte Sperrung zu beantragen.

5.2 Inhalt

Das Ziel Ihrer wissenschaftlichen Arbeit sollte darin bestehen, dem Leser einen wissenschaftlichen Sachverhalt möglichst verständlich aufbereitet zu präsentieren. Um insbesondere komplexe Inhalte verständlich darzustellen, ist eine sorgfältige Strukturierung unumgänglich, wobei der rote Faden einer Arbeit immer durch die jeweils zugrundeliegende Fragestellung bestimmt wird. Einige Empfehlungen zur Struktur einer wissenschaftlichen Arbeit haben wir im Folgenden für Sie zusammengestellt.

---

[144] Vgl. Franck/Stary [2006], S. 156 f.

5.2.1 Elemente des Textteils

Bei den inhaltlichen Elementen des Textteils unterscheidet man drei zentrale Elemente:

1. die Einleitung,

2. den Hauptteil und

3. den Schlussabschnitt.

Der inhaltliche Teil einer wissenschaftlichen Arbeit beginnt stets mit einer **Einleitung**. Diese soll das Interesse des Lesers an Ihrer Arbeit wecken, den Leser in das **Thema der Arbeit** einführen und einen Überblick über den **Aufbau der Arbeit** liefern. In der Einleitung stellen Sie die konkrete Fragestellung vor, mit der Sie sich befassen werden, und gehen auf den Hintergrund des diskutierten Problems sowie auf den Nutzen (d. h. die theoretische und/oder praktische Relevanz) Ihrer Arbeit ein.[145] Darüber hinaus grenzen Sie das Thema ein und können, sofern es sich für Ihre Fragestellung anbietet, auch den aktuellen Forschungsstand kurz anreißen. Achten Sie jedoch darauf, lediglich zum Hauptteil hinzuführen und diesen nicht vorwegzunehmen.

Generationen von Studierenden haben sich den Kopf über treffende Einstiegssätze für ihre schriftlichen Arbeiten zerbrochen. Bewährt haben sich in diesem Zusammenhang bspw. treffende wörtliche Zitate, kurze Beschreibungen konkreter Fallbeispiele oder Bezüge zu aktuellen Ereignissen, die für das Thema Ihrer Arbeit eine gewisse Relevanz haben. Verzagen Sie bitte nicht, falls Sie im ersten Versuch noch keine druckreife Version Ihrer Einleitung zu Papier bringen können. Da das Schreiben einer wissenschaftlichen Arbeit ein dynamischer Prozess ist, im Zuge dessen sich die Struktur Ihrer Arbeit auch noch verändern kann, ist es meist am sinnvollsten, die Einleitung ganz am Schluss zu verfassen.

Im **Hauptteil** Ihrer Arbeit bearbeiten Sie – üblicherweise über mehrere Kapitel hinweg – Ihre Fragestellung mithilfe wissenschaftlicher Methoden. Wie der Hauptteil genau aufgebaut ist und wie viele Kapitel er umfasst, lässt sich pauschal nicht sagen, sondern hängt vom Umfang und Thema Ihrer Arbeit sowie von der gewählten Methodik ab. Wir möchten Sie jedoch nicht ohne die Faustregel auf den Weg schicken, dass Sie für jeden Teilaspekt, den Ihre wissenschaftliche Fragestellung umfasst, ein eigenes Kapitel einfügen müssen.[146] Nehmen wir beispielhaft an, dass Sie sich in Ihrer Bachelorarbeit mit dem Nutzen von Social Media Marketing für nachhaltige Modelabels beschäftigen. Eine sinnvolle Glie-

---

[145] Vgl. Kornmeier [2009], S. 98 ff.

[146] Vgl. Ebster & Stalzer [2008], S. 74.

derung trägt dafür Sorge, dass jeder relevante Teilaspekt dieses Themas mit ausreichend Textanteil, idealerweise in einem eigenen Kapitel, gewürdigt wird. In unserem Fall würden Sie die Besonderheiten von Social Media Marketing ebenso vorstellen wie die Besonderheiten nachhaltiger Modelabels. Als relevanten Punkt würden Sie ebenfalls auf Methoden zur Messung des Nutzens von Marketingmaßnahmen eingehen, um in einem anschließenden Kapitel alle genannten Teilbereiche Ihres Themas zur Beantwortung Ihrer Ausgangsfrage sinnvoll miteinander zu verknüpfen.[147] Zweierlei sollten Sie jedoch vermeiden. Zum einen ist es zwar wichtig, dass Sie in Ihrer Arbeit zentrale Begrifflichkeiten nennen und bei Bedarf auch definieren. Ganze Kapitel, deren einziger Zweck die Definition eines Begriffs ist und die auch eine entsprechende Überschrift aufweisen (in unserem Fall wäre dies „Definition Social Media Marketing"), sind in wissenschaftlichen Arbeiten unüblich und sollten von Ihnen vermieden werden. Zum zweiten sollten Sie im Sinne eines guten Leseflusses auf eine zu tiefe Untergliederung Ihrer Arbeit verzichten; maximal vier Gliederungsebenen sind in der Regel völlig ausreichend.

Jeder wissenschaftliche Text endet mit einem **Schlussabschnitt**, einem der wichtigsten Teile Ihrer Arbeit. Im Schlussteil, welcher üblicherweise die Überschrift „Fazit" erhält, sollten Sie die wichtigsten Ergebnisse Ihrer Arbeit zusammenfassen, Ideen für zukünftige Forschungen entwickeln und praktische Implikationen erarbeiten. Der Schlussteil erlaubt es Ihnen, bei Bedarf eigene Schlussfolgerungen in Ihre Arbeit einzubringen und rundet Ihre Arbeit ab.[148] Dabei sollten alle Fragestellungen, die Sie bereits in der Einleitung aufgeführt haben, sowie alle bedeutsamen Fragestellungen, die sich während Ihrer Arbeit ergeben haben, beantwortet werden. Neue Aspekte, auf die Sie zuvor noch nicht eingegangen sind, werden hier jedoch nicht mehr aufgegriffen. Bitte beachten Sie, dass es zwar durchaus erwünscht ist im Schlussabschnitt auf Basis der gewonnenen Erkenntnisse ein Gesamtfazit zu ziehen und hieraus gezogene Schlussfolgerungen zu diskutieren. Das Referieren Ihrer persönlichen Meinung zur bearbeiteten Fragestellung ist jedoch nicht gewünscht.

5.2.2 Struktur einer wissenschaftlichen Arbeit

Je nach Thema, Fragestellung und gewählter Methodik Ihrer Arbeit bieten sich für die inhaltliche Gestaltung Ihres Textes unterschiedliche **Strukturierungs-** bzw. **Gliederungsmöglichkeiten** an, auf die im Folgenden genauer eingegangen werden soll.

---

[147] Vgl. Ebster & Stalzer [2008], S. 74.
[148] Vgl. Kornmeier [2009], S. 151 f.

Sobald Sie sich ausreichend in die Literatur eingelesen und eine wissenschaftliche Fragestellung formuliert haben, sollten Sie beginnen, Ihre Arbeit zu gliedern. Im Rahmen der Gliederung legen Sie neben der Reihenfolge, in der Teilaspekte Ihres Themas erarbeitet werden sollen, auch fest, welche Aspekte besonders zentral sind und somit ein eigenes Kapitel erhalten sollen und welche Aspekte vielleicht aufgrund ihrer untergeordneten Rolle eher in Unterkapiteln zur Sprache kommen.

Die Gliederung Ihrer Arbeit spiegelt sich am Ende in den Überschriften Ihrer Kapitel wider. Diese wiederum werden in das Inhaltsverzeichnis Ihrer Arbeit aufgenommen, welches schließlich dem Leser ermöglicht, die Strukturierung und Schwerpunktsetzung Ihres Textes auf einen Blick zu erfassen. Werfen Sie zur Veranschaulichung ruhig noch einmal einen Blick auf das Inhaltsverzeichnis dieses Handbuches. Dieses zeigt Ihnen, wie die verschiedenen Themen rund um das Wissenschaftliche Arbeiten von den Herausgebern und Autoren des Buches in eine sinnvolle Reihenfolge gebracht wurden.

Ihre erste Gliederung bleibt vermutlich nicht bis zum Ende Ihrer Arbeit bestehen, sondern wird im Verlauf des Schreibens immer wieder modifiziert und an Ihr wachsendes Fachwissen angeglichen. Dennoch sollte der erste Arbeitsschritt nach Literatursichtung der Entwurf einer ersten Gliederung sein, denn diese wird Ihnen helfen, Struktur in Ihre Ideen zu bringen, die einzelnen Abschnitte Ihrer Arbeit logisch miteinander zu verbinden und den zeitlichen Verlauf des Schreibens zu planen.[149] Des Weiteren kann Ihre Gliederung die Kommunikation mit Ihrem Betreuer erleichtern, da sie Auskunft darüber gibt, welche Themenbereiche Sie heranziehen wollen, um Ihre wissenschaftliche Fragestellung zu beantworten, welche Bedeutung Sie den einzelnen Themenbereichen beimessen und wie diese Themenbereiche in Zusammenhang stehen.[150]

5.2.2.1 Formale Gliederungskriterien

Im Rahmen einer wissenschaftlichen Arbeit werden die Elemente des Textteils üblicherweise durchnummeriert und – wie oben bereits erläutert – anhand ihrer Überschriften in das Inhaltsverzeichnis der Arbeit überführt. Hierbei gibt es verschiedene formale Kriterien, die zur Anwendung kommen können.
Man unterscheidet zunächst zwischen der **Gliederungsordnung**, die die Nummerierung der Kapitel festlegt, und dem **Gliederungsprinzip**, welches mögliche Darstellungsformen im Inhaltsverzeichnis aufzeigt (siehe Abb. 16). Bezüglich der Gliederungsordnung unterscheidet man wiederum zwischen der **numerischen** und der **alphanumerischen Gliederungsordnung** sowie einer Mischform aus diesen beiden Varianten. Bei der numerischen Gliederung, die die gebräuch-

---

[149] Vgl. Brink [2007], S. 143 f.
[150] Vgl. Ebster/Stalzer [2008], S. 76.

lichste Klassifikation darstellt, werden die einzelnen Abschnitte mit Ziffern voneinander unterschieden, bei der alphanumerischen Gliederung mit Buchstaben. In sehr umfangreichen Arbeiten findet sich manchmal eine Mischform, in der größere Teile mit A, B, C etc. bezeichnet und die einzelnen Kapitel numerisch klassifiziert werden.[151]

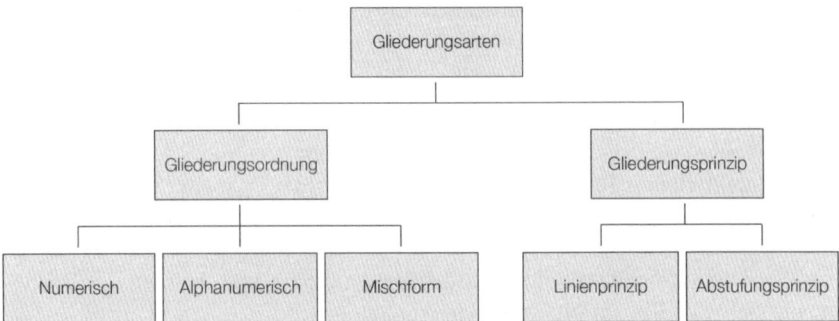

Abb. 16: Formale Gliederungsarten
(Quelle: Eigene Darstellung in Anlehnung an Ebster/Stalzer [2008], S. 77)

Bei den Gliederungsprinzipien unterscheidet man das **Linienprinzip** (ohne Einzug, alle Gliederungspunkte beginnen am linken Seitenrand des Inhaltsverzeichnisses) und das **Abstufungsprinzip** (mit Einzug, untergeordnete Punkte werden im Inhaltsverzeichnis eingerückt); beide Prinzipien sind in Abbildung 17 aufgeführt.

Bei der Gliederung Ihrer wissenschaftlichen Arbeit wenden Sie bitte die **numerische Klassifikation** und das **Abstufungsprinzip** an.

Numerische Klassifikation **ohne Einzug** (Linienprinzip)	Numerische Klassifikation **mit Einzug** (Abstufungsprinzip)
1 XXX	1 XXX
1.1 XXX	1.1 XXX
1.1.1 XXX	1.1.1 XXX
1.1.2 XXX	1.1.2 XXX
1.2 XXX	1.2 XXX
1.2.1 XXX	1.2.1 XXX
1.2.2 XXX	1.2.2 XXX
2 XXX	2 XXX

Abb. 17: Formale Gliederungsprinzipien
(Quelle: Eigene Darstellung in Anlehnung an Brink [2007], S. 145)

Weiter oben haben Sie bereits gelernt, dass eine zu tiefe Untergliederung einer Arbeit wenig Sinn macht. Dies spiegelt sich auch in den formalen Vorgaben für

---

[151] Vgl. Ebster/Stalzer [2008], S. 77.

Ihre Gliederung wider. Im Inhaltsverzeichnis führen Sie bitte maximal **vier horizontale Gliederungsebenen** auf. Zu detaillierte Gliederungspunkte sollten Sie zusammenfassen. Des Weiteren sollte jeder Abschnitt der jeweils untersten Ebene, den Sie im Inhaltsverzeichnis aufführen, mindestens eine halbe Seite Text umfassen.[152] Eine zu detaillierte bzw. stark unterteilte Gliederung mit nur wenigen Textzeilen in einzelnen Unterabschnitten führt dazu, dass Ihr Text nicht mehr als zusammenhängend erfasst wird, sondern lediglich kurze Sequenzen wahrgenommen werden; der Zusammenhang geht verloren.[153] Gliedern Sie also daher „so tief wie nötig, nicht so tief wie möglich"[154]. Auch darf **ein Gliederungspunkt nicht nur einen Unterpunkt** umfassen. In diesem Fall sollte die Untergliederung des Gliederungspunktes vermieden werden oder es muss weiter untergliedert werden (sodass mindestens zwei Unterpunkte vorliegen).

FALSCH	RICHTIG
2.1 XXX	2.1 XXX
2.2 XXX	2.1.1 XXX
2.2.1 XXX	2.1.2 XXX
3 XXX	2.2 XXX

Abb. 18: Falsche und richtige Untergliederung
(Quelle: Eigene Darstellung)

Auch die **inhaltliche Konsistenz** ist bei der Untergliederung zu berücksichtigen. Das bedeutet u. a., dass gleiche Gliederungsebenen auch inhaltlich hierarchisch gleich zu gewichten sind.[155] Dies verdeutlicht Abbildung 19.

FALSCH	RICHTIG
2 Analyse regionaler Absatzmärkte	2 Analyse regionaler Absatzmärkte
2.1 Nordamerika	2.1 Nordamerika
2.2 Europa	2.2 Europa
3 Analyse der Absatzmärkte in Südostasien	2.3 Südostasien

Abb. 19: Falsche und richtige hierarchische Untergliederung
(Quelle: Eigene Darstellung)

Achten Sie bei der Formulierung der **Überschriften Ihrer Kapitel** und Unterkapitel auf möglichst große **Prägnanz**. Ebenso wenig wie ganze Sätze eignen sich einzelne Worte für Überschriften. Bewährt haben sich dagegen **substantivierte**

---

[152] Vgl. Ebster/Stalzer [2008], S. 80 f.

[153] Vgl. Stickel-Wolf/Wolf [2009], S. 185 f.

[154] Stickel-Wolf/Wolf [2009], S. 186.

[155] Vgl. Ebster/Stalzer [2008], S. 78.

Kurzsätze ohne Verben, die präzise Auskunft über den Inhalt des folgenden Textabschnittes geben.[156] Darüber hinaus werden zu Beginn einer Überschrift üblicherweise keine bestimmten oder unbestimmten Artikel verwendet (also z. B. nicht „Die Textbestandteile" oder „Die Einleitung"). Beachten Sie ferner, dass einzelne Kapitelüberschriften weder mit dem Titel der Arbeit noch mit Überschriften von Unterkapiteln übereinstimmen dürfen.

5.2.2.2 Inhaltliche Gliederungsmöglichkeiten

Es gibt verschiedene Möglichkeiten, Ihre Arbeit inhaltlich zu gliedern. Welche Sie wählen, hängt letztlich auch von Ihrem Thema und der gewählten Methodik ab. Mit der deskriptiven, der induktiven und der chronologischen Gliederung möchten wir Ihnen die gängigsten Gliederungsmöglichkeiten kurz vorstellen.

Im Rahmen einer **deduktiven Gliederung** beschreiben Sie einen Forschungsgegenstand beginnend mit dem Allgemeinen (Bekannten) hin zum Besonderen. Ihr erstes Kapitel behandelt bspw. die Darstellung einer übergeordneten Theorie (z. B. zu unternehmerischen Internationalisierungsstrategien), die im weiteren Verlauf Ihrer Arbeit auf einen immer spezifischeren Forschungsgegenstand angewendet wird (z. B. die Analyse der mit Direktinvestitionen verbundenen Risiken in einer bestimmten Region).

Genau andersherum ist es bei der **induktiven Gliederung**. Ausgehend von einem spezifischen Beispiel führen Sie hin zur Darstellung einer übergeordneten Theorie. Sie beginnen Ihre Arbeit bspw. mit der Beschreibung eines Fallbeispiels (z. B. der Analyse von krankheitsbedingten Fehltagen in einem konkreten Unternehmen) und stellen schließlich eine übergeordnete Theorie dar (z. B. zum Nutzen betrieblichen Gesundheitsmanagements). Die induktive Gliederung bietet sich insbesondere dann an, wenn zu einem bestimmten Forschungsgegenstand bislang nur wenig übergeordnete Konzepte vorhanden sind.[157]

Sie können Ihre Arbeit auch **chronologisch** gliedern, also nach dem zeitlichen Ablauf eines Geschehens. Dabei können Sie entweder mit einem aktuellen Ereignis beginnen und in Ihrer Argumentation chronologisch zurückgehen oder Sie beginnen mit dem ältesten für Ihre Arbeit bedeutsamen Ereignis und beschreiben die Entwicklung des entsprechenden Forschungsgegenstandes bis in die Gegenwart.

Weitere Möglichkeiten der Strukturierung Ihrer Arbeit bieten die **vergleichende** oder **gegenüberstellende** (diskursive) **Gliederung** sowie die Gliederung nach dem Prinzip von **Ursache und Wirkung**. Bei Letzterer kann es durchaus span-

---

[156] Vgl. Stickel-Wolf/Wolf [2009], S. 187.
[157] Vgl. Stickel-Wolf/Wolf [2009], S. 184.

nend oder sinnvoll sein, erst die Wirkung aufzuzeigen, um anschließend die Ursache zu analysieren.[158]

Eine kleine Besonderheit im Rahmen der Gliederungsmöglichkeiten stellt die Struktur **empirischer Arbeiten** dar, da der Aufbau hier üblicherweise recht fest vorgegeben ist. Aus diesem Grund möchten wir der Gliederung empirischer Arbeiten ein eigenes Unterkapitel widmen.

5.2.2.3   Gliederung empirischer Arbeiten

Die **Struktur empirischer Arbeiten** weicht in der Regel etwas von der Struktur anderer Arbeiten ab. Bedenken Sie, dass Gütekriterien wissenschaftlicher Arbeiten die Transparenz und die Nachvollziehbarkeit Ihrer Argumentation und beim empirischen Arbeiten auch Ihrer Vorgehensweise betreffen. Vor diesem Hintergrund wird der **Aufbau empirischer Texte** in der Regel in fünf inhaltliche Abschnitte unterteilt:[159]

Die empirische Arbeit beginnt mit der **Einleitung.** Es folgt der **theoretische Teil**, der häufig auch als theoretischer Hintergrund bezeichnet wird. Dieser Teil bietet den Einstieg in das Thema der Arbeit, gibt eine Übersicht über das Problem bzw. die Fragestellung und die Zielsetzung der Arbeit. Er sollte eine Darstellung bedeutsamer historischer Befunde, zugehöriger Theorien und eine Zusammenfassung und Diskussion des aktuellen Forschungsstandes abdecken. Dazu ist vom Autor eine umfassende Sichtung der relevanten Literatur vorzunehmen. Gegensätzliche Auffassungen zur fraglichen Problematik der Arbeit sollten gleichermaßen behandelt und gewürdigt bzw. diskutiert werden.[160] Aus dieser Darstellung entwickeln sich dann logisch-argumentativ die Forschungsfrage(n) und die Hypothese(n) für die empirische Überprüfung. Am besten orientieren Sie sich für die Planung und Untergliederung des theoretischen Teils an einem Filter: Beginnen Sie mit einem breiten Überblick, aber führen Sie den Leser zügig zu den für Ihre spezifische Fragestellung relevanten Befunden, Theorien und Argumenten.

Den dritten Teil der Arbeit bildet der **Methodenteil**. Die Herausforderung ist hier, Ihre empirische Studie so detailliert darzustellen, dass diese durch Dritte potenziell repliziert, d. h. in genau derselben Weise mit denselben Instrumenten und vergleichbarer Stichprobe erneut durchgeführt werden kann.[161] Dieser Teil ist unverzichtbar für die Bewertung Ihrer Arbeit. Bei Fragebogenuntersuchungen schildern Sie in diesem Teil bspw. Aufbau und Inhalt Ihres Fragebogens. Dar-

---

[158] Vgl. Preißner [1994], S. 63.

[159] Vgl. Trimmel [2009], S. 140 ff.

[160] Vgl. Trimmel [2009], S. 140.

[161] Vgl. Deutsche Gesellschaft für Psychologie [1997], S. 29.

über hinaus sollen Untersuchungsteilnehmer z. B. anhand der Merkmale Alter, Geschlecht, soziale Herkunft o. ä. beschrieben werden,[162] wobei zu quantitativen Merkmalen der Mittelwert und die Standardabweichung anzugeben sind (z. B. Alter $M = 40.67$, $SD = 3.56$).[163] Auch die Anzahl der Probanden ist von Interesse. Zudem sollten Sie auf die Art der Rekrutierung eingehen.[164] Beschreiben Sie außerdem das Design Ihrer Studie und greifen Sie hierbei gerne auf die Informationen zurück, die wir in Kapitel 8 für Sie zusammengestellt haben. Nutzen Sie im Rahmen Ihrer Untersuchung allgemein zugängliche Materialien, genügt hier die Quellenangabe.[165] Bei Instrumenten, die nicht öffentlich zugänglich sind oder die Sie selbst erstellt haben, sind diese detailliert zu beschreiben und im Anhang beizufügen. Weiterhin beschreiben Sie hier, wie Kennwerte für Ihre Hypothesenprüfung gebildet werden (Berechnungen, Kombination verschiedener Items und Variablen). Zuletzt können Sie den Untersuchungsablauf prototypisch beschreiben.[166]

Der dritte Teil der Arbeit ist der **Ergebnisteil**, in dem Sie alle für die Fragestellung relevanten quantitativen Daten mit deskriptiven Statistiken beschreiben oder Ihre qualitativen Daten in einer geeigneten Darstellung zusammenfassen.[167] Zudem sind alle Daten überschaubar, vollständig und ohne inhaltliche Bewertung zugänglich zu machen sowie hinsichtlich ihrer Relevanz und Konsequenzen für die Hypothesenprüfung zu erläutern.[168]

Den letzten Teil der empirischen Arbeit stellt die **Diskussion** dar. Hier werden die Hauptergebnisse der Datenanalyse dargelegt und in ihrer Bedeutung für die ursprüngliche(n) Hypothese(n) bewertet und interpretiert.[169] Sie sollten ebenfalls den Bogen spannen zur zugrunde liegenden Theorie und die Konsequenzen Ihrer Ergebnisse in Bezug setzen zu anderen empirischen Befunden und theoretischen Überlegungen. Widersprüche und Ähnlichkeiten sollten angesprochen und erläutert werden. Spekulationen sollten als solche benannt und mit empirischen Daten belegt oder aus der Theorie bekräftigt werden.[170] Empfehlungen für weitere Forschungsstudien sollten genauso abgeleitet werden wie die praktische Relevanz Ihrer Forschungsergebnisse.

---

[162] Vgl. Deutsche Gesellschaft für Psychologie [1997], S. 29.

[163] Vgl. Trimmel [2009], S. 141.

[164] Sollten die Teilnehmer Ihrer Befragung eine Belohnung erhalten, ist dies im Methodenteil aufzuführen. Eine Belohnung für die Teilnahme kann hilfreich sein, um die Teilnehmeranzahl zu erhöhen; sie ist jedoch nicht verpflichtend.

[165] Vgl. Trimmel [2009], S. 142.

[166] Vgl. American Psychological Association [2010], S. 31 f.

[167] Vgl. ebd.

[168] Vgl. Trimmel [2009], S. 143.

[169] Vgl. American Psychological Association [2010], S. 35 f.

[170] Vgl. American Psychological Association [2010], S. 35 f.

ZUSAMMENFASSUNG

- Verbindliche Bestandteile einer wissenschaftlichen Arbeit
- Formale Vorgaben und Vorlagen
- Gliederung von (empirischen) Arbeiten

QR-Code zu den Übungen:

ILIAS-Pfad zu den Übungen: Magazin » FB Wirtschaft & Medien » Standortübergreifend » "Wissenschaftliches Arbeiten 2.0"

6 Richtig zitieren – Ehrlich währt am längsten

Denis Dahmer, Sebastian Dederichs, Katharina Hennecke, Jens Hildebrandt, Barbara Lier

Gründlichkeit und **Genauigkeit** sind zwei Merkmale wissenschaftlichen Arbeitens. Jede Behauptung in Ihrer wissenschaftlichen Argumentation bedarf daher eines Belegs. „Einwandfreies Zitieren ist Ausdruck wissenschaftlicher Sorgfalt. Übernommenes Gedankengut ist in jedem Fall (…) als solches kenntlich zu machen.“[171] Daher befasst sich dieses Kapitel mit der Kennzeichnung fremden Gedankenguts in Ihrer wissenschaftlichen Arbeit.

Sie zitieren in Ihrer wissenschaftlichen Arbeit, um anzuzeigen, dass und wie Sie **fremdes Gedankengut** in Ihre Arbeit eingebunden haben. Präzise Quellenangaben und Zitate sind nicht Ausdruck mangelnder Kreativität, sondern zeugen von Ihrem umfassenden Studium der Literatur und der kritischen Auseinandersetzung mit unterschiedlichen Positionen. Bitte beachten Sie, dass bei Bezügen auf verbreitete Ansichten zu einem Thema immer mehrere unterschiedliche Quellen heranzuziehen sind. Um verschiedene Meinungen darzustellen, bedarf es mindestens einer Quelle für jeden Standpunkt (vgl. zur Zitierwürdigkeit von Quellen, Kapitel 4.2.3).

Die Hochschulrektorenkonferenz hat in einer Empfehlung zum Umgang mit **wissenschaftlichem Fehlverhalten** in den Hochschulen ein **Plagiat** als „die unbefugte Verwertung unter Anmaßung der Autorschaft“[172] definiert. Somit ist die Übernahme von Informationen ohne Quellenangabe als Plagiat zu bezeichnen. Weiterhin ist von einem Plagiat zu sprechen, wenn direkte Zitate als indirekt ausgegeben werden oder wenn direkte Zitate durch die Änderung einzelner Wörter als (angebliche) indirekte Zitate umformuliert werden.[173]

> „Wer einen fremden Text wörtlich oder sinngemäß in seine wissenschaftliche Arbeit übernimmt, ohne ihn entsprechend zu markieren [d. h., korrekt zu zitieren], macht sich des Plagiats schuldig.“[174]

Das Täuschen in der Wissenschaft ist sicher kein Kavaliersdelikt, sondern ein ernstzunehmender Betrugsfall, wie es die Karriereenden prominenter Beispiele nach Plagiatsenthüllungen dokumentieren. Dazu zählen selbstverständlich auch jene wissenschaftlichen Arbeiten, die nicht selbst, sondern von einem nicht weiter benannten Dritten verfasst werden.

---

[171] Karmasin/Ribing [2011], S. 116.
[172] Hochschulrektorenkonferenz [1998], o. S.
[173] Vgl. Ebster/Stalzer [2008], S. 116.
[174] Brink [2007], S. 209.

Grundsätzlich lassen sich neben den genannten Fällen und einem klassischen Plagiat, bei dem aus fremder Literatur übernommene und unveränderte Textpassagen nicht als solche gekennzeichnet und damit belegt wurden, einige weitere Arten von Plagiaten differenzieren, die im Folgenden näher beschrieben werden.

6.1 Dimensionen des Plagiats

Das klassische und einfache Einfügen von Textstellen mithilfe der **„Copy & Paste"-Funktion** ohne entsprechenden Quellenbeleg stellt eine der häufigsten Plagiatsformen dar. Dabei wird der Diebstahl von geistigem Eigentum wie bei keiner anderen Art des Plagiats deutlich. Dennoch existieren darüber hinaus weitere Dimensionen des Plagiats, die ein Autor strikt vermeiden sollte.

Darunter fällt bspw. das sogenannte **Übersetzungsplagiat**. Wird in einer fremdsprachigen Literaturquelle ein geeignetes Zitat gefunden, so sollte man nicht dazu neigen, die entdeckte Textpassage lediglich ins Deutsche zu übersetzen und dann unbelegt in seine wissenschaftliche Arbeit mit einfließen zu lassen.[175] Wer auf den korrekten Quellenbeleg verzichtet, der läuft Gefahr, des Plagiats überführt zu werden.

Wie in der oben zitierten Definition von Brink beschrieben, verhält es sich ebenso mit Textstellen eines fremden Werkes, die zwar nicht direkt übernommen, aber **mit eigenen Worten umschrieben** werden. Wird auch hier die betroffene Textstelle nicht ordnungsgemäß zitiert und somit verdeutlicht, dass es sich um ein indirektes Zitat und nicht um eigene geistige Leistung handelt, so plagiiert der Autor.[176] Dabei reicht es sogar schon aus, wenn „lediglich" die in der Literaturquelle aufgeführten Argumente in einen neuen Kontext übertragen werden. Markieren Sie die entsprechenden Argumente in diesem Fall nicht als indirektes Zitat, so liegt ein Betrugsfall vor, da Sie dem Leser den falschen Eindruck vermitteln, dass die verwendeten Argumente Ihrer eigenen Leistung zuzurechnen sind. Daher sollten Sie auch in einem solchen Fall lieber den sicheren Weg wählen und die genannten Textstellen ordnungsgemäß kenntlich machen und zweifelsfrei belegen.[177]

Vermeiden Sie unbedingt eine Verschleierungstaktik, mit der Sie versuchen, etwaige Plagiate zu verstecken, denn selbst die aufwändigste Tarnung schützt Sie nicht vor einer unvermeidlichen Überführung. Es werden bspw. gerne Sätze aus fremden Quellen so umgebaut und einzelne Begriffe mithilfe von **Umbenennungen** ausgetauscht, dass sich der Plagiator in Sicherheit wiegt, nicht ertappt zu

---

[175] Vgl. Weber-Wulff [2009], o. S.
[176] Vgl. Neville [2010], S. 29.
[177] Vgl. ebd.

werden. Da wird „eine Aufzählung (…) umgestellt, ein Wort durch ein Synonym ersetzt, ein Halbsatz dazwischen geschoben, oder der ganze Satz auf den Kopf gestellt, damit es nicht sofort auffindbar ist"[178]. Eine Steigerung dessen stellt das sogenannte **Patchwork Writing** dar, bei dem sich der Plagiator aus verschiedenen Literaturquellen bedient und diese zu einem vermischten Konstrukt zusammenschreibt, ohne eine Belegung vorzunehmen.[179] Vermeiden Sie dies und zitieren Sie stattdessen trennscharf, wird es der Leser Ihnen danken.

Aber nicht bloß die genannten inhaltlichen Plagiate können eine vermeintlich wissenschaftliche Arbeit entwerten. **Struktur- und Stilplagiate** ergänzen diese unerfreuliche Palette um eine weitere Ebene des Plagiierens. Neben der unsachgemäßen Kopie thematischer Inhalte, von Argumenten und Ergebnissen, sollten Sie ebenfalls die Übernahme einer in der Quellliteratur dargelegten Reihenfolge nicht unbelegt lassen, wenn Sie diese unbedingt in ihrer ursprünglichen Form übernehmen möchten. Das unkommentierte Übernehmen von Kapitelstrukturen oder Aufzählungen fällt ebenfalls unter diesen Punkt.[180] Zweifelsfrei macht Ihnen die Erstellung einer sinnvollen Struktur Arbeit; es empfiehlt sich aber stets, die Mühe auf sich zu nehmen, da Sie so in besonderem Maße verdeutlichen können, dass Sie in der Lage sind, wissenschaftlich zu arbeiten.

Nicht auszuschließen ist, dass Sie auch mehr oder weniger unbewusst in die Falle eines Plagiats tappen. Daher sollten Sie Ihre eigene Vorgehensweise durchweg kritisch beleuchten und Stellen mit einem Quellenbeleg versehen, bei denen Sie nicht ganz sicher sind, dass sie auf Ihr eigenes geistiges Eigentum zurückzuführen sind. Lassen Sie sich dennoch von der vorausgegangenen Auswahl von Plagiatsformen nicht allzu sehr verunsichern. Schließlich streben Sie in Ihrem Studium ohnehin nach dem höchsten Grad der Wissenschaftlichkeit, da Sie wissen, dass nur so die Belange des wissenschaftlichen Arbeitens in ihrer Güte erfüllt werden können.

Doch nicht nur durch die Übernahme fremden Gedankenguts können Sie gegen die gute wissenschaftliche Praxis verstoßen, sondern auch durch **wissenschaftliches Fehlverhalten**. Darunter fällt u. a. unsauberes Zitieren, Erfinden von Daten, Kaufen von Hausarbeiten und die Beauftragung eines Ghostwriters. Das Erwerben von Hausarbeiten und die Inanspruchnahme der Dienstleistung eines Ghostwriters erfüllen den Tatbestand des Betrugs. So abwegig diese Ghostwriter-Variante im ersten Moment auch klingen mag, so einfach kann heute die Verlockung sein, sich einer solch dubiosen Geschäftsidee zu bedienen.

---

[178] Weber-Wulff [2009], o. S.

[179] Vgl. Neville [2010], S. 27 ff.

[180] Vgl. Weber-Wulff [2009], o. S.

Bitte beachten Sie, dass „alles, was Sie nicht selbst erdacht haben, sondern der Klugheit anderer Personen verdanken, im Text auch diesen anderen Personen zugeschrieben werden muss"[181], d. h. jede Aussage, die nicht durch Sie selbst entwickelt wurde, muss mit einer Fußnote belegt werden.[182]

Die Wiederverwendung von Passagen einer von Ihnen selbst erstellten Arbeit verstößt ebenfalls gegen die gute wissenschaftliche Praxis und wird dementsprechend als wissenschaftliches Fehlverhalten sanktioniert. Ihre Versicherung, keine Passagen aus vorausgegangenen Arbeiten zu verwenden, bestätigen Sie mit der Eidesstattlichen Erklärung, wie sie in Kapitel 5.1.3 zu finden ist.

Es ist immer schwierig, einen allgemeingültigen Tipp zur ausreichenden Zitation zu geben, da sich gute wissenschaftliche Arbeiten mitunter in verschiedener Hinsicht sehr unterscheiden können. Wenn Sie aber ganz unsicher sind, so empfiehlt es sich, die grobe Faustregel **je Absatz ein Quellenbeleg** im Hinterkopf zu halten. Weiterhin gilt die Richtschnur, auf jeder Kapitelseite Ihrer wissenschaftlichen Arbeit mindestens drei Quellenbelege aufführen zu können, denn nur so lässt sich ein **lückenloser Quellenbeleg** gewährleisten.

Sollten Zitate, direkte wie indirekte, in Ihrer Arbeit gar nicht oder falsch gekennzeichnet sein, gilt dies als Plagiat und führt dazu, dass die Arbeit mit **„nicht bestanden (5,0)"** bewertet wird. Alle Arbeiten an der Hochschule Fresenius werden gründlich auf Plagiate geprüft. Im Falle eines Plagiats droht im schlimmsten Fall sowohl die Schadensersatzpflicht gegenüber dem Urheber als auch eine etwaige Strafbarkeit nach dem Urheberrecht.

Im Folgenden werden die Unterschiede der Zitiertechniken in den jeweiligen Fachgebieten und den entsprechenden Studiengängen erläutert, wobei die allgemeinen Hinweise zur Kurzzitiertechnik in Kapitel 6.2 für alle Studiengänge an der Hochschule Fresenius gleichermaßen gelten und die studiengangsspezifischen Besonderheiten in den Kapiteln 6.3 und 6.4 aufgeführt sind.

6.2 Allgemeine Hinweise zur Kurzzitiertechnik

Es wird grundsätzlich zwischen **direkten** Zitaten – also **wortwörtlich übernommenen Gedankengängen** – und **indirekten** Zitaten – also **sinngemäß übernommenen Gedankengängen** – unterschieden. Während indirekte Zitate in wissenschaftlichen Arbeiten regelmäßig verwendet werden, sollten direkte Zitate sparsamer eingesetzt werden.[183] In der Regel zitieren Sie indirekt, indem Sie fremde Gedankengänge in eigenen Worten wiedergeben und den entsprechenden

---

[181] Schimmel/Weinert/Basak [2007], S. 25 f.

[182] Vgl. Kornmeier [2007], S. 121.

[183] Vgl. Ebster/Stalzer [2008], S. 116.

Quellenbeleg anführen. Darüber hinaus haben Sie bei Bedarf die Möglichkeit, sich durch gezielten Einsatz des Konjunktivs von dem indirekt zitierten Inhalt zu distanzieren.

Im Gegensatz zu indirekten Zitaten werden **direkte Zitate immer in Anführungszeichen gesetzt** und erfordern **buchstäbliche Genauigkeit**.[184] **Abweichungen** vom Original wie bspw. Ergänzungen sind durch eckige Klammern […] zu kennzeichnen. Sie sind zulässig, wenn es sich um notwendige bzw. das Verständnis erleichternde Hinweise oder um erforderliche syntaktische Anpassungen an den eigenen Text handelt. **Anmerkungen** (z. B. Erläuterungen, Hinweise auf Formatierungen, die aus dem Original übernommen wurden), können in runden Klammern (…) eingefügt werden.

Die **Auslassung** eines Wortes oder Satzteils innerhalb eines direkten Zitates wird durch runde Klammern und drei fortlaufende Punkte (…) deutlich gemacht.[185] Die Zeichensetzung und Rechtschreibung des zitierten Textes wird beibehalten. Bei der Verbindung von Zitaten oder Zitatelementen mit dem eigenen Text müssen Sie die Syntax und Interpunktion sorgfältig beachten, wobei Sie bedenken sollten, dass lange Zitate weniger für eine solche Verschmelzung geeignet sind. Enthält ein Zitat einen **Tippfehler** oder einen **sachlichen Fehler**, muss in eckigen Klammern mit dem lateinischen Adverb „sic", der Kurzform von „sic erat scriptum" („So stand es geschrieben", Übersetz. d. Verf.) darauf hingewiesen werden.[186] **[Sic]** wird nicht verwendet, wenn innerhalb des Zitates die alte statt der neuen Rechtschreibung benutzt wird.

Wird eine Passage direkt zitiert, die bereits ein direktes Zitat enthält, liegt ein sogenanntes **Zitat im Zitat** vor. Dieses Zitat im Zitat wird in einfache Anführungszeichen (**‚Apostrophe'**) gesetzt und weder in der Quellenangabe noch im Literaturverzeichnis gesondert ausgewiesen.[187] Verwenden Sie eine Internetquelle **ohne Seitenangabe**, so ist dies bei Zitaten mit „o. S." zu kennzeichnen. Verweist die URL auf ein Dokument mit Seitenzahlen, sind konkrete Angaben zur genauen Verortung des Zitats zu machen.

Fremdsprachige direkte Zitate werden im Text in der **Originalsprache** zitiert, sollten allerdings nur dann verwendet werden, wenn damit der besondere Charakter des Zitates unterstrichen wird.[188] Fremdsprachige direkte Zitate sollten

---

[184] Vgl. Theisen [2008], S. 147 f.

[185] Es gibt grundsätzlich mehrere Möglichkeiten, die Auslassung zu kennzeichnen. Um ein einheitliches System zu bewahren, wird diesem Handbuch zufolge nur die angeführte Kennzeichnung zugelassen.

[186] Vgl. Franck/Stary [2006], S. 183.

[187] Vgl. Franck/Stary [2006], S. 181.

[188] Vgl. Theisen [2008], S. 150.

sich nach Möglichkeit aufs Englische beschränken. Bei allen Fremdsprachen außer Englisch wird eine deutsche Übersetzung in der Fußnote beigefügt, unter zusätzlicher Angabe des Übersetzernamens.[189]

Akademische Titel (z. B. „Dr.") sowie Amts- und Berufsbezeichnungen (z. B. „Ministerialrat") werden nicht im Literaturverzeichnis aufgenommen, selbst wenn sie auf dem Titelblatt des jeweiligen Werkes so ausgezeichnet sind.[190] Eine Aufteilung der Literaturquellen (z. B. nach Monografien, Herausgeberbänden oder Internetquellen) wird nicht vorgenommen. Die Nennung der Auflage erfolgt erst ab der zweiten veröffentlichten Auflage oder einer veränderten bzw. neu bearbeiteten Auflage.

Im Folgenden wird erläutert, wie mit **unvollständigen Quellenangaben** umgegangen werden muss. Hierbei kann es sich um fehlende Angaben zum Autor, zum Erscheinungsjahr, zum Verlagsort und/oder zur Seitenzahl handeln. An dieser Stelle sei angemerkt, dass bei Quellen ohne Autor geprüft werden sollte, ob es sich hierbei um verlässliche Quellen handelt, da üblicherweise zumindest eine Institution o. ä. als Verfasser bekannt sein sollte.

Fehlt bei einer Quelle die Angabe des Autors, so tritt an die Stelle des Autorennamens der Name der herausgebenden Körperschaft, der Institution, der Behörde oder des herausgebenden Unternehmens. Dieser wird ebenfalls alphabetisch im Literaturverzeichnis aufgeführt. Fehlen sämtliche Angaben zum Verfasser, so erscheint die Schrift im Literaturverzeichnis unter der Angabe „o. V." (dies steht für „Ohne Verfasserangabe"), alphabetisch eingeordnet unter dem Buchstaben O. Gibt es mehrere Titel ohne Verfasserangabe, sind diese in alphabetischer Reihenfolge des Kurztitels aufzulisten, sofern mit Kurztiteln gearbeitet wurde. Wenn Sie mit Jahreszahlen als Kurztitel gearbeitet haben, sind diese in chronologisch aufsteigender Reihenfolge (d. h. beginnend mit dem ältesten Titel) aufzulisten.[191]

Fehlt die Jahreszahl einer Quelle, so schreibt man „o. J." (dies steht für „Ohne Jahreszahl").[192] Verwendet man mehrere Quellen desselben Autors mit fehlenden Jahreszahlen, nummeriert man diese anhand kleiner Buchstaben alphabetisch durch (bspw.: o. J. a, o. J. b, o. J. c, usw.). Hierbei gilt es zu beachten, dass sich die Reihenfolge der Nummerierung alphabetisch nach dem Titel der Quelle richtet.

Ist kein Verlagsort angegeben, nimmt man ersatzweise den Ort der herausgebenden Körperschaft (d. h. der Institution, wie z. B. einem Forschungsinstitut,

---

[189] Vgl. Theisen [2008], S. 150.
[190] Vgl. Franck/Stary [2006], S. 194.
[191] Vgl. Theisen [2008], S. 193.
[192] Vgl. Franck/Stary [2006], S. 185.

einer Behörde, einem Verein etc.). Ist keine Ortsangabe zu finden, schreibt man „o. O." (dies steht für „Ohne Ort").[193] Analog wird bei **fehlenden Seitenzahlen** verfahren. Ist keine Seitenzahl angegeben, schreibt man „**o. S.**" (dies steht für „Ohne Seitenangabe").

6.3 Zitiertechnik an der Business School und Media School

Im Folgenden wird die deutsche Kurzzitiertechnik erläutert, welche als Standard für Ihre wissenschaftlichen Arbeiten in den Studiengängen der Business School und der Media School an der Hochschule Fresenius gilt. Die hier aufgezeigte Zitiertechnik ist somit für Sie verpflichtend, auch wenn in der Literatur unterschiedliche Standards zu finden sind.

6.3.1 Direkte und indirekte Zitate

Bei der Zitiertechnik mit Kurzbelegen werden die Quellenbelege nach einem Zitat in einer Fußnote (am unteren linken Seitenrand) aufgeführt. Bezieht sich die Fußnote auf einen ganzen Satz, steht die Anmerkungsziffer nach dem Satzendzeichen. Wenn sich die Fußnote aber auf ein Wort oder einen Satzteil bezieht, wird die Anmerkungsziffer unmittelbar im Anschluss an das betreffende Wort bzw. den betreffenden Satzteil gesetzt.

Fußnoten werden in **Großbuchstaben begonnen** und mit einem **Punkt beendet**.[194] Neben Fußnoten, die ausschließlich Quellenbelege enthalten, können auch solche eingefügt werden, welche die Textpassagen kommentieren bzw. ergänzen.[195] Dies gilt vor allem, wenn in der Fußnote eingefügte Gedanken die Lesbarkeit des Fließtextes stören würden. Bei der **Kurzbelegform** wird in der Fußnote mit **gekürzten Quellenbelegen** gearbeitet, d. h. nur der/die Autorenname(n), ein geeignetes Referenzzeichen und die Seitenangabe werden angeführt. Die vollständigen Titel der entsprechenden Quellen werden im Literaturverzeichnis erfasst.[196]

Gibt es **mehr als drei Autoren**, ist es üblich, in der Fußnote nur den ersten Autor zu nennen und mit „et al." zu ergänzen.[197] Im Literaturverzeichnis werden alle Autoren angegeben.

---

[193] Vgl. Franck/Stary [2006], S. 185.
[194] Vgl. Brink [2007], S. 211.
[195] Vgl. Brink [2007], S. 189.
[196] Vgl. Franck/Stary [2006], S. 193.
[197] Vgl. Franck/Stary [2006], S. 185.

Das **Referenzzeichen**, welches in eckigen Klammern angegeben wird, ist in der Regel entweder der Kurztitel oder das Jahr der Quellenveröffentlichung (bei mehreren zitierten Werken eines Autors in einem Jahr: 2000a, 2000b, 2000c, usw.; die Reihenfolge der Nummerierung richtet sich alphabetisch nach dem Titel der Quelle).[198] Die einmal gewählte Art des Referenzzeichens, **entweder ein geeigneter Kurztitel oder die Jahresangabe**, ist kontinuierlich in der kompletten Arbeit einzuhalten. Im vorliegenden Handbuch verwenden wir die Jahresangabe als Referenzzeichen.

Bei **direkten Zitaten** wird unterschieden zwischen **Kurzzitat** und **Langzitat**. Das Kurzzitat (unter drei Zeilen) wird in den Text integriert. Das **Langzitat** (ab drei Zeilen) beginnt in einer neuen Zeile.[199] Es wird **eingerückt,** der **einfache Zeilenabstand** wird benutzt und der **Blocksatz** beibehalten.

Erstreckt sich ein verwendetes Zitat in der Originalquelle über zwei Seiten, wird in der Fußnote hinter der Seitenzahl ein Leerzeichen und „f." für „folgende" eingefügt. Erstreckt sich das Zitat über drei oder mehr Seiten, wird hinter der Seitenzahl „ff." für „fortfolgende" eingefügt.[200]

Der formale Aufbau einer Fußnote unterscheidet sich bei direkten und indirekten Zitaten.[201] Bei **direkten Zitaten** beginnt die Fußnote **unmittelbar mit dem Namen des Autors**:

[1] Nachname [Referenzzeichen], S. xy.

Bei indirekten Zitaten wird „**Vgl.**" in der Fußnote verwendet:

[1] Vgl. Nachname [Referenzzeichen], S. xy.

Wenn mehrere Quellen in einer Fußnote angeführt werden, werden die Quellenangaben mit einem Semikolon getrennt. Sie finden Muster möglicher Quellenangaben für unterschiedliche Arten von Quellen in Kapitel 6.3.3.

Wenn in aufeinanderfolgenden Fußnoten eine Textstelle derselben Seite in derselben Quelle erneut zitiert wird, kann anstatt erneuter Anführung des Kurztitels „**ebd.**" gesetzt werden, was „**ebenda**" bedeutet.

---

[198] Vgl. Theisen [2011], S. 145.
[199] Vgl. Franck/Stary [2006], S. 180.
[200] Vgl. Franck/Stary [2006], S. 180 f.
[201] Vgl. Brink [2007], S. 217.

6.3.2 Abbildungen und Tabellen

Tabellen und Abbildungen müssen durchlaufend nummeriert und mit einem aussagekräftigen Titel versehen werden. Sie können ein wichtiges Instrument sein, um dem Leser einen Sachverhalt zu verdeutlichen und verständlich nahe zu bringen. Tabellen und Abbildungen sind ein integraler Bestandteil der Argumentation und **müssen daher unbedingt im Text erläutert werden** (nach dem Grundsatz: Der Fließtext muss auch ohne Abbildung/Tabelle verständlich sein, die Abbildung/Tabelle aber auch ohne Fließtext).

Abbildungen und Tabellen müssen durchlaufend nummeriert und mit einem aussagekräftigen Titel versehen werden. **Abbildungen und Tabellen erhalten dabei eine Unterschrift.** Die **Schriftgröße der Abbildungs- bzw. der Tabellenunterschrift** ist eine Schriftgröße kleiner als der Fließtext (Arial 10 pt/Times New Roman 11 pt). Der Zeilenabstand der Unterschrift ist einzeilig.

Vergleichbar mit der Unterscheidung von direkten und indirekten Zitaten werden die **Quellenangaben** von Tabellen und Abbildungen gemäß ihrer Darstellungsform unterschieden. Zu unterscheiden ist zwischen eigenständig erarbeiteten Abbildungen/Tabellen des Verfassers und übernommenen Tabellen und Abbildungen. Letztere lassen sich wiederum unterteilen in originale und modifizierte Übernahmen von Abbildungen/Tabellen.

Werden **Tabellen** oder **Abbildungen im Original** eingefügt und somit nicht verändert, erfolgt die Quellenangabe (Kurzbeleg) nach der Inhaltsbezeichnung wie bei einem direkten Zitat:

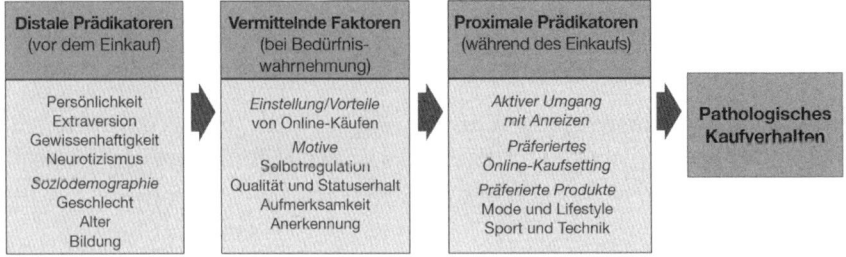

Abb. 20: Heuristisches Modell mit drei Schritten zur Prädiktion Pathologischen Kaufverhaltens
(Quelle: Gansen/Aretz [2010], S. 28)

Werden Tabellen oder Abbildungen aus einer Quelle übernommen, jedoch leicht **modifiziert**, erfolgt die Quellenangabe (Kurzbeleg) nach der Inhaltsbezeichnung wie bei einem direkten Zitat mit dem Zusatz „Eigene Darstellung in Anlehnung an" wie bei der folgenden Abbildung. Die vollständige Quellenangabe gehört in das Literaturverzeichnis.

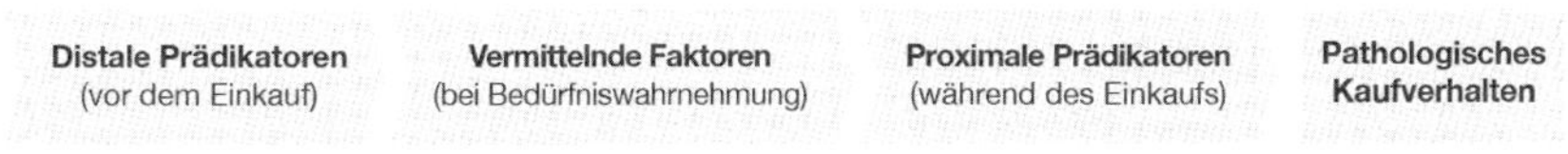

Distale Prädikatoren (vor dem Einkauf)	Vermittelnde Faktoren (bei Bedürfniswahrnehmung)	Proximale Prädikatoren (während des Einkaufs)	Pathologisches Kaufverhalten

Abb. 21: Heuristisches Modell mit drei Schritten zur Prädiktion Pathologischen Kaufverhaltens
(Quelle: Eigene Darstellung in Anlehnung an Gansen/Aretz [2010], S. 28)

6.3.3 Muster-Quellenangaben

Für jede Quellenangabe muss ein entsprechender Eintrag im Literaturverzeichnis erstellt werden. Folgende Muster-Quellenangaben sollen Ihnen für die Angabe unterschiedlicher Quellenarten helfen.

MONOGRAFIEN

ein Autor

Fußnote
[1] Vgl. Malik [2003], S. 10. (indirektes Zitat)
[1] Malik [2003], S. 10. (direktes Zitat)

Literaturverzeichnis
Aufbau:
Nachname des Autors, Anfangsbuchstabe des Vornamens des Autors.
[Referenzzeichen]
    Titel des Werkes. Ggf. Untertitel des Werkes, ggf. Nummer der Aufl.,
    Erscheinungsort Erscheinungsjahr.

Malik, F. F. [2003]
    Strategie des Managements komplexer Systeme. Ein Beitrag zur Management-
    Kybernetik evolutionärer Systeme, 8. Aufl., Bern/Stuttgart 2003.

mehrere Autoren

Fußnote
[1] Vgl. Kirsch/Seidl/van Aaken [2009], S. 21. (indirektes Zitat)
[1] Kirsch/Seidl/van Aaken [2009], S. 21. (direktes Zitat)

Literaturverzeichnis
Aufbau:
Nachname des 1. Autors, Anfangsbuchstabe des Vornamens des 1. Autors./
Nachname des 2. Autors, Anfangsbuchstabe des Vornamens des 2. Autors. usw.
[Referenzzeichen]
    Titel des Werkes. Ggf. Untertitel des Werkes, ggf. Nummer der Aufl.,
    Erscheinungsort Erscheinungsjahr.

Kirsch, W./Seidl, D./van Aaken, D. [2009]
    Unternehmensführung. Eine evolutionäre Perspektive, Stuttgart 2009.

Abb. 22: Musterangaben Monografien
(Quelle: Eigene Darstellung)

AUFSÄTZE/BEITRÄGE IN SAMMELBÄNDEN

ein Autor

Fußnote
[1] Vgl. Stauss [2010], S. 417. (indirektes Zitat)
[1] Stauss [2010], S. 417. (direktes Zitat)

Literaturverzeichnis
Aufbau:
Nachname des Autors, Anfangsbuchstabe des Vornamens des Autors.
[Referenzzeichen]
   Titel des Aufsatzes. Ggf. Untertitel des Aufsatzes, in: Nachname des 1. Herausgebers, Anfangsbuchstabe des Vornamens des 1. Herausgebers./Nachname des 2. Herausgebers, Anfangsbuchstabe des Vornamens des 2. Herausgebers. usw. (Hrsg.): Name des Sammelbandes. Ggf. Untertitel des Sammelbandes, ggf. Nummer der Aufl., Erscheinungsort Erscheinungsjahr, Seitenangabe Aufsatzanfang bis -ende.

Stauss, B. [2010]
   Kundenbindung durch Beschwerdemanagement, in: Bruhn, M./Homburg, C. (Hrsg.): Handbuch Kundenbindungsmanagement, 7. Aufl., Wiesbaden 2010, S. 411-438.

mehrere Autoren

Fußnote
[1] Vgl. Lachmann/Trommsdorff [2007], S. 164. (indirektes Zitat)
[1] Lachmann/Trommsdorff [2007], S. 164. (direktes Zitat)

Literaturverzeichnis
Aufbau:
Nachname des 1. Autors, Anfangsbuchstabe des Vornamens des 1. Autors./Nachname des 2. Autors, Anfangsbuchstabe des Vornamens des 2. Autors. usw.
[Referenzzeichen]
   Titel des Aufsatzes. Ggf. Untertitel des Aufsatzes, in: Nachname des 1. Herausgebers, Anfangsbuchstabe des Vornamens des 1. Herausgebers./Nachname des 2. Herausgebers, Anfangsbuchstabe des Vornamens des 2. Herausgebers. usw.: Name des Sammelbandes. Ggf. Untertitel des Sammelbandes, ggf. Nummer der Aufl., Erscheinungsort Erscheinungsjahr, Seitenangabe Aufsatzanfang bis -ende.

Lachmann, U./Trommsdorff, V. [2007]
   Wie Marken Innovationen vermitteln und wie Innovationen Marken prägen, in: Florack, A./Scarabis, M./Primosch, E. (Hrsg.): Psychologie der Markenführung, München 2007, S. 159-173.

Abb. 23: Musterangaben Aufsätze/Beiträge in Sammelbänden
(Quelle: Eigene Darstellung)

WISSENSCHAFTLICHE ZEITSCHRIFTENAUFSÄTZE

ein Autor

Fußnote
[1] Vgl. Grunert [2010], S. 1308. (indirektes Zitat)
[1] Grunert [2010], S. 1308. (direktes Zitat)

Literaturverzeichnis
Aufbau:
Nachname des Autors, Anfangsbuchstabe des Vornamens des Autors.
[Referenzzeichen]
    Titel des Aufsatzes. Ggf. Untertitel des Aufsatzes, in: Name der Zeitschrift
    (ggf. Abkürzung der Zeitschrift), Jahrgangsnummer, Nummer der Ausg.,
    Erscheinungsjahr, Seitenangabe Aufsatzanfang bis -ende.

Grunert, J. [2010]
    Verwertungserlöse von Kreditsicherheiten. Eine empirische Analyse notleidender Un-
    ternehmenskredite, in: Zeitschrift für Betriebswirtschaft/Journal of Business Econo-
    mics (ZfB/JBE), 80. Jg., Nr. 12, 2010, S. 1305-1323.

mehrere Autoren

Fußnote
[1] Vgl. Zott/Amit/Massa [2011], S. 1022. (indirektes Zitat)
[1] Zott/Amit/Massa [2011], S. 1022. (direktes Zitat)

Literaturverzeichnis
Aufbau:
Nachname des 1. Autors, Anfangsbuchstabe des Vornamens des 1. Autors./Nachname
des 2. Autors, Anfangsbuchstabe des Vornamens des 2. Autors. usw.
[Referenzzeichen]
    Titel des Aufsatzes. Ggf. Untertitel des Aufsatzes, in: Name der Zeitschrift
    (ggf. Abkürzung der Zeitschrift), Jahrgangsnummer, Nummer der Ausg.,
    Erscheinungsjahr, Seitenangabe Aufsatzanfang bis -ende.

Zott, C./Amit, R./Massa, L. [2011]
    The Business Model. Recent Developments and Future Research, in: Journal of
    Management (JOM), Vol. 37, No. 4, 2011, S. 1019-1042.

Abb. 24: Musterangaben wissenschaftliche Zeitschriftenaufsätze
(Quelle: Eigene Darstellung)

ARTIKEL AUS EINER ZEITSCHRIFT/ZEITUNG

ein Autor

Fußnote
[1] Vgl. Klein [2001], S. 15. (indirektes Zitat)
[1] Klein [2001], S. 15. (direktes Zitat)

Literaturverzeichnis
Aufbau:
Nachname des Autors, Anfangsbuchstabe des Vornamens des Autors. [Referenzzeichen] Titel des Artikels. Ggf. Untertitel des Artikels, in: Name der Zeitschrift/Zeitung, Nummer der Zeitschriftenausgabe/Zeitungsausgabe und Datum (TT.MM.JJJJ), Seitenangabe Artikelanfang bis -ende.

Klein, V. [2001]
Die Rationalisierungswelle erreicht ihren Höhepunkt, in: Frankfurter Allgemeine Zeitung, Nr. 44 vom 22.03.2001, S. 14-23.

mehrere Autoren

Fußnote
[1] Vgl. Zeitz/Hetzler [2008], S. 15. (indirektes Zitat)
[1] Zeitz/Hetzler [2008], S. 15. (direktes Zitat)

Literaturverzeichnis
Aufbau:
Nachname des 1. Autors, Anfangsbuchstabe des Vornamens des 1. Autors./ Nachname des 2. Autors, Anfangsbuchstabe des Vornamens des 2. Autors. usw. [Referenzzeichen]
Titel des Artikels. Ggf. Untertitel des Artikels, in: Name der Zeitschrift/Zeitung, Nummer der Zeitschriftenausgabe/Zeitungsausgabe und Datum (TT.MM.JJJJ), Seitenangabe Artikelanfang bis -ende.

Zeitz, L./Hetzler, M. [2008]
Geister über der Lagune, in: Frankfurter Allgemeine Zeitung, Nr. 233 vom 06.10.2008, S. 15.

Abb. 25: Musterangaben Artikel aus einer Zeitschrift/Zeitung
(Quelle: Eigene Darstellung)

SCHRIFTENREIHEN
MONOGRAFIEN

ein Autor

Fußnote
[1] Vgl. Quaisser [2005], S. 32. (indirektes Zitat)
[1] Quaisser [2005], S. 32. (direktes Zitat)

Literaturverzeichnis
Aufbau:
Nachname des Autors, Anfangsbuchstabe des Vornamens des Autors.
[Referenzzeichen]
Titel des Werkes. Ggf. Untertitel des Werkes (Titel der Reihe, Band- oder Heftnummer), Erscheinungsort Erscheinungsjahr.

Quaisser, W. [2012]
Soziale Kulturwirtschaft. Eine empirische Betrachtung (Braunsberger Arbeiten zur politischen Bildung, 31), Braunsberg 2012.

mehrere Autoren

Fußnote
[1] Vgl. Meuser/Diederichs/Hachmeier [2008], S. 64. (indirektes Zitat)
[1] Meuser/Diederichs/Hachmeier [2008], S. 64. (direktes Zitat)

Literaturverzeichnis
Aufbau:
Nachname des 1. Autors, Anfangsbuchstabe des Vornamens des 1. Autors./Nachname des 2. Autors, Anfangsbuchstabe des Vornamens des 2. Autors. usw. [Referenzzeichen]
Titel des Werkes. Ggf. Untertitel des Werkes (Titel der Reihe, Band- oder Heftnummer), Erscheinungsort Erscheinungsjahr.

Meuser, J./Diederichs, Y./Hachmeier, E. [2008]
Diversity Management und demografischer Wandel (Ein Handbuch für den Veränderungsprozess, 2), Heidelberg 2008.

Abb. 26: Musterangaben Schriftenreihen Monografien[202]
(Quelle: Eigene Darstellung)

---

[202] Bitte beachten Sie, dass Sie bei der Verwendung von Schriftenreihen zwischen den Zitiertechniken „Monografien" und „Aufsätze/Beiträge in Sammelbänden" in Anlehnung an den jeweiligen Sachverhalt zu unterscheiden haben.

SCHRIFTENREIHEN
AUFSÄTZE/BEITRÄGE IN SAMMELBÄNDEN

ein Autor

Quellenbeleg
[1] Vgl. Evans [2011], S. 29. (indirektes Zitat)
[1] Evans [2011], S. 29. (direktes Zitat)

Literaturverzeichnis
Aufbau:
Nachname des Autors, Anfangsbuchstabe des Vornamens des Autors. [Referenzzeichen]
    Titel des Aufsatzes. Ggf. Untertitel des Aufsatzes, in: Nachname des 1. Herausge-
    bers, Anfangsbuchstabe des Vornamens des 1. Herausgebers./Nachname des 2.
    Herausgebers, Anfangsbuchstabe des Vornamens des 2. Herausgebers. usw.: Name
    des Sammelbandes. Ggf. Untertitel des Sammelbandes, ggf. Nummer der Aufl.
    (Titel der Reihe, Band- oder Heftnummer, Seitenangabe Aufsatzanfang bis -ende),
    Erscheinungsort Erscheinungsjahr.

Evans, T. [2011]
    Verlauf und Erklärungsfaktoren der internationalen Finanzkrise, in: Dürmeier, T./Over-
    wien, B./Scherrer, C. (Hrsg.): Perspektiven auf die Finanzkrise (Reihe Finanzen, 4, S.
    28-49), Opladen 2011.

mehrere Autoren

Quellenbeleg
[1] Vgl. Jerger/Knogler [2011], S. 67. (indirektes Zitat)
[1] Jerger/Knogler [2011], S. 67. (direktes Zitat)

Literaturverzeichnis
Nachname des 1. Autors, Anfangsbuchstabe des Vornamens des 1. Autors./
Nachname des 2. Autors, Anfangsbuchstabe des Vornamens des 2. Autors. usw.
[Referenzzeichen]
    Titel des Aufsatzes. Ggf. Untertitel des Aufsatzes, in: Nachname des 1. Herausge-
    bers, Anfangsbuchstabe des Vornamens des 1. Herausgebers./Nachname des 2.
    Herausgebers, Anfangsbuchstabe des Vornamens des 2. Herausgebers. usw.: Name
    des Sammelbandes. Ggf. Untertitel des Sammelbandes, ggf. Nummer der Aufl.
    (Titel der Reihe, Band- oder Heftnummer, Seitenangabe Aufsatzanfang bis -ende),
    Erscheinungsort Erscheinungsjahr.

Jerger, J./Knogler, M. [2011]
    Regionale Aspekte wirtschaftlicher Integration. Das Fallbeispiel der grenzüberschrei-
    tenden Zusammenarbeit zwischen Oberpfalz / Westböhmen, in: Zschiedrich, H.
    (Hrsg.): Wirtschaftliche Zusammenarbeit in Grenzregionen. Erwartungen – Bedingun-
    gen – Erfahrungen, Berliner Wissenschaftsverlag (Ökonomie Regional, 10, S. 65-82),
    Berlin 2011.

Abb. 27: Musterangaben Schriftenreihen Aufsätze/Beiträge in Sammelbänden[203]
(Quelle: Eigene Darstellung)

---

[203] Bitte beachten Sie, dass Sie bei der Verwendung von Schriftenreihen zwischen den
Zitiertechniken „Monografien" und „Aufsätze/Beiträge in Sammelbänden" in Anlehnung an den jeweiligen Sachverhalt zu unterscheiden haben.

SEKUNDÄRZITAT

ein Autor

Fußnote

[1] Vgl. Rubinstein [1958], S. 704, zitiert nach Ulich [2001], S. 145. (indirektes Zitat)
[1] Rubinstein [1958], S. 704, zitiert nach Ulich [2001], S. 145. (direktes Zitat)

Literaturverzeichnis

Aufbau:
Nachname des Autors, Anfangsbuchstabe des Vornamens des Autors.
[Referenzzeichen]
    Titel der Quelle. Ggf. Untertitel der Quelle, ggf. Nummer der Aufl., Erscheinungsort
    Erscheinungsjahr.

Ulich, E. [2001]
    Arbeitspsychologie, 5. Aufl., Stuttgart 2001.

mehrere Autoren

Fußnote

[1] Vgl. Williamson [1991], S. 33, zitiert nach Berens/Schmitting/Strauch [2008],
S. 90. (indirektes Zitat)
[1] Williamson [1991], S. 33, zitiert nach Berens/Smitting/Strauch [2008],
S. 90. (direktes Zitat)

Literaturverzeichnis

Aufbau:
Nachname des 1. Autors, Anfangsbuchstabe des Vornamens des 1. Autors./
Nachname des 2. Autors, Anfangsbuchstabe des Vornamens des 2. Autors. usw.
[Referenzzeichen]
    Titel der Quelle. Ggf. Untertitel der Quelle, ggf. Nummer der Aufl., Erscheinungsort
    Erscheinungsjahr.

Berens, W./Schmitting, W./Strauch, J. [2008]
    Funktionen, Terminierung und rechtliche Einordnung der Due Diligence, in: Berens,
    W./Brauner, H. U./Strauch, J. (Hrsg.): Due Diligence bei Unternehmensakquisitionen,
    5. Aufl., Stuttgart 2008, S. 71-112.

Abb. 28: Musterangaben Sekundärzitat[204]
(Quelle: Eigene Darstellung)

---

[204] Beachten Sie, dass Sie die Originalquelle lesen und auf die entsprechende Passage verweisen sollten, da die Sekundärquelle Zitate möglicherweise falsch wiedergibt. Z. B. wurde in einem oben beschriebenen Fall das Buch von *Berens/Schmitting/Strauch* gelesen. Darin befand sich das Zitat von „Williamson". Im Literaturverzeichnis finden sich lediglich die Angaben zu den Literaturtiteln und Quellen, die Sie tatsächlich „in der Hand gehalten haben" und gelesen haben (also die Angaben zu dem Buch von „Berens/Schmitting/Strauch"). Achten Sie bei der Zitation eines Sekundärzitats auch auf die Quellenart. Der hier beschriebene Fall bezieht sich auf einen Beitrag in einem Sammelband.

HOCHSCHUL- UND UNTERNEHMENSSCHRIFTEN

ein Autor

Fußnote
[1] Vgl. Müller [2007], S. 10. (indirektes Zitat)
[1] Müller [2007], S. 10. (direktes Zitat)

Literaturverzeichnis
Aufbau:
Nachname des Autors, Anfangsbuchstabe des Vornamens des Autors.
[Referenzzeichen]
    Titel. Ggf. Untertitel, Erscheinungsort, Name der Hochschule, Art der Hochschulschrift, Jahresangabe.

Müller, K. [2007]
    Vergleichsanalyse der Marketingstrategien für Lebensmittel, Köln,
    Kreative Universität, Dissertation, 2007.

mehrere Autoren

Fußnote
[1] Vgl. Höpner/Schäfer/Max-Planck-Institut für Gesellschaftsforschung [2012], S.11 (indirektes Zitat)
[1] Höpner/Schäfer/Max-Planck-Institut für Gesellschaftsforschung [2012], S.11 (direktes Zitat)

Literaturverzeichnis
Aufbau:
Nachname des 1. Autors, Anfangsbuchstabe des Vornamens des 1. Autors./
Nachname des 2. Autors, Anfangsbuchstabe des Vornamens des 2. Autors. usw.
[Referenzzeichen]
    Titel der Quelle. Ggf. Untertitel der Quelle, ggf. Nummer der Aufl., Erscheinungsort
    Erscheinungsjahr.

    Höpner, M./Schäfer, A./Max-Planck-Institut für Gesellschaftsforschung [2012]
    Integration among Unequals. How the Heterogenity of European Varieties of
    Capitalism Shapes the Social and Democratic Potential of the EU, Köln 2012.

Abb. 29: Musterangaben Hochschul- und Unternehmensschriften[205]
(Quelle: Eigene Darstellung)

---

[205] Als „Unternehmensschrift" bezeichnet man im Allgemeinen Schriften, die nicht von einem Verlag, sondern von einem Unternehmen herausgegeben werden.

UNVERÖFFENTLICHTE UNTERNEHMENSSCHRIFTEN

Fußnote
[1] Vgl. Deutsche Telekom AG [2006], Anhang S. 10. (indirektes Zitat)
[1] Deutsche Telekom AG [2006], Anhang S. 10. (direktes Zitat)

Literaturverzeichnis
Aufbau:
Name der Firma/Institution [Referenzzeichen]
    Titel. Ggf. Untertitel, siehe Anhang, Seitenangabe des Abschnitts/Kapitels, in dem das Zitat zu finden ist.

Deutsche Telekom AG [2006]
    Entwicklung der Unternehmenskultur, siehe Anhang, S. 10-16.

Abb. 30: Musterangaben unveröffentlichte Unternehmensschriften[206]
(Quelle: Eigene Darstellung)

CD

Fußnote
[1] Vgl. Müller [2007]. (indirektes Zitat)
[1] Müller [2007]. (direktes Zitat)

Literaturverzeichnis
Aufbau:
Nachname des Autors, Anfangsbuchstabe des Vornamens des Autors. [Referenzzeichen]
    Titel der CD. Ggf. Titelzusatz, Erscheinungsort Erscheinungsjahr. – Anzahl der CD ggf. zugehörige Literatur.

Müller, S. [2007]
    Sprachen lernen leicht gemacht. Sonderedition, Berlin 2007. – 1 CD mit Begleitheft.

Abb. 31: Musterangaben CD
(Quelle: Eigene Darstellung)

---

[206] Wenn die Unternehmensschrift unveröffentlicht ist, müssen Sie sie dem Anhang beifügen, damit die Quellenangabe entsprechend überprüft werden kann.

FOTOS UND FILME

Fotos

Fußnote
[1] Vgl. Müller [2007], Anhang S. 20.

Literaturverzeichnis
Aufbau:
Nachname des Autors, Anfangsbuchstabe des Vornamens des Autors.
[Referenzzeichen]
    Titel des Bandes/Kataloges, Erscheinungsort Erscheinungsjahr. – Abmessungen
    des Originals, Anhang Seitenzahl.

Müller, P. [2007]
    Die Kunst des Schweigens, Berlin 2007. – Originalabzug s/w 10 x 15 cm,
    Anhang S. 20.

Filme

Fußnote
[1] Vgl. Müller/Schmidt/Meyer [2007]. (indirektes Zitat)
[1] Müller/Schmidt/Meyer [2007]. (direktes Zitat)

Literaturverzeichnis
Aufbau:
Nachname des Drehbuchautors, Anfangsbuchstabe des Vornamens des Drehbuch-
autors./Nachname des Regisseurs, Anfangsbuchstabe des Vornamens des Regisseurs/
Nachname des 1. Darstellers, Anfangsbuchstabe des Vornamens des 1. Darstellers. ggf.
weitere Darsteller ergänzen [Referenzzeichen]
    Titel des Films, Erscheinungsort, Filmproduktionsfirma, Erscheinungsjahr. – Art des
    Films Länge in Minuten.

Müller, P. [Drehbuch]/Schmidt, G. [Regie]/Meyer, S. [Darst.] [2007]
    Das lange Leben der Miss Müller, Berlin, Bavaria, 2007. –
    TV-Spielfilm Farbe 92 min.

Abb. 32: Musterangaben Fotos und Filme[207]
(Quelle: Eigene Darstellung)

---

[207] Anmerkung zur Zitation von Filmen: Zitieren Sie den Drehbuchautor nur, wenn Ihnen
das Drehbuch tatsächlich vorliegt und Sie aus diesem zitieren. Wenn Sie eine Sze-
ne/Textpassage des Filmes zitieren, zitieren Sie den Regisseur. Die Kennzeichnung
der Funktion (Regie, Drehbuch) ist allerdings immer erforderlich.

GRAUE LITERATUR

ein Autor

Fußnote

[1] Vgl. Müller [2006], S. 31. (indirektes Zitat)
[1] Müller [2006], S. 31. (direktes Zitat)

Literaturverzeichnis

Aufbau:
Nachname des Autors, Anfangsbuchstabe des Vornamens des Autors.
[Referenzzeichen]
    Titel. Ggf. Untertitel, Erscheinungsort, Name der Institution, Erscheinungsjahr.

Müller, K. [2006]
    Imagewirkung von Auswahlverfahren, Berlin, Max-Planck-Institut für Bildungs-
    forschung, 2006.

mehrere Autoren

Fußnote

[1] Vgl. Nastansky/Strohe [2011], S. 20. (indirektes Zitat)
[1] Nastansky/Strohe [2011], S. 20. (direktes Zitat)

Literaturverzeichnis

Aufbau:
Nachname des 1. Autors, Anfangsbuchstabe des Vornamens des 1. Autors./
Nachname des 2. Autors, Anfangsbuchstabe des Vornamens des 2. Autors. usw.
[Referenzzeichen]
    Titel. Ggf. Untertitel, Erscheinungsort, Name der Institution, Erscheinungsjahr.

Nastansky, A./Strohe, H. G. [2011]
    Konsumausgaben und Aktienmarktentwicklung in Deutschland. Ein kointegriertes
    vektorautoregressives Modell, Potsdam, Universität Potsdam Wirtschafts- und Sozial-
    wissenschaftliche Fakultät, 2011.

Abb. 33: Musterangaben Graue Literatur[208]
(Quelle: Eigene Darstellung)

---

[208] Als „Graue Literatur" bezeichnet man Schriften, die im Rahmen von Forschungspro-
jekten entstehen, auf Tagungen diskutiert werden und (noch) nicht im Buchhandel erhältlich sind. Vgl. Franck/Stary [2006], S. 189.

INTERNETQUELLEN

ein Autor

Fußnote

[1] Vgl. Theisen [o. J.], o. S. (indirektes Zitat)
[1] Theisen [o. J.], o. S. (direktes Zitat)

Literaturverzeichnis

Aufbau:
Nachname des Autors, Anfangsbuchstabe des Vornamens des Autors.
[Referenzzeichen]
    Titel der Internetseite. Ggf. Untertitel, verfügbar unter: URL (Datum des Abrufs
    (TT.MM.JJJJ)).

Theisen, M. R. [o. J.]
    Wissenschaftliches Arbeiten für Yessies. Teil 1, verfügbar unter:
    http://www.wisu.de/studium/frame15aa.htm (04.07.2012).

mehrere Autoren

Fußnote

[1] Vgl. Krugman/Wells [2010], o. S. (indirektes Zitat)
[1] Krugman/Wells [2010], o. S. (direktes Zitat)

Literaturverzeichnis

Aufbau:
Nachname des 1. Autors, Anfangsbuchstabe des Vornamens des 1. Autors./
Nachname des 2. Autors, Anfangsbuchstabe des Vornamens des 2. Autors. usw. [Referenzzeichen]
    Titel der Internetseite. Ggf. Untertitel, verfügbar unter: URL (Datum des Abrufs
    (TT.MM.JJJJ)).

Krugman, P./Wells, R. [2010]
    Our Giant Banking Crisis. What to Expect, verfügbar unter:
    http://www.nybooks.com/articles/archives/2010/may/13/our-giant-banking-crisis
    (04.07.2012).

Abb. 34: Musterangaben Internetquellen
(Quelle: Eigene Darstellung)

CLIPS AUF VIDEOPORTALEN UND BEITRÄGE VON BLOGS

Clips auf Videoportalen

Fußnote
Vgl. Zeitonline [2014], (3:12-4:02). (indirektes Zitat)
Zeitonline [2014], (3:12-3:28). (direktes Zitat)

Literaturverzeichnis
Aufbau:
Name des Autors/Veröffentlichenden, Anfangsbuchstabe des Vornamens des Autors./
Veröffentlichenden. und/oder Name des Videoportal-Kanals [Referenzzeichen]
    Titel des Clips, Name des Videoportals, Datum der Erstveröffentlichung,
    verfügbar unter: URL (Datum des Abrufs (TT.MM.JJJJ)).

Zeitonline [2014]
    Thomas Piketty im Interview, YouTube, 04.07.2014, verfügbar unter:
    https://youtu.be/or6KAZG_b2I (29.06.2015).

Beiträge von Blogs

Fußnote
Vgl. adhibeo [2015], o. S. (indirektes Zitat)
adhibeo [2015], o. S. (direktes Zitat)

Literaturverzeichnis
Aufbau:
Nachname des Autors, Anfangsbuchstabe des Vornamens des Autors. und/oder
Name des Blogs [Referenzzeichen]
    Titel des Blog-Beitrags. Ggf. Untertitel des Blog-Beitrags, Name des Blogs, Datum
    der Erstveröffentlichung, verfügbar unter: URL (Datum des Abrufs (TT.MM.JJJJ)).

adhibeo [2015]
    „Studentische Wissenschaft kann eine Art Korrektiv darstellen", adhibeo.
    Der Wissenschaftsblog der Hochschule Fresenius, 14.04.2015, verfügbar unter:
    http://www.adhibeo.de/2015/04/14/fregenius-magazin-fuer-studentische-
    aufsaetze-erstmals-erschienen (29.06.2015).

Abb. 35: Musterangaben Clips auf Videoportalen und Beiträge von Blogs
(Quelle: Eigene Darstellung)

PDF-DOKUMENTE

ein Autor

Fußnote
[1] Vgl. Reihlen [1998], S. 10. (indirektes Zitat)
[1] Reihlen [1998], S. 10. (direktes Zitat)

Literaturverzeichnis
Aufbau:
Nachname des Autors, Anfangsbuchstabe des Vornamens des Autors.
[Referenzzeichen]
    Titel des PDF-Dokuments. Ggf. Untertitel des PDF-Dokuments, verfügbar unter:
    URL (Datum des Abrufs (TT.MM.JJJJ)).

Reihlen, M. [1998]
    Führung in Heterarchien. Arbeitsbericht Nr. 98 des Seminars für
    Allgemeine Betriebswirtschaftslehre, Betriebswirtschaftliche Planung und Logistik der
    Universität zu Köln, verfügbar unter: http://www.spl.uni-koeln.de/fileadmin/user/doku-
    mente/forschung/arbeitsberichte/arbb-98.pdf (04.07.2012).

mehrere Autoren

Fußnote
[1] Vgl. Gornig/Kolbe/Bode [2011], S. 4. (indirektes Zitat)
[1] Gornig/Kolbe/Bode [2011], S. 4. (direktes Zitat)

Literaturverzeichnis
Aufbau:
Nachname des 1. Autors, Anfangsbuchstabe des Vornamens des 1. Autors./
Nachname des 2. Autors, Anfangsbuchstabe des Vornamens des 2. Autors. usw.
[Referenzzeichen]
    Titel des PDF-Dokuments. Ggf. Untertitel des PDF-Dokuments, verfügbar unter:
    URL (Datum des Abrufs (TT.MM.JJJJ)).

Gornig, M./Kolbe, J./Bode, R. [2011]
    Datenanalyse zur Berliner Wirtschaft. Expertise im Auftrag der Senatsverwaltung für
    Stadtentwicklung und Umwelt Berlin, Referat Stadtentwicklungsplanung (I A)
    im Rahmen der analytischen Grundlagenermittlung für das Stadtentwicklungskon-
    zept Berlin 2030, verfügbar unter: http://www.diw.de/documents/publikationen/73/
    diw_01.c.399701.de/diwkompakt_2012-062.pdf (04.07.2012).

Abb. 36: Musterangaben PDF-Dokumente[209]
(Quelle: Eigene Darstellung)

---

[209] Bitte beachten Sie, dass bei der Zitation von PDF-Dokumenten die Seitenzahl des Originaldokuments und nicht die Paginierung des verwendeten Programms angegeben wird.

INTERVIEWS/E-MAILS

ein Autor

Fußnote

[1] Vgl. Müller [2012], Interview vom 10.03.2012, Anhang S. 11. (indirektes Zitat)
[1] Müller [2012], Interview vom 10.03.2012, Anhang S. 11. (direktes Zitat)

Literaturverzeichnis

Aufbau:
Nachname des Autors, Anfangsbuchstabe des Vornamens des Autors.
[Jahresangabe].
    Interview mit Interviewpartner vom Datum (TT.MM.JJJJ). Firmenzugehörigkeit
    (siehe Anhang, Seitenangabe der ersten und letzten Seite des Interviews).

Müller, P. [2012]
    Interview mit Max Mustermann vom 10.03.2012. Deutsche Telekom,
    siehe Anhang, S. 10-16.

mehrere Autoren

Fußnote

[1] Vgl. Müller/Hoffmann [2012], Interview vom 20.03.2012, Anhang S. 15.
    (indirektes Zitat)
[1] Müller/Hoffmann [2012], Interview vom 20.03.2012, Anhang S. 15. (direktes Zitat)

Literaturverzeichnis

Aufbau:
Nachname des 1. Autors, Anfangsbuchstabe des Vornamens des 1. Autors./
    Nachname des 2. Autors, Anfangsbuchstabe des Vornamens des 2. Autors. usw.
    [Jahresangabe]
    Interview mit Interviewpartner vom Datum (TT.MM.JJJJ). Firmenzugehörigkeit (siehe
    Anhang, Seitenangabe der ersten und letzten Seite des Interviews).

Müller, E./Hoffmann, K. [2012]
    Interview mit Max Mustermann vom 20.03.2012. Vodafone,
    siehe Anhang, S. 13-21.

Abb. 37: Musterangaben Interviews/E-Mails[210]
(Quelle: Eigene Darstellung)

---

[210] Bitte beachten Sie, dass Interviews durch ein Transkript belegt werden, welches dem Anhang beigefügt wird. Neben dem genauen Wortlaut des Interviews sind Informationen zum Namen und zur Position des Interviewpartners anzugeben. Ferner müssen Sie den Namen des Unternehmens/der Organisation, die Position und den Tätigkeitsbereich des Interviewpartners sowie das Datum und die Art der Auskunftserteilung (telefonisch oder persönlich) vermerken. Der Autor ist hier gleichzusetzen mit dem Interviewer.

LOSEBLATT-SAMMLUNGEN

ein Autor

Fußnote
[1] Vgl. Prill [2007], S. 10. (indirektes Zitat)
[1] Prill [2007], S. 10. (direktes Zitat)

Literaturverzeichnis
Aufbau:
Nachname des Autors, Anfangsbuchstabe des Vornamens des Autors.
[Referenzzeichen]
   Titel. Ggf. Untertitel, Loseblatt-Ausg., Erscheinungsort, Nummer der Erg.-Lfg.,
   Stand: Datum (TT.MM.JJJJ).

Prill, P. [2007]
   Schule in der Transformation. Eine Bestandsaufnahme, Loseblatt-Ausg., Berlin,
   Erg.-Lfg. 10, Stand: 12.06.2007.

mehrere Autoren

Fußnote
[1] Vgl. Gaul/Bartenbach [2001], S. 33. (indirektes Zitat)
[1] Gaul/Bartenbach [2001], S. 33. (direktes Zitat)

Literaturverzeichnis
Aufbau:
Nachname des 1. Autors, Anfangsbuchstabe des Vornamens des 1. Autors./
Nachname des 2. Autors, Anfangsbuchstabe des Vornamens des 2. Autors. usw. [Referenzzeichen]
   Titel. Ggf. Untertitel, Loseblatt-Ausg., Erscheinungsort, Nummer der Erg.-Lfg.,
   Stand: Datum (TT.MM.JJJJ).

Gaul, D./Bartenbach, K. [2001]
   Arbeitnehmerfinderrecht. Kommentar, Loseblatt-Ausg., Köln, Erg.-Lfg. 28,
   Stand: 11.10.2001.

Abb. 38: Musterangaben Loseblatt-Sammlungen
(Quelle: Eigene Darstellung)

Judikate als Primärquelle werden nicht im Literaturverzeichnis aufgeführt, sondern lediglich in Fußnoten angegeben. Im Folgenden finden Sie Hinweise zur Notation in Fußnoten.

Nationale Gerichtsurteile

Zitate der amtlichen Sammlung

Fußnote

[1] Vgl. BGH, Urt. v. 26.11.1968, BGHZ 51, 91. (indirektes Zitat)
[1] BGH, Urt. v. 26.11.1968, BGHZ 51, 91. (direktes Zitat)

Aufbau der Fußnote

Gericht, Urt. v. TT.MM.JJJJ, Name der Sammlung, Seitenzahl, auf der das Urteil in der Sammlung beginnt, Seitenzahl der zitierten Stelle, ggf. Randnummer (Rn) (falls einzelne Passagen eines Urteils zitiert werden).

Gerichtsentscheidungen (veröffentlicht)

Fußnote

[1] Vgl. BGH, BGHZ 134, 250, 267. (indirektes Zitat)
[1] BGH, BGHZ 134, 250, 267. (direktes Zitat)
   Abdruck des Urteils in einer Zeitschrift:
[1] Vgl. BGH, Urt. v. 26.11.1968, BGHZ 51, 91 = NJW 1969,269 – Hühnerpest. (indirektes Zitat)
[1] BGH, Urt. v. 26.11.1968, BGHZ 51, 91 = NJW 1969,269 – Hühnerpest. (direktes Zitat)

Aufbau der Fußnote

Gericht, Urt. v. TT.MM.JJJJ, Seitenzahl, auf der das Urteil in der Quelle beginnt, Seitenzahl der zitierten Stelle, ggf. Rn (falls einzelne Passagen eines Urteils zitiert werden).

Gericht, Urt. v. TT.MM.JJJJ, Seitenzahl, auf der das Urteil in der Quelle beginnt, Seitenzahl der zitierten Stelle, ggf. Rn (falls einzelne Passagen eines Urteils zitiert werden) = Zeitschrift, in der das Urteil abgedruckt ist, Erscheinungsjahr der Zeitschrift, Seitenzahl, auf der das Urteil in der Quelle beginnt – Name der Entscheidung (optional).

Abb. 39: Musterangaben Juristische Ergänzungen – Nationale Gerichtsurteile 1 (Quelle: Eigene Darstellung)

Nationale Gerichtsurteile

Urteil in Zeitschriften mit großem Verbreitungsgrad

Fußnote

[1] Vgl. BGH, NJW 1995, 1135. (indirektes Zitat)
[1] BGH, NJW 1995, 1135. (direktes Zitat)

Aufbau der Fußnote

Gericht, Az., Urt. v. TT.MM.JJJJ, Name der Zeitschrift, in der das Urteil abgedruckt ist, Jahreszahl, Seitenzahl, auf der das Urteil in der Zeitschrift beginnt, Seitenzahl der zitierten Stelle, ggf. Rn. (falls eine/einzelne Passage(n) eines Urteils zitiert wird/werden).

Zitation mehrerer Quellen

Fußnote

[1] Vgl. BVerfG, NJW 2001, 141= ZEV 2000, 447; BGH, NJW 1999, 566; BVerwG, DVBl. 2001, 646. (indirektes Zitat)
[1] BVerfG, NJW 2001, 141= ZEV 2000, 447; BGH, NJW 1999, 566; BVerwG, DVBl. 2001, 646. (direktes Zitat)

Aufbau der Fußnote

Genauso wie im vorigen Beispiel. Es wird nur eine weitere Quellenangabe ergänzt und durch ein Gleichheitszeichen angefügt.

Internetquellen, wenn Urteil einzig dort verfügbar

Fußnote

[1] Vgl. BVerfG, 1 BvR 1762/95 und 1 BvR 1787/95, Urt. v. 12.12.2000, Rn. 44, http://www.bverfg.de./entscheidungen/rs20010116_1bvr176295.html, (07.08.2009). (indirektes Zitat)
[1] BVerfG, 1 BvR 1762/95 und 1 BvR 1787/95, Urt. v. 12.12.2000, Rn. 44, http://www.bverfg.de./entscheidungen/rs20010116_1bvr176295.html, (07.08.2009). (direktes Zitat)

Aufbau der Fußnote

Gericht, Az., Urt. v. TT.MM.JJJJ, Rn. (falls eine/ einzelne Passage(n) eines Urteils zitiert wird/werden), URL, (Datum der Abfrage TT.MM.JJJJ)).

Achtung: Bei der URL ist immer der **genaue Link** anzugeben, nicht nur die Internetseite und das **Datum der Abfrage! Ein Ausdruck der Internetquelle soll dem Anhang der Arbeit beigefügt werden.**

Abb. 40: Musterangaben Juristische Ergänzungen – Nationale Gerichtsurteile 2
(Quelle: Eigene Darstellung)

Gerichtsurteile/Entscheidungen im Europarecht

Amtlich veröffentlichte Urteile des EuGH

Fußnote

[1] Vgl. EuGH, Urt. v. 5.10.1994, Rs. C-180/93, Deutschland/Kommission, Slg. 1994 I-4973. (indirektes Zitat)

[1] EuGH, Urt. v. 5.10.1994, Rs. C-180/93, Deutschland/Kommission, Slg. 1994 I-4973. (direktes Zitat)

Aufbau der Fußnote

Gericht, Urt. v. TT.MM.JJJJ, Nummer der Rs., die sich gegenüberstehenden Parteien, Jahr der amtlichen Sammlung und Seitenzahl.

Urteile des EuGH, die amtlich und in juristischer Fachliteratur veröffentlicht wurden

Fußnote

[1] Vgl. EuGH, Urt. v. 5.10.1994, Rs. C-180/93, Deutschland/Kommission, Slg. 1994 I-4973 = NJW 1995, 945. (indirektes Zitat)

[1] EuGH, Urt. v. 5.10.1994, Rs. C-180/93, Deutschland/Kommission, Slg. 1994 I-4973 = NJW 1995, 945. (direktes Zitat)

Aufbau der Fußnote

Gericht, Urt. v. TT.MM.JJJJ, Nummer der Rs., die sich gegenüberstehenden Parteien, Jahr der amtlichen Sammlung und Seitenzahl = Zeitschrift, in der das Urteil abgedruckt ist und Erscheinungsjahr, Seite, auf der das Urteil in der Zeitschrift zu finden ist.

Abb. 41: Musterangaben Juristische Ergänzungen – Gerichtsurteile im Europarecht (Quelle: Eigene Darstellung)

Anmerkung zu Zitationsregeln in Fußnoten

Gesetze

Fußnote

[1] Vgl. § 23 Abs. 1 S. 1 Nr. 2 Einkommensteuergesetz (EStG) v. 19.10.2002, BGBl. I, S. 4210. (indirektes Zitat)

[1] § 23 Abs. 1 S. 1 Nr. 2 Einkommensteuergesetz (EStG) v. 19.10.2002, BGBl. I, S. 4210. (direktes Zitat)

Aufbau der Fußnote:
Genaue Fundstelle der Rechtsnorm Gesetz (Kürzel), v. Datum der Beschlussfassung (TT.MM.JJJJ), Amtsblatt, Erste Seite des Gesetzes im Amtsblatt.

Amtsblätter und EG-Vertrag

Fußnote

[1] Vgl. Richtlinie 85/577/EWG des Rates betreffend Verbraucherschutz bei außerhalb von Geschäftsräumen geschlossenen Verträgen v. 20.12.1985, ABl.EG 1985 Nr. L372, S. 31 (möglicher Verweis auch abgekürzt als: Haustürwiderrufs-RL85/577/EWG). (indirektes Zitat)

[1] Richtlinie 85/577/EWG des Rates betreffend Verbraucherschutz bei außerhalb von Geschäftsräumen geschlossenen Verträgen v. 20.12.1985, ABl.EG 1985 Nr. L372, S. 31 (möglicher Verweis auch abgekürzt als: Haustürwiderrufs-RL85/577/EWG). (direktes Zitat)

Aufbau der Fußnote:
Titel der Richtlinie v. Datum der Beschlussfassung (TT.MM.JJJJ), Amtsblatt Nummer des Amtsblatts, Erste der Richtlinie im Amtsblatt.

Abb. 42: Musterangaben Juristische Ergänzungen – Anmerkungen zu Zitationsregeln in Fußnoten
(Quelle: Eigene Darstellung)

6.3.4 Studienschwerpunkt Steuerberatung & Unternehmensprüfung

Im Studienschwerpunkt Steuerberatung und Unternehmensprüfung gelten einige Besonderheiten, die im Folgenden aufgeführt sind. Diese Vorgaben betreffen u. a. die Verwendung von **Sekundärzitaten**. Das wissenschaftlich abgesicherte Zitat hat nur eine Fundstelle: die Originalquelle. Es ist daher grundsätzlich nicht zulässig, Sekundärzitate zu verwenden. Soll z. B. die Ansicht des Gesetzgebers angeführt werden, ist unmittelbar die Bundestags- oder Bundesrats-Drucksache zu zitieren, nicht etwa der Autor Müller, der bei einer Formulierung wie „der Gesetzgeber bezweckt mit dieser Vorschrift…" ggf. lediglich seine eigene persönliche Meinung wiedergibt. Die Intention des Gesetzgebers mit „Vgl. Müller" zu zitieren, würde implizieren, dass Müller der Gesetzgeber ist.

Die Suche nach der Originalquelle ist oftmals mühsam, sichert aber alleine das korrekte Zitat. Das Ausmaß unbewusster oder gar bewusster Fehlzitierung in jeder Art von Literatur einschließlich der Rechtsprechung kann erfahrungsgemäß gar nicht hoch genug eingeschätzt werden.

Nur in Ausnahmefällen, in denen die Originalquelle unter Ausschöpfung aller zumutbaren Möglichkeiten nicht beschafft werden kann, ist es zulässig, auf eine Quelle unter Zuhilfenahme einer anderen Quelle Bezug zu nehmen. Geschieht dies, ist in der Fußnote ein entsprechender besonderer Hinweis erforderlich (z. B. „zitiert nach…").

Eine weitere Vorgabe für den oben genannten Schwerpunkt betrifft die **Hierarchie juristischer Quellen**. Entscheidungen höherer Gerichte sind gewichtiger als die Urteile niedrigerer Gerichte (BVerfG→BFH→FG) und sollten daher vorzugsweise zitiert/herangezogen werden.

Andere Gerichte können aufgrund eines Normenkontrollverfahrens an Entscheidungen des BVerfG gebunden werden. Häufig folgen andere Gerichte den Rechtsansichten höherer Gerichte. Zu beachten ist ferner, dass für Gesetze und Gesetzesmaterialien, Rechtsprechung und Verwaltungsanweisungen **separate Verzeichnisse** zu führen sind.

Die Ansicht der Rechtsprechung geht in der Regel der Meinung der Rechtsliteratur vor, weil durch Rechtsprechung tatsächliche Fälle entschieden werden. In der Rechtsliteratur hingegen werden meist Ansichten und Vorschläge geäußert. Im Studienschwerpunkt Steuerberatung und Unternehmensprüfung wird für Zitate die Kurzzitiertechnik genutzt. Anders als bei den bisher vorgestellten Studiengängen wird allerdings **der Nachname des Autors in Fußnote und Literaturverzeichnis kursiv gesetzt.**

Bei **direkten Zitaten** beginnt der Beleg **unmittelbar mit dem Nachnamen des Autors,** der **kursiv** gesetzt wird. Die Fußnote ist wie folgt aufgebaut:

[1] *Nachname* [Referenzzeichen], S. xy.

Der Aufbau der Fußnote bei einem indirekten Zitat ist dem folgenden Beispiel zu entnehmen:

[1] Vgl. *Nachname* [Referenzzeichen], S. xy.

Sowohl bei indirekten als auch bei direkten Zitaten werden zwei oder mehrere Autoren einer Quelle mit einem **Schrägstrich voneinander getrennt.** Im Bereich Steuern ist es außerdem üblich, einen **Kurztitel als Referenzzeichen** zu wählen.

Bei allen Quellen, sowohl bei Gerichtsurteilen, Gesetzen als auch Literaturstellen, muss die **genaue Fundstelle** angegeben sein. Konkret bedeutet dies, dass bei

- Gerichtsurteilen neben den üblichen Angaben auch die Randnummer angeführt wird,
- Gesetzen der Absatz, Satz, die Nummer/Ziffer und/oder die einschlägige Alternative angeführt wird und, falls gegeben, auch der Spiegelstrich,
- Literaturstellen neben der Seitenangabe ggf. auch die Randnummer angeführt wird,
- Aufsätzen neben der ersten Seite des Aufsatzes auch die Seite der Fundstelle der Quelle und ggf. der Gliederungspunkt, Absatz oder die Randnummer angeführt werden.

Von diesem allgemeingültigen Aufbau der Fußnote weicht der **Kommentar** ab. Ein indirektes Zitat wird in diesem Fall folgendermaßen dargestellt:

[1] Vgl. *Nachname des Bearbeiters* in: *Nachname des Herausgebers* [Referenzzeichen], Paragraph, Randnummer.

Falls Sie direkt zitieren, sollte die Fußnote folgendermaßen aufgebaut sein:

[1] *Nachname des Bearbeiters* in: *Nachname des Herausgebers* [Referenzzeichen], Paragraph, Randnummer.

Dieser Aufbau gilt auch für den Fall, dass der **Bearbeiter/Autor und der Herausgeber die gleiche Person** ist.

Der **Aufbau einer Quelle im Literaturverzeichnis** folgt grundsätzlich diesem Muster:

Nachname, Vorname [Referenzzeichen]
    Titel. Untertitel, ggf. Aufl., Erscheinungsort Erscheinungsjahr.

Grundsätzlich sollten Sie darauf achten, dass **Nachnamen** stets **kursiv** gesetzt und **Vornamen vollständig ausgeschrieben** werden. Ebenfalls sollten Sie beachten, dass zwischen Erscheinungsort und Erscheinungsjahr **kein Komma** gesetzt wird.

Sind zwei oder mehrere Personen als Autoren angegeben, so werden diese mit einem **Schrägstrich voneinander getrennt**, wie das folgende Beispiel zeigt:

Nachname des 1. Autors, Vorname des 1. Autors/*Nachname des 2. Autors*, Vorname des 2. Autors [Referenzzeichen]
    Titel. Untertitel, ggf. Aufl., Erscheinungsort Erscheinungsjahr.

Zusammengefasst haben Studierende im Studienschwerpunkt Steuerberatung und Unternehmensprüfung bei den Fußnoten und dem Literaturverzeichnis Folgendes zu beachten:

- Nachnamen werden immer kursiv gestellt.

- Vornamen werden nur im Literaturverzeichnis angegeben und dort vollständig ausgeschrieben.

- Als Referenzzeichen ist bevorzugt ein Kurztitel zu wählen.

- Zwischen Erscheinungsort und Erscheinungsjahr wird kein Komma gesetzt.

- Die Quellenangabe bei Abbildungen und Tabellen erfolgt analog zu der Angabe für direkte (bei originalgetreu übernommenen Abbildungen und Tabellen) bzw. indirekte (bei modifizierten Abbildungen und Tabellen) Zitate.

Im Folgenden werden die Besonderheiten für Quellen der Rechtsprechung, Gesetze und Verwaltungsvorschriften, die für den Studienschwerpunkt Steuerberatung und Unternehmensführung gelten, in Form von Muster-Quellenangaben aufgeführt:

Nationale Gerichtsurteile

Zitate der amtlichen Sammlung

Fußnote

Aufbau:

Gericht v. Datum des Urteils (TT.MM.JJJJ), Name der Sammlung, Seitenzahl, auf der das Urteil in der Sammlung beginnt, Seitenzahl der zitierten Stelle, ggf. Rn (falls einzelne Passagen eines Urteils zitiert werden).

[1] Vgl. BGH v. 26.11.1968, BGHZ 51, 91. (indirektes Zitat)

[1] BGH v. 26.11.1968, BGHZ 51, 91. (direktes Zitat)

Rechtsprechungsverzeichnis

Aufbau:

Gericht v. Datum des Urteils (TT.MM.JJJJ), Aktenzeichen, Fundstelle des Urteils.

BGH v. 26.11.1968, VI ZR 212/66, BGHZ, 51, 91.

Gerichtsentscheidungen
(mehrere Quellen werden mit „=" voneinander getrennt)

Fußnote

Aufbau:

Gericht, v. Datum des Urteils (TT.MM.JJJJ), Seitenzahl, auf der das Urteil in der Quelle beginnt, Seitenzahl der zitierten Stelle, ggf. Rn (falls einzelne Passagen eines Urteils zitiert werden) = Zeitschrift, in der das Urteil abgedruckt ist Erscheinungsjahr der Zeitschrift, Seitenzahl, auf der das Urteil in der Quelle beginnt – Name der Entscheidung (optional).

[1] Vgl. BGH v. 26.11.1968, BGHZ 51, 91 = NJW 1969, 269 – Hühnerpest. (indirektes Zitat)

[1] BGH v. 26.11.1968, BGHZ 51, 91 = NJW 1969, 269 – Hühnerpest. (direktes Zitat)

Rechtsprechungsverzeichnis

Aufbau:

Gericht v. Datum des Urteils (TT.MM.JJJJ), Aktenzeichen, Fundstelle des Urteils = Zweite Fundstelle des Urteils, Seitenzahl, auf der das Urteil in der Quelle beginnt – Name der Entscheidung (optional).

BGH v. 26.11.1968, VI ZR 212/66, BGHZ, 51, 91 = NJW, 1969, S. 269 – Hühnerpest.

Abb. 43: Häufige Musterangaben – Amtliche Sammlung
(Quelle: Eigene Darstellung) [211]

---

[211] Bitte beachten Sie, dass für Gesetze und Gesetzesmaterialien, Rechtsprechung und Verwaltungsanweisungen **separate Verzeichnisse** zu führen sind.

Nationale Gerichtsurteile

Urteile in Zeitschriften (großer Verbreitungsgrad) und Amtsblättern

Fußnote

Aufbau:

Aufbau:

Gericht v. Datum des Urteils (TT.MM.JJJJ), Zeitschrift oder Amtsblatt, in der das Urteil gefunden wurde, Seitenzahl, auf der das Urteil in der Quelle beginnt.

[1] Vgl. BFH v. 02.02.1994, BStBl. II 1994, S. 769. (indirektes Zitat)

[1] BFH v. 02.02.1994, BStBl. II 1994, S. 769. (direktes Zitat)

Rechtsprechungsverzeichnis

Aufbau:

Gericht v. Datum des Urteils (TT.MM.JJJJ), Aktenzeichen, in: Name der Fundstelle des Urteils, Seitenzahl, auf der das Urteil in der Quelle beginnt.

BFH v. 02.02.1994, I R 10/93, in: BStBl. II 1994, S. 768-771.

Internetquellen, wenn Urteil einzig dort verfügbar

Fußnote

Aufbau:

Gericht v. Datum des Urteils (TT.MM.JJJJ), Aktenzeichen, ggf. Rd.

(falls eine/einzelne Passage(n) eines Urteils zitiert wird/werden).

[1] Vgl. BVerfG v. 12.12.2000, 1 BvR 1762/95 und 1 BvR 1787/95, Rd. 44. (indirektes Zitat)

[1] BVerfG v. 12.12.2000, 1 BvR 1762/95 und 1 BvR 1787/95, Rd. 44. (direktes Zitat)

Rechtsprechungsverzeichnis

Aufbau:

Gericht v. Datum des Urteils (TT.MM.JJJJ), Aktenzeichen, ggf. Randnummer, verfügbar unter: URL, (Datum des Abrufs (TT.MM.JJJJ)).

Achtung: Bei der URL ist immer der genaue Link anzugeben, nicht nur die Webpage und das Datum der Abfrage! Ein Ausdruck der Internetquelle ist dem Anhang der Arbeit beizufügen.

BVerfG v. 12.12.2000, 1 BvR 1762/95 und 1 BvR 1 1787/95, Rd. 44, verfügbar unter: http://www.bverfg.de./entscheidungen/rs20010116_1bvr176295.html (04.07.2012).

Abb. 44: Sonstige Musterangaben – Gerichtsurteile – Zeitschriften & Internet (Quelle: Eigene Darstellung)

Gerichtsurteile/Entscheidungen im Europarecht

Amtlich veröffentlichte Urteile des EuGH

Fußnote
Aufbau:
Gericht v. Datum des Urteils (TT.MM.JJJJ), Fundstelle mit Erscheinungsjahr der amtlichen Sammlung und Seitenzahl.
[1] Vgl. EuGH v. 18.09.2003, Slg. EuGHE 2003, S. I-9409. (indirektes Zitat)
[1] EuGH v. 18.09.2003, Slg. EuGHE 2003, S. I-9409. (direktes Zitat)

Rechtsprechungsverzeichnis

Aufbau:
Gericht v. Datum des Urteils (TT.MM.JJJJ), Aktenzeichen/Nummer der Rs., die sich gegenüberstehenden Parteien, Partei A/Partei B, Fundstelle der amtlichen Sammlung mit Jahreszahl, Seitenzahl.
EuGH v. 18.09.2003, Rs. C-168/01, Bosal Holding/Staatssecretaris van Financiën, Slg. EuGHE 2003, S. I-9409.

Urteile des EuGH, die amtlich und in juristischer Fachliteratur veröffentlicht wurden

Fußnote
Aufbau:
Gericht v. Datum des Urteils (TT.MM.JJJJ), Fundstelle mit Jahr der amtlichen Sammlung und Seitenzahl = Zeitschrift, in der das Urteil abgedruckt ist und Erscheinungsjahr, Seite, auf der das Urteil in der Zeitschrift zu finden ist.
[1] Vgl. EuGH v. 5.10.1994, Slg. EuGHE 1994 I-4973 = NJW 1995, 945. (indirektes Zitat)
[1] EuGH v. 5.10.1994, Slg. EuGHE 1994 I-4973 = NJW 1995, 945. (direktes Zitat)

Rechtsprechungsverzeichnis

Aufbau:
Gericht v. Datum des Urteils (TT.MM.JJJJ), Aktenzeichen/Nummer der Rs., die sich gegenüberstehenden Parteien, Partei A/Partei B, Fundstelle der amtlichen Sammlung mit Jahreszahl, Seitenzahl = Zeitschrift, in der das Urteil abgedruckt ist und Erscheinungsjahr, Seite, auf der das Urteil in der Zeitschrift zu finden ist.
EuGH v. 05.10.1994, Rs. C-180/93, Deutschland/Kommission, Slg. EuGHE 2003, S. I-4973 = NJW 1995, 945.

Abb. 45: Musterangaben StB. – Urteile im Europarecht
(Quelle: Eigene Darstellung)

Gesetze und EG/EU-Richtlinien

Gesetze

Fußnote

Aufbau:

Paragraph Absatz Satz Nummer Gesetzbuch.

[1] Vgl. § 23 Absatz 1 Satz 1 Nummer 2 EStG. (indirektes Zitat)

[1] § 23 Absatz 1 Satz 1 Nummer 2 EStG. (direktes Zitat)

Rechtsquellenverzeichnis

Aufbau:

Gesetz (Kürzel), vom TT.MM.JJJJ., BGBl. I, Seitenzahl.

Einkommensteuergesetz (EStG), vom 19.10.2002, BGBl. I, S. 4210 ff.

EG/EU-Richtlinien

Fußnote

Aufbau:

Richtlinie v. Datum der Richtlinie TT.MM.JJJJ, Fundstelle v. Datum TT.MM.JJJJ., Seitenzahl.

[1] Vgl. Richtlinie des Rates v. 23.07.1990, AB1. EG Nr. L 225 v. 20.08.1990, S. 6. (indirektes Zitat)

[1] Richtlinie des Rates v. 23.07.1990, AB1. EG Nr. L 225 v. 20.08.1990, S. 6. (direktes Zitat)

Rechtsquellenverzeichnis

Aufbau:

Richtlinie v. Datum der Richtlinie über Thema (Aktenzeichen), Fundstelle v. Datum TT.MM.JJJJ, Seitenzahl.

Richtlinie des Rates v. 23.07.1990 über das gemeinsame Steuersystem der Mutter- und Tochtergesellschaften verschiedener Mitgliedstaaten (90/435/EWG), AB1. EG Nr. L 225 v. 20.08.1990, S. 6.

Abb. 46: Musterangaben – Gesetze und EG/EU-Richtlinien
(Quelle: Eigene Darstellung)

6.4 Zitiertechnik im Studiengang Wirtschaftsrecht

Im Folgenden wird die Kurzzitiertechnik erläutert, die als Standard für Ihre wissenschaftlichen Arbeiten im Studiengang Wirtschaftsrecht an der Hochschule Fresenius gilt. Die hier aufgezeigte Zitiertechnik ist somit für Sie verpflichtend, auch wenn in der Literatur unterschiedliche Regeln zu finden sind.

6.4.1 Direkte und indirekte Zitate

Es wird das **Fußnotensystem** verwendet, bei dem die Quellenbelege nach einem Zitat in einer Fußnote (am unteren linken Seitenrand) aufgeführt werden. Bei der **Kurzbelegform** wird in der Fußnote **in der Regel** mit **gekürzten Quellenbelegen** gearbeitet[212], d. h., nur der/die Autorenname(n), ggf. ein geeignetes Referenzzeichen und die Seitenangabe werden angeführt. Die vollständigen Titelzitate werden im Literaturverzeichnis aufgeführt.[213]

Das **Referenzzeichen** ist entweder ein geeigneter Kurztitel, das erste Hauptwort des Titels oder das Jahr der Quellenveröffentlichung (bei mehreren Werken eines Autors in einem Jahr: 2000a, 2000b, 2000c usw.) und wird in eckigen Klammern angegeben.[214] Ein Referenzzeichen ist **nur** dann erforderlich, wenn ohne Referenzzeichen eine Verwechslungsgefahr bestünde. Dies wäre der Fall, wenn von einem Autor mehr als ein Werk verwendet wird. Die einmal gewählte Art des Referenzzeichens, **d. h. entweder das erste Hauptwort, ein geeigneter Kurztitel oder die Jahresangabe,** ist **kontinuierlich** in der kompletten Arbeit einzuhalten. Im Studiengang Wirtschaftsrecht ist die Variante des Kurztitels vorzuziehen.

Fußnoten werden in **Großbuchstaben begonnen** und mit einem **Punkt beendet.**[215] Zu beachten ist die Platzierung der Anmerkungsziffer: Soll sich eine Fußnote ausschließlich auf ein einzelnes Wort oder einen Satzteil beziehen, muss die Anmerkungsziffer nach diesem gesetzt werden. Dient die Fußnote als Quellenangabe oder Ergänzung eines ganzen Satzes, ist die Anmerkungsziffer am Satzende anzufügen. Neben Fußnoten, die ausschließlich Quellenbelege enthalten, können auch solche eingefügt werden, die Textpassagen kommentieren bzw. ergänzen.[216]

---

[212] Vgl. Franck/Stary [2006], S. 193.
[213] Vgl. ebd.
[214] Vgl. Theisen [2011], S. 145.
[215] Vgl. Brink [2007], S. 211.
[216] Vgl. Brink [2007], S. 189.

Dies gilt vor allem, wenn der in der Fußnote eingefügte Gedanke die Lesbarkeit des Fließtextes stören würde. Wird auf andere unterstützende Werke oder Gegenmeinungen verwiesen, sollte dies dem Leser bereits durch eine Abkürzung wie z. B. „ebenso", „anders dagegen", „a. A." (andere Auffassung) oder „Vgl." vermittelt werden.

Der formale Aufbau einer Fußnote unterscheidet sich bei direkten und indirekten Zitaten.[217]

Bei **direkten Zitaten** beginnt die Fußnote **unmittelbar mit dem Namen des Autors**. Im Gegensatz zu indirekten Zitaten wird **bei direkten Zitaten nicht** „Vgl." in der Fußnote verwendet:

[1] *Nachname* [ggf. Referenzzeichen], S. xy.

Indirekte Zitate werden **in der Fußnote** stets folgendermaßen belegt:

[1] Vgl. *Nachname* [ggf. Referenzzeichen], S. xy.

In Kapitel 6.4.3 finden Sie in den Abbildungen verschiedene Beispiele für die einzelnen Quellen (Kommentare, Fachzeitschriften, etc.).

Bei allen Quellen, sowohl bei Gerichtsurteilen, Gesetzen als auch Literaturstellen, muss die **genaue** Fundstelle angegeben werden. Konkret bedeutet dies, dass bei:

- Gerichtsurteilen neben den üblichen Angaben auch die Randnummer angeführt wird,

- Gesetzen der Absatz, Satz, die Nummer/Ziffer und/oder die einschlägige Alternative angeführt wird und, falls gegeben, auch der Spiegelstrich,

- Literaturstellen neben der Seitenangabe ggf. auch die Randnummer angeführt wird,

- Aufsätzen neben der ersten Seite des Aufsatzes auch die Seite der Fundstelle der Quelle und ggf. der Gliederungspunkt, Absatz oder die Randnummer angeführt werden.[218]

Hinsichtlich der Strukturierung **juristischer Quellen** gilt, dass verschiedene Rechtsquellen in ein hierarchisches Verhältnis zueinander gesetzt werden (Völkerrecht/Europarecht → Verfassungsrecht/Grundgesetz → Formale Gesetze → Rechtsverordnungen → Satzungen → Verwaltungsvorschriften). Gleiches gilt für Judikate. Entscheidungen höherer Gerichte sind gewichtiger als Urteile nied-

---

[217] Vgl. Brink [2007], S. 217.
[218] Vgl. Möllers [2005], S. 147 ff.

rigerer Gerichte (z. B. BGH → OLG → LG → AG für die ordentliche Gerichtsbarkeit) und sollten daher vorzugsweise zitiert/herangezogen werden. Die ständige Rechtsprechung geht in der Regel der Rechtsliteratur vor, weil durch Rechtsprechung tatsächliche Fälle entschieden werden. In der Rechtsliteratur werden meist Forschungsmeinungen, Ansichten und Vorschläge geäußert.

Jedes Gericht legt die im Einzelfall herangezogenen Normen eigenständig aus und überprüft gleichzeitig fortwährend ihre Verfassungsmäßigkeit. Da jedoch die Einheit der Verfassung gewahrt bleiben muss, kann jedes Gericht aufgrund eines abstrakten Normenkontrollverfahrens an Entscheidungen des BVerfG gebunden werden bzw. die Überprüfung der Verfassungsmäßigkeit im Rahmen eines konkreten Normenkontrollverfahrens beantragen. Häufig folgen andere Gerichte den Rechtsansichten höherer Gerichte.

6.4.2 Abbildungen und Tabellen

Abbildungen und Tabellen müssen durchlaufend nummeriert und mit einem aussagekräftigen Titel versehen werden. Sie können ein wichtiges Instrument sein, um dem Leser einen Sachverhalt zu verdeutlichen. Sie sind ein integraler Bestandteil der Argumentation und **müssen daher unbedingt im Text erläutert werden** (Grundsatz: Der Fließtext muss auch ohne Abbildung/Tabelle verständlich sein, die Abbildung/Tabelle aber auch ohne Fließtext). Die **Schriftgröße der Bildunterschrift** ist eine Schriftgröße kleiner als der Fließtext (**Arial 10 pt/Times New Roman 11 pt**). Der Zeilenabstand der Unterschrift ist einzeilig.

Vergleichbar mit der Unterscheidung von direkten und indirekten Zitaten werden die **Quellenangaben** von Abbildungen und Tabellen gemäß ihrer Darstellungsform unterschieden. Zu unterscheiden ist zwischen eigenständig erarbeiteten Abbildungen/Tabellen des Verfassers und übernommenen Tabellen und Abbildungen. Letztere lassen sich wiederum unterteilen in originale und modifizierte Übernahmen von Abbildungen/Tabellen. Werden **Tabellen** oder **Abbildungen im Original** eingefügt und somit nicht verändert, erfolgt die Quellenangabe (Kurzbeleg) nach der Inhaltsbezeichnung wie bei der folgenden Abbildung:

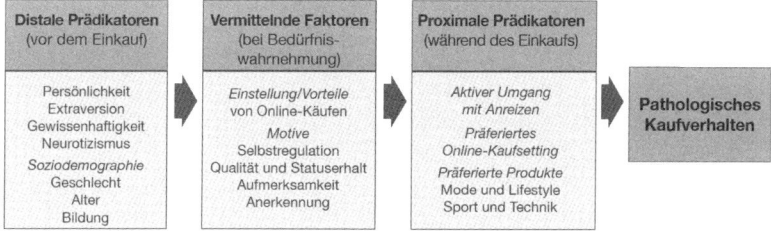

Abb. 47: Heuristisches Modell mit drei Schritten zur Prädiktion Pathologischen Kaufverhaltens
(Quelle: Gansen/Aretz [2010], S. 28)

Werden Tabellen oder Abbildungen aus einer Quelle übernommen, jedoch leicht **modifiziert**, erfolgt die Quellenangabe (Kurzbeleg) nach der Inhaltsbezeichnung wie bei der folgenden Abbildung. Die vollständige Quellenangabe gehört in das Literaturverzeichnis.

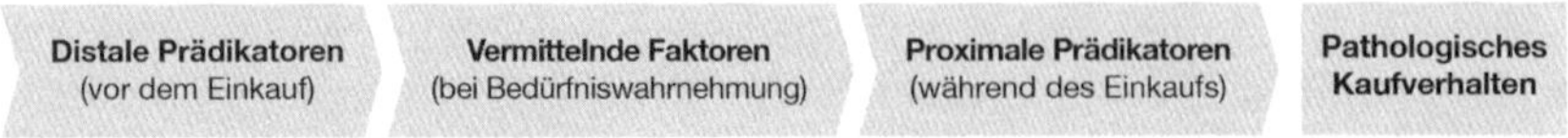

Distale Prädikatoren (vor dem Einkauf)	Vermittelnde Faktoren (bei Bedürfniswahrnehmung)	Proximale Prädikatoren (während des Einkaufs)	Pathologisches Kaufverhalten

Abb. 48: Heuristisches Modell mit drei Schritten zur Prädiktion Pathologischen Kaufverhaltens
(Quelle: Eigene Darstellung in Anlehnung an Gansen/Aretz [Kaufsucht im Internet], S. 28)

6.4.3 Muster-Quellenangaben für Wirtschaftsrecht

Generell gilt, dass die Quellenangaben mit einem Semikolon zu trennen sind, wenn mehrere Quellen in einer Fußnote angeführt werden. Ferner muss für jede einzelne Quellenangabe ein entsprechender Eintrag im Literaturverzeichnis erstellt werden. Beachten Sie darüber hinaus, dass Akte der Legislative, Judikative und Exekutive nicht in das Literaturverzeichnis aufgenommen werden. Ein **Referenzzeichen** in Fußnote und Literaturverzeichnis ist nur dann erforderlich, wenn ohne Referenzzeichen eine Verwechslungsgefahr bestünde (Vgl. Kapitel 6.4.1). Diese bestünde, wenn von einem Autor mehrere Werke verwendet würden.

MONOGRAFIEN

ein Autor

Fußnote
[1] *Vgl. Bauer [ggf. Referenzzeichen], S. 10. (indirektes Zitat)*
[1] *Bauer [ggf. Referenzzeichen], S. 10. (direktes Zitat)*

Literaturverzeichnis
Aufbau:
Nachname des Autors, Vorname(n) des Autors [ggf. Referenzzeichen]
   Titel des Werkes. Ggf. Untertitel, Nummer d. Aufl., Erscheinungsort Erscheinungsjahr.

Bauer, Christian Alexander [ggf. Referenzzeichen]
   User Generated Content. Urheberrechtliche Zulässigkeit nutzergenerierter Medieninhalte, Heidelberg 2011.

zwei oder mehrere Autoren

Fußnote
[1] Vgl. *Battis/Kersten* [ggf. Referenzzeichen], S. 18. (indirektes Zitat)
[1] *Battis/Kersten* [ggf. Referenzzeichen], S. 18. (direktes Zitat)

Literaturverzeichnis
Aufbau:
Nachname des 1. Autors, Vorname(n) des 1. Autors/*Nachname des 2. Autors,*
   Vorname(n) des 2. Autors [ggf. Referenzzeichen]
   Titel des Werkes. Ggf. Untertitel, Nummer der Aufl., Erscheinungsort Erscheinungsjahr.

Battis, Ulrich/*Kersten,* Jens [ggf. Referenzzeichen]
   Standortmarketing im Bundesstaat, Berlin 2008.

Abb. 49: Musterangaben im Studiengang WR – Monografien
(Quelle: Eigene Darstellung)

LEHRBÜCHER

ein Autor

Fußnote
[1] Vgl. *Brox* [ggf. Referenzzeichen], Rn. 50. (indirektes Zitat)
[1] *Brox* [ggf. Referenzzeichen], Rn. 50. (direktes Zitat)

Literaturverzeichnis
Aufbau:
Nachname des Autors, Vorname(n) des Autors [ggf. Referenzzeichen]
    Titel des Werkes. Ggf. Untertitel, Nummer der Aufl., Erscheinungsort Erscheinungsjahr.

Brox, Hans [ggf. Referenzzeichen]
    Allgemeiner Teil des BGB, 28. Aufl., Köln 2004.

Abb. 50: Musterangaben im Studiengang WR – Lehrbücher
(Quelle: Eigene Darstellung)

JURISTISCHE AUFSATZE AUS (FACH-)ZEITSCHRIFTEN

ein Autor

Fußnote
[1] Vgl. *Spindler*, NJW 2004, 3145, 3148. (indirektes Zitat)
[1] *Spindler*, NJW 2004, 3145, 3148. (direktes Zitat)

Literaturverzeichnis
Aufbau:
Nachname des Autors, Vorname(n) des Autors [ggf. Referenzzeichen]
    Titel des Aufsatzes, in: Name der Zeitschrift Erscheinungsjahr, Seitenangabe Aufsatzanfang bis -ende.

Spindler, Gerald [ggf. Referenzzeichen]
    IT-Sicherheit und Produkthaftung – Sicherheitslücken, Pflichten der Hersteller und Softwarenutzer, in: NJW 2004, S. 3145-3150.

Abb. 51: Musterangaben im Studiengang WR – Aufsätze aus Fachzeitschriften
(Quelle: Eigene Darstellung)[219]

---

[219] Anmerkung: Bei juristischen Zeitschriften wird auf die Angabe der Ausgabe und des Erscheinungsortes verzichtet!

AUFSÄTZE/BEITRÄGE IN SAMMELBÄNDEN

ein Autor

Fußnote
[1] Vgl. *Buckel* [ggf. Referenzzeichen], S. 119. (indirektes Zitat)
[1] *Buckel* [ggf. Referenzzeichen], S. 119. (direktes Zitat)

Literaturverzeichnis
Aufbau:
Nachname des Autors, Vorname(n) des Autors [ggf. Referenzzeichen]
    Titel des Aufsatzes, in: *Name*, Vorname(n) des/der Herausgeber/s (Hrsg.): Name des
    Sammelbandes. Untertitel des Sammelbandes, Erscheinungsort Erscheinungsjahr,
    Seitenangabe Aufsatzanfang bis -ende.

Buckel, Sonja [ggf. Referenzzeichen]
    Neo-Materialistische Rechtstheorie, in: *Dies./Christensen,* Ralph/*Fischer-Lescano,*
    Andreas (Hrsg.): Neue Theorien des Rechts, Stuttgart 2006, S. 117-138.[212]

mehrere Autoren

Fußnote
[1] Vgl. *Müssig/Meyer* [ggf. Referenzzeichen], S. 234. (indirektes Zitat)
[1] *Müssig/Meyer* [ggf. Referenzzeichen], S. 234. (direktes Zitat)

Literaturverzeichnis
Aufbau:
Nachname des 1. Autors, Vornamen des 1. Autors/*Nachname des 2. Autors*,
    Vornamen des 2. Autors [ggf. Referenzzeichen]
    Titel des Aufsatzes, in: *Namen der Herausgeber* (Hrsg.): Name des Sammelbandes.
    Untertitel des Sammelbandes, Erscheinungsort Erscheinungsjahr, Seitenangabe
    Aufsatzanfang bis -ende.

Müssig, Bernd/*Meyer*, Frank [ggf. Referenzzeichen]
    Zur strafrechtlichen Verantwortlichkeit von Bundeswehrsoldaten in bewaffneten
    Konflikten, in: *Paeffgen*, Hans-Ullrich/*Böse*, Martin/*Kindhäuser*, Urs/*Stübinger*,
    Stephan/*Verrel*, Torsten/*Zaczyk*, Rainer (Hrsg.): Strafrechtswissenschaft als Analyse
    und Konstruktion. Festschrift für Ingeborg Puppe zum 70. Geburtstag, Berlin 2011,
    S. 1501-1528.

Abb. 52: Musterangaben im Studiengang WR – Aufsätze/Beiträge in Sammelbänden[220]
(Quelle: Eigene Darstellung)

---

[220] Die Abkürzung *Dies.* (hier: Dieselbe) wird hier als Rückverweis verwendet, da es sich
    bei der Autorin des Beitrags gleichzeitig um die Mitherausgeberin des Sammelbandes
    handelt.

WISSENSCHAFTLICHE ZEITSCHRIFTENAUFSÄTZE

ein Autor

Fußnote
[1] Vgl. *Dreier* [ggf. Referenzzeichen], S. 23. (indirektes Zitat)
[1] *Dreier* [ggf. Referenzzeichen], S. 23. (direktes Zitat)

Literaturverzeichnis
Aufbau:
Nachname des Autors, Vorname(n) des Autors [ggf. Referenzzeichen]
Titel des Aufsatzes, in: Name der Zeitschrift (Abkürzung der Zeitschrift), Jahrgangs-
nummer, Erscheinungsjahr, Seitenangabe Aufsatzanfang bis -ende.

Dreier, Horst [ggf. Referenzzeichen]
Das Grundgesetz – eine Verfassung auf Abruf?, in:
Aus Politik und Zeitgeschichte, 57. Jg., Nr. 18-19, 2009, S. 19-26.

mehrere Autoren

Fußnote
[1] Vgl. *Voßkuhle/Gosewinkel/Blomert* [ggf. Referenzzeichen], S. 307.
(indirektes Zitat)
[1] *Voßkuhle/Gosewinkel/Blomert* [ggf. Referenzzeichen], S. 307.
(direktes Zitat)

Literaturverzeichnis
Aufbau:
Nachname des 1. Autors, Vorname(n) des 1. Autors/*Nachname des 2. Autors*,
Vorname(n) des 2. Autors [ggf. Referenzzeichen]
Titel des Aufsatzes. Untertitel, in: Name der Zeitschrift (Abkürzung der Zeitschrift),
Jahrgangsnummer, Nummer der Ausg., Erscheinungsjahr, Seitenangabe Aufsatzan-
fang bis -ende.

Voßkuhle, Andreas/*Gosewinkel*, Dieter/*Blomert*, Reinhard [ggf. Referenzzeichen]
Wir begreifen die Gemeinschaft der Verfassungsgerichte als Lernverbund, in:
Leviathan. Berliner Zeitschrift für Sozialwissenschaft (Leviathan), 39. Jg., Nr. 3, 2011,
S. 305-314.

Abb. 53: Musterangaben im Studiengang WR – wissenschaftliche Zeitschriftenaufsätze
(Quelle: Eigene Darstellung)

KOMMENTAR

ein Autor bzw. Bearbeiter

Fußnote
[1] Vgl. *Postel*, § 4, Rn. 18, in: *Dietlein*. (indirektes Zitat)
[1] *Postel*, § 4, Rn. 18, in: *Dietlein*. (direktes Zitat)
Autor bzw. Bearbeiter ist in diesem Fall *„Postel"*.

Literaturverzeichnis
Aufbau:
Nachname des erstgenannten Hrsg., Vorname(n) des erstgenannten Hrsg./
Nachname des zweitgenannten Hrsg., Vorname(n) des Hrsg./*Nachname des dritt-
genannten Hrsg.*, Vorname(n) des Hrsg., Titel des Kommentars, Nummer der Aufl.,
Erscheinungsort Erscheinungsjahr, zitiert: *Bearbeiter*, in: *Name erster Hrsg.*

Dietlein, Johannes/*Hecker*, Manfred/*Ruttig*, Markus, Glücksspielrecht-Kommentar,
München 2008, zitiert: *Postel*, in: *Dietlein*.

Mehrere Autoren bzw. Bearbeiter

Fußnote
[1] Vgl. *Zöbeley/Dollinger*, § 26. Rn. 11, in: *Umbach*. (indirektes Zitat)
[1] *Zöbeley/Dollinger*, § 26. Rn. 11, in: *Umbach*. (direktes Zitat)
Autoren bzw. Bearbeiter sind in diesem Fall *„Zöbeley/Dollinger"*.

Literaturverzeichnis
Aufbau:
Nachname des erstgenannten Hrsg., Vorname(n) des erstgenannten Hrsg./*Nachname
des zweitgenannten Hrsg.*, Vorname(n) des Hrsg./*Nachname des drittgenannten
Hrsg.*, Vorname(n) des Hrsg., Titel des Kommentars, Nummer der Aufl.,
Erscheinungsort Erscheinungsjahr, zitiert: *Nachname erster Bearbeiter/Nachname
zweiter Bearbeiter/Nachname dritter Bearbeiter*, in: *Nachname erster Hrsg.*

Umbach, Dieter C./*Clemens*, Thomas/*Dollinger*, Franz-Wilhelm,
Bundesverfassungsgerichtsgesetz-Mitarbeiterkommentar, 2. Aufl., Heidelberg 2005,
zitiert: *Zöbeley/Dollinger*, in: *Umbach*.

wenn Autor bzw. Bearbeiter = Hrsg.

Fußnote
[1] Vgl. *Dietlein*, § 1, Rn. 5, in: *Dietlein*. (indirektes Zitat)
[1] *Dietlein*, § 1, Rn. 5, in: *Dietlein*. (direktes Zitat)

Literaturverzeichnis
Aufbau:
Nachname des erstgenannten Hrsg., Vorname(n) des erstgenannten Hrsg./
Nachname des zweitgenannten Hrsg., Vorname(n) des Hrsg./*Nachname des dritt-
genannten Hrsg.*, Vorname(n) des Hrsg., Titel des Kommentars, Nummer der Aufl.,
Erscheinungsort Erscheinungsjahr, zitiert: *Bearbeiter*, in: *Name erster Hrsg.*

Dietlein, Johannes/*Hecker*, Manfred/*Ruttig*, Markus, Glücksspielrecht-Kommentar,
München 2008, zitiert: *Dietlein*, in: *Dietlein*.

Abb. 54: Musterangaben im Studiengang WR – Kommentar
(Quelle: Eigene Darstellung)

ARTIKEL AUS EINER ZEITSCHRIFT/ZEITUNG

ein Autor

Fußnote
[1] Vgl. *Darnstädt* [ggf. Referenzzeichen], S. 160. (indirektes Zitat)
[1] *Darnstädt* [ggf. Referenzzeichen], S. 160. (direktes Zitat)

Literaturverzeichnis
Aufbau:
Nachname des Autors, Vorname(n) des Autors [ggf. Referenzzeichen]
    Titel des Artikels, in: Name der Zeitschrift/Zeitung, Nummer der Ausgabe vom Datum
    (TT. Monat JJJJ), Seitenangabe Artikelanfang bis -ende.

Darnstädt, Thomas [ggf. Referenzzeichen]
    Der Mann der Stunde, in: Der Spiegel, Nr. 39 vom 22. September 2008, S. 160-161.

mehrere Autoren

Fußnote
[1] Vgl. *Zeitz/Hetzler* [ggf. Referenzzeichen], S. 10. (indirektes Zitat)
[1] *Zeitz/Hetzler* [ggf. Referenzzeichen], S. 10. (direktes Zitat)

Literaturverzeichnis
Aufbau:
Nachname des 1. Autors, Vorname(n) des 1. Autors/*Nachname des 2. Autors*,
    Vorname(n) des 2. Autors [ggf. Referenzzeichen]
    Titel des Artikels, in: Name der Zeitschrift/Zeitung, Nummer der Ausgabe vom Datum
    (TT. Monat JJJJ), Seitenangabe Artikelanfang bis Artikelende.

Zeitz, Lars/*Hetzler*, Melina [ggf. Referenzzeichen]
    Geister über der Lagune, in: Frankfurter Allgemeine Zeitung, Nr. 233 vom 06. Oktober
    2008, S. 10.

Abb. 55: Musterangaben im Studiengang WR – Artikel aus einer Zeitschrift/Zeitung
(Quelle: Eigene Darstellung)

SEKUNDÄRZITAT

ein Autor

Fußnote

[1] Vgl. *Radbruch* [ggf. Referenzzeichen], S. 206, zitiert nach *Klein* [ggf. Referenzzeichen], S. 90. (indirektes Zitat)

[1] *Radbruch* [ggf. Referenzzeichen], S. 206, zitiert nach *Klein* [ggf. Referenzzeichen], S. 90. (direktes Zitat)

Literaturverzeichnis

Aufbau:

Nachname des Autors, Vorname(n) des Autors [ggf. Referenzzeichen]
    Titel der Quelle. Untertitel der Quelle, Erscheinungsort Erscheinungsjahr.

Klein, Martin D. [ggf. Referenzzeichen]
    Demokratisches Denken bei Gustav Radbruch, Berlin 2007.

HOCHSCHULSCHRIFTEN

ein Autor

Fußnote

[1] Vgl. *Müller* [ggf. Referenzzeichen], S. 10. (indirektes Zitat)

[1] *Müller* [ggf. Referenzzeichen], S. 10. (direktes Zitat)

Literaturverzeichnis

Aufbau:

Nachname des Autors, Vorname(n) des Autors [ggf. Referenzzeichen]
    Titel, Erscheinungsort, Name der Hochschule, Art der Hochschulschrift, Erscheinungsjahr.

Molthagen, Julia [ggf. Referenzzeichen]
    Das Verhältnis der EU- Grundrechte zur EMRK. Eine Untersuchung unter besonderer Berücksichtigung der Charta der Grundrechte der EU, Hamburg, Universität Hamburg, Diss., 2003.

Abb. 56: Musterangaben im Studiengang WR – Sekundärzitat und Hochschulschriften[221] (Quelle: Eigene Darstellung)

---

[221] Beachten Sie, dass Sie die Originalquelle lesen und auf die entsprechende Passage verweisen sollten, da die Sekundärquelle Zitate möglicherweise falsch wiedergibt. In den beschriebenen Fällen wurde das Buch von *Klein* gelesen. Darin befand sich das Zitat von *Radbruch*. Im Literaturverzeichnis finden sich lediglich die Angaben zu den Literaturtiteln und Quellen, die Sie tatsächlich „in der Hand gehalten haben" und gelesen haben (also die Angaben zu dem Buch von *Klein*).

UNTERNEHMENSSCHRIFTEN

ein Autor

Fußnote
[1] Vgl. *Institut der deutschen Wirtschaft* [ggf. Referenzzeichen], S. 10. (indirektes Zitat)
[1] *Institut der deutschen Wirtschaft* [ggf. Referenzzeichen], S. 10. (direktes Zitat)

Literaturverzeichnis
Aufbau:
Name der Firma/Institution [ggf. Referenzzeichen]
    Titel, Erscheinungsort Erscheinungsjahr.

Institut der deutschen Wirtschaft [ggf. Referenzzeichen]
    Jahresbericht 1996, Berlin 1996.

UNVERÖFFENTLICHTE UNTERNEHMENSSCHRIFTEN

ein Autor

Fußnote
[1] Vgl. *Deutsche Telekom AG* [ggf. Referenzzeichen], Anhang S. 10. (indirektes Zitat)
[1] *Deutsche Telekom AG* [ggf. Referenzzeichen], Anhang S. 10. (direktes Zitat)

Literaturverzeichnis
Aufbau:
Name der Firma/Institution [ggf. Referenzzeichen]
    Titel, siehe Anhang, Seitenangabe der ersten und letzten Seite des Abschnitts/
    Kapitels, in dem das Zitat zu finden ist.

Deutsche Telekom AG [ggf. Referenzzeichen]
    Entwicklung der Unternehmenskultur, siehe Anhang, S. 10-16.

Abb. 57: Musterangaben im Studiengang WR – Unternehmensschriften[222]
(Quelle: Eigene Darstellung)

---

[222] Als Unternehmensschrift bezeichnet man im Allgemeinen Schriften, welche nicht von einem Verlag, sondern von einem Unternehmen herausgegeben werden. Wenn die Unternehmensschrift unveröffentlicht ist, müssen Sie sie dem Anhang beifügen, damit die Quellenangabe entsprechend überprüft werden kann.

INTERNETQUELLEN

ein Autor

Fußnote

[1] Vgl. *Haack* [ggf. Referenzzeichen], o. S. (indirektes Zitat)
[1] *Haack* [ggf. Referenzzeichen], o. S. (direktes Zitat)

Literaturverzeichnis

Aufbau:
Nachname des Autors, Vorname(n) des Autors [ggf. Referenzzeichen]
    Titel der *Internetseite*. Untertitel bzw. Unterabschnitt des Internetauftritts, verfügbar
    unter: URL (Datum des Abrufs (TT.MM.JJJJ)).

Haack, Melanie [ggf. Referenzzeichen]
    Wirtschaftsjuristen vs. Volljuristen. Konkurrenz oder Kooperation?, verfügbar unter:
    http://www.lto.de/de/html/nachrichten/1733/wirtschaftsjurist (04.07.2012).

mehrere Autoren

Fußnote

[1] Vgl. *Mendelsohn/Carey* [ggf. Referenzzeichen], o. S. (indirektes Zitat)
[1] *Mendelsohn/Carey* [ggf. Referenzzeichen], o. S. (direktes Zitat)

Literaturverzeichnis

Aufbau:
Nachname des 1. Autors, Vorname(n) des Autors/*Nachname des 2. Autors*, Vorname(n)
des 2. Autors [ggf. Referenzzeichen]
    Titel der Internetseite, verfügbar unter: URL (Datum des Abrufs (TT.MM.JJJJ)).

Mendelsohn, Daniel/*Carey*, John [ggf. Referenzzeichen]
    An Affair to Remember, verfügbar unter: http://www.nybooks.com/articles/archi-
    ves/2006/feb/23/an-affair-to-remember/?pagination=false (04.07.2012).

Abb. 58: Musterangaben im Studiengang WR – Internetquellen
(Quelle: Eigene Darstellung)

CLIPS AUF VIDEOPORTALEN UND BEITRÄGE VON BLOGS

Clips auf Videoportalen

Fußnote

Vgl. *Zeitonline* [2014], (3:12-4:02). (indirektes Zitat)
Zeitonline [2014], (3:12-3:28). (direktes Zitat)

Literaturverzeichnis

Aufbau:
Name des Autors/Veröffentlichenden, Vorname(n) des Autors/Veröffentlichenden
und/oder *Name des Videoportal-Kanals* [ggf. Referenzzeichen]
Titel des Clips, Name des Videoportals, Datum der Erstveröffentlichung,
verfügbar unter: URL (Datum des Abrufs (TT.MM.JJJJ)).

Zeitonline [2014]
Thomas Piketty im Interview, YouTube, 04.07.2014, verfügbar unter:
https://youtu.be/or6KAZG_b2l (29.06.2015).

Beiträge von Blogs

Fußnote

Vgl. *adhibeo* [2015], o. S. (indirektes Zitat)
adhibeo [2015], o. S. (direktes Zitat)

Literaturverzeichnis

Aufbau:
Nachname des Autors, Vorname(n) des Autors und/oder *Name des Blogs*
[ggf. Referenzzeichen]
Titel des Blog-Beitrags. Ggf. Untertitel des Blog-Beitrags, Name des Blogs, Datum
der Erstveröffentlichung, verfügbar unter: URL (Datum des Abrufs (TT.MM.JJJJ)).

adhibeo [2015]
„Studentische Wissenschaft kann eine Art Korrektiv darstellen", adhibeo. Der
Wissenschaftsblog der Hochschule Fresenius, 14.04.2015, verfügbar unter:
http://www.adhibeo.de/2015/04/14/fregenius-magazin-fuer-studentische-
aufsaetze-erstmals-erschienen (29.06.2015).

Abb. 59: Musterangaben im Studiengang WR – Clips auf Videoportalen und Beiträge von Blogs
(Quelle: Eigene Darstellung)

PDF-DOKUMENTE

ein Autor

Fußnote

[1] Vgl. *Reihlen* [ggf. Referenzzeichen], S. 10. (indirektes Zitat)
[1] *Reihlen* [ggf. Referenzzeichen], S. 10. (direktes Zitat)

Literaturverzeichnis

Aufbau:
Nachname des Autors, Vorname(n) des Autors [ggf. Referenzzeichen]
   Titel des PDF-Dokuments. Ggf. Untertitel, verfügbar unter: URL (Datum des Abrufs
   (TT.MM.JJJJ)).

Reihlen, Markus [ggf. Referenzzeichen]
   Führung in Heterarchien. Arbeitsbericht Nr. 98 des Seminars für
   Allgemeine Betriebswirtschaftslehre, Betriebswirtschaftliche Planung und Logistik
   der Universität zu Köln, verfügbar unter: http://www.spl.unikoeln.de/fileadmin/docu-
   ments/arbeitsberichte/arbb-98.pdf (04.07.2012).

Abb. 60: Musterangaben im Studiengang WR – PDF-Dokumente
(Quelle: Eigene Darstellung)

CD

Fußnote

[1] Vgl. *Müller* [ggf. Referenzzeichen]. (indirektes Zitat)
[1] *Müller* [ggf. Referenzzeichen]. (direktes Zitat)

Literaturverzeichnis

Aufbau:
Nachname des Autors, Vorname(n) des Autors [ggf. Referenzzeichen]
   Titel der CD. Titelzusatz, Erscheinungsort Erscheinungsjahr. – Anzahl der
   CD, ggf. zugehörige Literatur.

Müller, Peter [ggf. Referenzzeichen]
   Sprachen lernen leicht gemacht. Sonderedition, Berlin 2007. – 1 CD mit
   Begleitheft.

Abb. 61: Musterangaben im Studiengang WR – CD
(Quelle: Eigene Darstellung)

FOTOS UND FILME

Fotos

Fußnote
[1] Vgl. *Müller* [2007], Anhang S. 20.

Literaturverzeichnis
Aufbau:
Nachname des Autors, Anfangsbuchstabe des Vornamens des Autors.
[Referenzzeichen]
    Titel des Bandes/Kataloges, Erscheinungsort Erscheinungsjahr. – Abmessungen
    des Originals, Anhang Seitenzahl.

Müller, Patrick [2007]
    Die Kunst des Schweigens, Berlin 2007. – Originalabzug s/w 10 x 15 cm,
    Anhang S. 20.

Filme

Fußnote
[1] Vgl. *Müller* et al. [2007]. (indirektes Zitat)
[1] *Müller* et al. [2007]. (direktes Zitat)

Literaturverzeichnis
Aufbau:
Nachname des Drehbuchautors, Vorname des Drehbuchautors/*Nachname des Dreh-
buchmitarbeiters*, Vorname des Drehbuchmitarbeiters/*Nachname des 1. Darstellers*,
Vorname des 1. Darstellers. usw. [Referenzzeichen]
    Titel des Films, Erscheinungsort, Filmproduktionsfirma, Erscheinungsjahr. – Art des
    Films Länge in Minuten.

Müller, Patrick [Drehbuch, Regie]/*Schmidt*, Gabriele [Drehbuch, Mitarb.]/*Meyer*,
Sebastian [Darst.]/*Schulz*, Simone [Darst.] [ggf. Referenzzeichen]
    Das lange Leben der Miss Müller. Berlin, Bavaria, 2007. – TV-Spielfilm Farbe
    92 min.

Abb. 62: Musterangaben im Studiengang WR – Fotos und Filme[223]
(Quelle: Eigene Darstellung)

---

[223] Anmerkung zur Zitation von Filmen: Zitieren Sie den Drehbuchautor nur, wenn Ihnen
das Drehbuch tatsächlich vorliegt und Sie aus diesem zitieren. Wenn Sie eine Sze-
ne/Textpassage des Filmes zitieren, zitieren Sie den Regisseur. Die Kennzeichnung
der Funktion (Regie, Drehbuch) ist allerdings immer erforderlich.

INTERVIEWS/E-MAILS

ein Autor

Fußnote
[1] Vgl. *Müller* [ggf. Referenzzeichen], Interview vom 10.03.2012, Anhang S. 11.
(indirektes Zitat)
[1] *Müller* [ggf. Referenzzeichen], Interview vom 10.03.2012, Anhang S. 11.
(direktes Zitat)

Literaturverzeichnis
Aufbau:
Nachname des Autors, Vorname(n) des Autors. [ggf. Referenzzeichen]
    Interview mit Vorname Nachname des Interviewpartners vom Datum (TT.MM.JJJJ).
    Firmenzugehörigkeit, siehe Anhang, Seitenangabe der ersten und letzten Seite des
    Interviews.

Müller, Peter [ggf. Referenzzeichen]
    Interview mit Max Mustermann vom 10.03.2012, Deutsche Telekom, siehe Anhang,
    S. 10-16.

mehrere Autoren

Fußnote
[1] Vgl. *Müller/Hoffmann* [ggf. Referenzzeichen], Interview vom 20.03.2012, Anhang S. 5.
(indirektes Zitat)
[1] *Müller/Hoffmann* [ggf. Referenzzeichen], Interview vom 20.03.2012, Anhang S. 5.
(direktes Zitat)

Literaturverzeichnis
Aufbau:
Nachname des 1. Autors, Vorname(n) des 1.Autors/*Nachname des 2. Autors*, Vorname(n)
des 2. Autors [ggf. Referenzzeichen]
    Interview mit Vorname Nachname des Interviewpartners vom Datum (TT.MM.JJJ),
    Firmenzugehörigkeit, siehe Anhang, Seitenangabe der ersten und letzten Seite des
    Interviews.

Müller, Erich/*Hoffmann*, Klaus [ggf. Referenzzeichen]
    Interview mit Max Mustermann vom 20.03.2012, Vodafone, siehe Anhang, S. 4-7.

Abb. 63: Musterangaben im Studiengang WR – Interviews/E-Mails
(Quelle: Eigene Darstellung)

LOSEBLATT-SAMMLUNGEN

ein Autor

Fußnote

[1] Vgl. *Prill* [ggf. Referenzzeichen], S. 10. (indirektes Zitat)
[1] *Prill* [ggf. Referenzzeichen], S. 10. (direktes Zitat)

Literaturverzeichnis

Aufbau:
Nachname des Autors, Vorname(n) des Autors [ggf. Referenzzeichen]
    Titel. Ggf. Untertitel. Quellenart, Loseblatt-Ausg., Erscheinungsort, Nummer der
    Erg.-Lfg., Stand: Datum (TT.MM.JJJJ).

Prill, Paul [2007]
    Schule in der Transformation. Eine Bestandsaufnahme, Loseblatt-Ausg., Berlin, Erg.-
    Lfg. 10, Stand: 12.06.2007.

mehrere Autoren

Fußnote

[1] Vgl. *Gaul/Bartenbach* [ggf. Referenzzeichen], S. 33. (indirektes Zitat)
[1] *Gaul/Bartenbach* [ggf. Referenzzeichen], S. 33. (direktes Zitat)

Literaturverzeichnis

Aufbau:
Nachname des 1. Autors, Vorname(n) des 1. Autors/*Nachname des 2. Autors*,
Vorname(n) des 2. Autors [ggf. Referenzzeichen]
    Titel. Ggf. Untertitel. Quellenart, Loseblatt-Ausg., Erscheinungsort, Nummer der
    Erg.-Lfg., Stand: Datum (TT.MM.JJJJ).

Gaul, Daniel/*Bartenbach*, Klaus [ggf. Referenzzeichen]
    Arbeitnehmerfinderrecht. Kommentar, Loseblatt-Ausg., Köln, Erg.-Lfg. 28, Stand:
    11.10.2001.

Abb. 64: Musterangaben im Studiengang WR – Loseblattsammlungen
(Quelle: Eigene Darstellung)

Judikate als Primärquelle werden nicht im Literaturverzeichnis aufgeführt, sondern lediglich in Fußnoten angegeben. Im Folgenden finden Sie Hinweise zur Notation in Fußnoten.

Nationale Gerichtsurteile

Zitate der amtlichen Sammlung

Fußnote

[1] Vgl. BGH, Urt. v. 26.11.1968, BGHZ 51, 91. (indirektes Zitat)
[1] BGH, Urt. v. 26.11.1968, BGHZ 51, 91. (direktes Zitat)

Aufbau der Fußnote

Gericht, Urt. v. TT.MM.JJJJ, Name der Sammlung, Seitenzahl, auf der das Urteil in der Sammlung beginnt, Seitenzahl der zitierten Stelle, ggf. Randnummer (Rn) (falls einzelne Passagen eines Urteils zitiert werden).

Gerichtsentscheidungen (veröffentlicht)

Fußnote

[1] Vgl. BGH, BGHZ 134, 250, 267. (indirektes Zitat)
[1] BGH, BGHZ 134, 250, 267. (direktes Zitat)
   Abdruck des Urteils in einer Zeitschrift:
[1] Vgl. BGH, Urt. v. 26.11.1968, BGHZ 51, 91 = NJW 1969,269 – Hühnerpest. (indirektes Zitat)
[1] BGH, Urt. v. 26.11.1968, BGHZ 51, 91 = NJW 1969,269 – Hühnerpest. (direktes Zitat)

Aufbau der Fußnote

Gericht, Urt. v. TT.MM.JJJJ, Seitenzahl, auf der das Urteil in der Quelle beginnt, Seitenzahl der zitierten Stelle, ggf. Rn (falls einzelne Passagen eines Urteils zitiert werden).

Gericht, Urt. v. TT.MM.JJJJ, Seitenzahl, auf der das Urteil in der Quelle beginnt, Seitenzahl der zitierten Stelle, ggf. Rn (falls einzelne Passagen eines Urteils zitiert werden) = Zeitschrift, in der das Urteil abgedruckt ist, Erscheinungsjahr der Zeitschrift, Seitenzahl, auf der das Urteil in der Quelle beginnt – Name der Entscheidung (optional).

Abb. 65: Musterangaben im Studiengang WR – Nationale Gerichtsurteile 1
(Quelle: Eigene Darstellung)

Nationale Gerichtsurteile

Urteil in Zeitschriften mit großem Verbreitungsgrad

Fußnote

[1] Vgl. BGH, NJW 1995, 1135. (indirektes Zitat)
[1] BGH, NJW 1995, 1135. (direktes Zitat)

Aufbau der Fußnote

Gericht, Az., Urt. v. TT.MM.JJJJ, Name der Zeitschrift, in der das Urteil abgedruckt ist, Jahreszahl, Seitenzahl, auf der das Urteil in der Zeitschrift beginnt, Seitenzahl der zitierten Stelle, ggf. Rn. (falls eine/einzelne Passage(n) eines Urteils zitiert wird/werden).

Zitation mehrerer Quellen

Fußnote

[1] Vgl. BVerfG, NJW 2001, 141= ZEV 2000, 447; BGH, NJW 1999, 566; BVerwG, DVBl. 2001, 646. (indirektes Zitat)
[1] BVerfG, NJW 2001, 141= ZEV 2000, 447; BGH, NJW 1999, 566; BVerwG, DVBl. 2001, 646. (direktes Zitat)

Aufbau der Fußnote

Genauso wie im vorigen Beispiel. Es wird nur eine weitere Quellenangabe ergänzt und durch ein Gleichheitszeichen angefügt.

Internetquellen, wenn Urteil einzig dort verfügbar

Fußnote

[1] Vgl. BVerfG, 1 BvR 1762/95 und 1 BvR 1787/95, Urt. v. 12.12.2000, Rn. 44, http://www.bverfg.de./entscheidungen/rs20010116_1bvr176295.html, (07.08.2009). (indirektes Zitat)
[1] BVerfG, 1 BvR 1762/95 und 1 BvR 1787/95, Urt. v. 12.12.2000, Rn. 44, http://www.bverfg.de./entscheidungen/rs20010116_1bvr176295.html, (07.08.2009). (direktes Zitat)

Aufbau der Fußnote

Gericht, Az., Urt. v. TT.MM.JJJJ, Rn. (falls eine/ einzelne Passage(n) eines Urteils zitiert wird/werden), URL, (Datum der Abfrage (TT.MM.JJJJ)).

Achtung: Bei der URL ist immer der **genaue Link** anzugeben, nicht nur die Internetseite und das **Datum der Abfrage! Ein Ausdruck der Internetquelle soll dem Anhang der Arbeit beigefügt werden.**

Abb. 66: Musterangaben im Studiengang WR – Nationale Gerichtsurteile 2
(Quelle: Eigene Darstellung)

Gerichtsurteile/Entscheidungen im Europarecht

Amtlich veröffentlichte Urteile des EuGH

Fußnote

[1] Vgl. EuGH, Urt. v. 5.10.1994, Rs. C-180/93, Deutschland/Kommission, Slg. 1994 I-4973. (indirektes Zitat)

[1] EuGH, Urt. v. 5.10.1994, Rs. C-180/93, Deutschland/Kommission, Slg. 1994 I-4973. (direktes Zitat)

Aufbau der Fußnote

Gericht, Urt. v. TT.MM.JJJJ, Nummer der Rs., die sich gegenüberstehenden Parteien, Jahr der amtlichen Sammlung und Seitenzahl.

Urteile des EuGH, die amtlich und in juristischer Fachliteratur veröffentlicht wurden

Fußnote

[1] Vgl. EuGH, Urt. v. 5.10.1994, Rs. C-180/93, Deutschland/Kommission, Slg. 1994 I-4973 = NJW 1995, 945. (indirektes Zitat)

[1] EuGH, Urt. v. 5.10.1994, Rs. C-180/93, Deutschland/Kommission, Slg. 1994 I-4973 = NJW 1995, 945. (direktes Zitat)

Aufbau der Fußnote

Gericht, Urt. v. TT.MM.JJJJ, Nummer der Rs., die sich gegenüberstehenden Parteien, Jahr der amtlichen Sammlung und Seitenzahl = Zeitschrift, in der das Urteil abgedruckt ist und Erscheinungsjahr, Seite, auf der das Urteil in der Zeitschrift zu finden ist.

Abb. 67: Musterangaben im Studiengang WR – Gerichtsurteile im Europarecht (Quelle: Eigene Darstellung)

Anmerkung zu Zitationsregeln in Fußnoten

Gesetze

Fußnote

[1] Vgl. § 23 Abs. 1 S. 1 Nr. 2 Einkommensteuergesetz (EStG) v. 19.10.2002, BGBl. I, S. 4210. (indirektes Zitat)

[1] § 23 Abs. 1 S. 1 Nr. 2 Einkommensteuergesetz (EStG) v. 19.10.2002, BGBl. I, S. 4210. (direktes Zitat)

Aufbau der Fußnote:

Genaue Fundstelle der Rechtsnorm Gesetz (Kürzel), v. Datum der Beschlussfassung (TT.MM.JJJJ), Amtsblatt, Erste Seite des Gesetzes im Amtsblatt.

Amtsblätter und EG-Vertrag

Fußnote

[1] Vgl. Richtlinie 85/577/EWG des Rates betreffend Verbraucherschutz bei außerhalb von Geschäftsräumen geschlossenen Verträgen v. 20.12.1985, ABl.EG 1985 Nr. L372, S. 31 (möglicher Verweis auch abgekürzt als: Haustürwiderrufs-RL85/577/EWG). (indirektes Zitat)

[1] Richtlinie 85/577/EWG des Rates betreffend Verbraucherschutz bei außerhalb von Geschäftsräumen geschlossenen Verträgen v. 20.12.1985, ABl.EG 1985 Nr. L372, S. 31 (möglicher Verweis auch abgekürzt als: Haustürwiderrufs-RL85/577/EWG). (direktes Zitat)

Aufbau der Fußnote:

Titel der Richtlinie v. Datum der Beschlussfassung (TT.MM.JJJJ), Amtsblatt Nummer des Amtsblatts, Erste der Richtlinie im Amtsblatt.

Abb. 68: Musterangaben im Studiengang WR – Anmerkungen zu Zitationsregeln in Fußnoten

(Quelle: Eigene Darstellung)

ZUSAMMENFASSUNG

- Fremdes Gedankengut muss in Form von Zitaten gekennzeichnet werden
- Unterscheidung zwischen direkten und indirekten Zitaten
- Abbildungen und Tabellen
- Kurzzitiertechnik mittels Fußnoten
- Juristische Quellen: hierarchisch am höchsten gestellte Quellen zitieren
- Transkripte und nicht frei zugängliche Quellen sind Teil des Anhangs

QR-Code zu den Übungen:

ILIAS-Pfad zu den Übungen: Magazin » FB Wirtschaft & Medien » Standortübergreifend » "Wissenschaftliches Arbeiten 2.0"

7 Wissenschaftliches Schreiben

Füger, Nina

Jede Textsorte hat ihre Eigenheiten und folgt einem gewissen Regelwerk. Sicherlich haben Sie schon vor Ihrem Studium einige Erfahrungen in der Formulierung von Texten gesammelt. So haben Sie bspw. im Deutschunterricht eigene Erörterungen oder Interpretationen verfasst oder vielleicht auch eine umfassende Facharbeit zu einem Thema Ihrer Wahl geschrieben. Im Rahmen von wissenschaftlichen Haus- und Abschlussarbeiten sowie Praktikums- und Projektberichten im Studium erlernen Sie nun das Schreiben einer weiteren Textsorte: Das **wissenschaftliche Arbeiten**.[224] Auch bei dieser Textsorte gilt es, **spezifischen Regeln** zu folgen, die in dem vorliegenden Kapitel beleuchtet werden.

Um eine Vorstellung und ein Gefühl für dieses für Sie möglicherweise noch unbekannte Textgenre zu erhalten, empfehlen wir Ihnen, **aktuelle wissenschaftliche Fachartikel** zu lesen. Die Hochschule Fresenius verfügt über zahlreiche Lizenzen, sodass Sie ausgewählte Fachzeitschriften online einsehen können (siehe Kapitel 4.2 zur Literaturrecherche). Auch in der Bibliothek der Hochschule finden Sie eine große Auswahl an aktuellen Ausgaben renommierter Fachzeitschriften. Zu Beginn werden Ihnen der Aufbau und die Formulierung wissenschaftlicher Texte möglicherweise befremdlich erscheinen. Im Gegensatz zu journalistischen und populärwissenschaftlichen Artikeln weisen diese bspw. eine durchgängige Kennzeichnung der zugrunde liegenden Quellen auf. Ferner werden Sie einen ähnlichen Aufbau und Stil bei verschiedenen wissenschaftlichen Artikeln entdecken.

Im vorliegenden Kapitel wollen wir Ihnen Tipps geben, wie Sie beim Erstellen Ihrer (ersten) wissenschaftlichen Arbeit vorgehen können, um in den richtigen Schreibfluss zu kommen. Des Weiteren führen wir Regeln an, die Sie bei den Formulierungen Ihrer Arbeit unbedingt berücksichtigen sollten.

7.1 Eine Starthilfe zum wissenschaftlichen Schreiben

Aller Anfang ist schwer! Lassen Sie sich nicht entmutigen, wenn der Schreibfluss beim Formulieren Ihrer wissenschaftlichen Arbeit nicht sofort einsetzt. Wichtig ist, dass Sie überhaupt anfangen, zu schreiben. Die folgenden Tipps können Ihnen dabei helfen, **Schreibblockaden** vorzubeugen oder zu lösen.

Nachdem Sie sich einen Zeitplan erstellt, Ihr Thema festgelegt und Literatur recherchiert haben, haben Sie bereits eine gute Grundlage für das erfolgreiche

---

[224] Vgl. Ebster/Stalzer [2008], S. 82.

Gelingen Ihrer wissenschaftlichen Arbeit geschaffen. Des Weiteren ist es essentiell, dass Sie sich **ausreichend Zeit** nehmen, eine **Gliederung zu erstellen** (siehe Kapitel 5.2.2). Ein **gut durchdachtes Konzept** ist die Voraussetzung für eine gelungene Arbeit und das beste Mittel gegen Schreibblockaden.[225] Das bedeutet nicht, dass Ihre Gliederung verbindlich und unabänderlich ist; bei der Vertiefung des Stoffes kann es durchaus sein, dass sich die ursprüngliche Form nicht bewährt und bspw. Kapitel oder Unterkapitel ergänzt, gestrichen oder umgestellt werden. Dennoch stellt sie die ideale Starthilfe dar, um ein zielgerichtetes und geordnetes Schreiben zu ermöglichen.[226]

Setzen Sie sich nicht unnötig unter Druck, indem Sie sich mit der Formulierung der Einleitung aufhalten. Widmen Sie sich stattdessen im nächsten Schritt dem Hauptteil Ihrer Arbeit, indem Sie die gefundene Literatur den einzelnen Gliederungspunkten zuordnen und entsprechend dokumentieren. Literaturverwaltungsprogramme wie **Citavi** oder **EndNote** (Kapitel 4.2.2) können Sie bei dieser Dokumentation unterstützen.

Wolfsberger gibt u. a. folgende Empfehlungen für das *Freewriting*:[227]

1. Wählen Sie eine günstige Schreibzeit und einen Schreibort, an dem Sie sich gut konzentrieren können.

2. Überlegen Sie sich, an welchem Kapitel Ihrer Arbeit Sie nun arbeiten möchten.

3. Machen Sie mithilfe Ihrer bereits bestehenden Mindmaps einen Plan, welche Punkte Sie nun erwähnen und zu Papier bringen möchten.

4. Entnehmen Sie der Literatur die notwendigen Informationen, notieren Sie diese in Stichworten unter Angabe der entsprechenden Seitenzahlen. Legen Sie dann alle Bücher, Zeitschriftartikel etc. beiseite und arbeiten Sie nur noch mit Ihren Notizen.

5. Legen Sie im Vorhinein ein konkretes Zeitfenster fest, das Sie zum Schreiben verwenden möchten. Alternativ können Sie auch vorher eine konkrete Seitenanzahl festlegen, die Sie verfassen möchten.

6. Orientieren Sie sich an Ihrer Mindmap und beginnen Sie mit dem Schreiben. Verfassen Sie Ihren Text so, als würden Sie den zu erläuternden Sachverhalt einem Kommilitonen erklären.

7. Wenn Sie während des Schreibens feststellen, dass Ihnen Daten, Fakten, Belege o. ä. fehlen, dann lassen Sie sich dadurch nicht im Schreibfluss

---

[225] Vgl. Ebster/Stalzer [2008], S. 94.

[226] Vgl. Bänsch/Alewell [2009], S. 48.

[227] Vgl. Wolfsberger [2009], S. 135 f.

unterbrechen. Notieren Sie sich kurz, welche Informationen Sie noch benötigen, und machen Sie dann weiter.

8. Es ist wichtig, dass Sie sich nicht zu viel auf einmal vornehmen. Arbeiten Sie an einem kleinen Teil Ihres Clusters und vervollständigen Sie ausschließlich diesen Teil Ihres Textes. Gönnen Sie sich im Anschluss daran etwas Gutes und belohnen Sie sich für Ihre Arbeit.

Beginnen Sie nun mit der **Rohfassung** Ihrer Arbeit. Eine Rohfassung hat nicht den Anspruch, perfekte, ausgefeilte Formulierungen aufzuweisen. Viel mehr dient sie dazu, überhaupt etwas niederzuschreiben, sodass das Geschriebene in einem weiteren Schritt überarbeitet und angepasst werden kann. Notieren Sie sich gegebenenfalls auch **Ideen in Form von Stichworten oder halben Sätzen**, sowohl für die einzelnen Kapitel des Hauptteils als auch für die Einleitung und das Fazit. Halten Sie auch unterwegs stets ein kleines Notizbuch bereit, sodass Sie Gedankenblitze direkt festhalten können.[228] Bei der Überarbeitung der Rohfassung können Sie diese Gedanken wiederaufnehmen, einzelne Textteile miteinander verknüpfen und einen **roten Faden** herstellen. Achten Sie beim Redigieren des Textes zudem darauf, jedes Kapitel mit einer kurzen Einleitung zu beginnen sowie mit einer Zusammenfassung abzuschließen. So wird der Leser Ihrer Arbeit fließend durch die einzelnen Kapitel geführt.

Bänsch und Alewell machen zudem darauf aufmerksam, dass bei einem wissenschaftlichen Text **Harmonie**[229] herrschen soll: Kontrollieren Sie daher Ihre Arbeit stets dahingehend, dass diese stimmig ist. Gehen Sie im Schlussteil Ihrer Arbeit tatsächlich auf die Fragestellung ein, die Sie in der Einleitung angeführt haben? Verwenden Sie Begrifflichkeiten in Ihrem gesamten Werk so, wie Sie diese zu Beginn Ihrer Arbeit definiert haben? Bitten Sie auch weitere Personen, Ihre Arbeit im Hinblick auf Logik Korrektur zu lesen. Unklare oder disharmonische Aspekte nehmen Sie möglicherweise selbst gar nicht mehr wahr, weil Sie bereits sehr vertieft in die bearbeitete Thematik sind.

7.2 Wissenschaftliches Formulieren

Um den Anforderungen an eine wissenschaftliche Arbeit gerecht zu werden, sollten sowohl die Wortwahl als auch die Ausdrucksweise und Satzbildung Ihrer Arbeit den folgenden wissenschaftlichen Kriterien genügen.

Wissenschaftliches Schreiben setzt die Regeln der neuen deutschen Rechtschreibung voraus, wie sie der **Duden** vorgibt. Achten Sie hierbei auch auf Grammatik und Zeichensetzung. Interpunktionsfehler führen nicht selten zur Entstellung des

---

[228] Vgl. Ebster/Stalzer [2008], S. 94 f.
[229] Vgl. Bänsch/Alewell [2009], S. 78.

Sinnes und somit auch zu inhaltlichen Mängeln.[230] Nutzen Sie die Rechtschreib-korrektur Ihres Schreibprogrammes und bitten Sie weitere Personen, Ihre Arbeit dahingehend zu überprüfen.

7.2.1 Wortwahl

Es wäre falsch zu behaupten, dass wissenschaftliches Schreiben mit einer Anei-nanderreihung von Fremdwörtern und Fachbegriffen gleichzusetzen ist. Ganz im Gegenteil überzeugt ein überzogener Einsatz dieser Begrifflichkeiten keinen fachkundigen Leser, sondern irritiert viel mehr und ruft Skepsis hervor.[231] Wich-tig ist, **Fachbegriffe gezielt einzusetzen**, wenn es der Kontext erfordert. Grund-legende Begrifflichkeiten sollten dabei von Beginn an definiert werden.[232] Thei-sen rät zu einer sparsamen Verwendung von themenspezifischen Abkürzun-gen.[233] Achten Sie zudem darauf, dass alle verwendeten Abkürzungen im Abkür-zungsverzeichnis erläutert werden, insofern Sie nicht im Duden aufgeführt sind. Außerdem sollte jede Abkürzung bei der ersten Nennung im Text erläutert wer-den.

Für einen guten wissenschaftlichen Schreibstil gilt es, Umgangssprache zu ver-meiden.[234] **Umgangssprachliche Wörter und Wendungen** sind in einer wis-senschaftlichen Arbeit **nicht angebracht** und entbehren jeder erforderlichen Sachlichkeit, die eine wissenschaftliche Arbeit erfordert.[235] Vor allen Dingen sollten Füllwörter wie „ja", „nun", und „so" sowie Rückversicherungswörter wie „irgendwie" und „an und für sich" vermieden werden. Ebenfalls meiden sollte man übertreibende Ausdrucksweisen wie „immens" oder „enorm" sowie Pleo-nasmen, die inhaltliche Doppelungen enthalten, bspw. „sich einander gegenseitig ausschließend". Auch Tautologien („nie und nimmer"), die z. B. in journalisti-schen Artikeln als stilistisches Mittel verwendet werden, sollten in wissenschaft-lichen Texten nicht eingesetzt werden.[236] Nicht zu verwenden sind des Weiteren Adverbien wie „selbstverständlich", „wohl" oder „irgendwie".[237]

Die deutsche Sprache verleitet zu Wortungetümen wie „anspruchsvolle Human-kapitalinvestitionsrechnungskontrolle". Versuchen Sie, anstelle komplexer Nomi-

---

[230] Vgl. Theisen [2013], S. 156.

[231] Vgl. Bänsch/Alewell [2009], S. 26.

[232] Vgl. Ebster/Stalzer [2008], S. 83.

[233] Vgl. Theisen [2013], S. 155.

[234] Vgl. Ebster/Stalzer [2008], S. 84.

[235] Vgl. Theisen [2013], S. 155.

[236] Vgl. Bänsch/Alewell [2009], S. 25 f.

[237] Vgl. Theisen [2013], S. 155.

nalkonstruktionen, Sachverhalte mithilfe von Verben in einfacher Sprache darzustellen.[238]

7.2.2 Ausdrucksweise und Satzbildung

Wissenschaftlich zu schreiben bedeutet, Oberthemen und Begrifflichkeiten klar und gut strukturiert zu erläutern. Zentrale Kriterien für die wissenschaftliche Sprache sind allen voran die Nachvollziehbarkeit und Prägnanz der Aussagen. Daher gil es unbedingt, verschachtelte Sätze zu vermeiden. Kurze stichhaltige Sätze eignen sich besser dazu, komplexe Sachverhalte zu erörtern als komplizierte Satzbaukonstruktionen.[239] Für wissenschaftliche Fachtexte sind **10 bis 20 Wörter pro Satz** empfehlenswert. Bei weitaus längeren Sätzen können die Zusammenhänge schlechter nachvollziehbar und schwerer verständlich sein.[240]

Es gilt der Grundsatz, dass **ein Satz nur einen Gedanken** widerspiegeln sollte. Die zentrale Aussage findet sich bestenfalls im Hauptsatz wieder, zusätzliche Informationen gehören in den Nebensatz. Bei längeren Sätzen besteht die Gefahr, dass der Leser den roten Faden verliert und den Satz ein zweites oder gar drittes Mal lesen muss, um inhaltlich folgen zu können.[241] Erfahrungsgemäß machen viele Studierende den Fehler, Sätze zu formulieren, die sich von sechs Zeilen bis über eine halbe Seite erstrecken. Hier muss der Leser mit Sicherheit mehrere Versuche starten, um inhaltlich folgen und die Kernaussage verstehen zu können. Lassen Sie Ihre Kapitel von Freunden oder Kommilitonen nicht nur hinsichtlich Rechtschreibung und Erkennbarkeit des roten Fadens Korrektur zu lesen, sondern bitten Sie diese ebenfalls, auf Satzbau und -länge zu achten.

Ihrem Ideenreichtum an sprachlichen Varianten sind grundsätzlich keine Grenzen gesetzt. Im Gegenteil, **sprachliche Variantenvielfalt** ist ein unverzichtbarer Bestandteil, damit Sie Ihre Gedankengänge entsprechend umsetzen können. Eine monotone Ausdrucksweise ist zu vermeiden; eine **illustrative und einprägsame Sprache** hingegen motiviert Leserinnen und Leser aufmerksam zu lesen und Gedankengänge des Autors nachzuvollziehen.[242] Achten Sie in diesem Zusammenhang jedoch darauf, dass Sie sachlich argumentieren und keine Andeutungen, Witze oder emotionale Argumente anführen.[243]

Ferner sind Sätze auf ihre inhaltliche **Aussagekraft und Logik** zu überprüfen, da substanzlose Sätze überflüssig sind. In diesem Zusammenhang sind häufig Feh-

---

[238] Vgl. Bänsch/Alewell [2009], S. 29.

[239] Vgl. Theisen [2013], S. 156.

[240] Vgl. Voss [2011], S. 110.

[241] Vgl. Theisen [2013], S. 156.

[242] Vgl. Bänsch/Alewell [2009], S. 28.

[243] Vgl. Ebster/Stalzer [2008], S. 84 f.

lerquellen hinsichtlich widersprüchlicher Sätzen erkennbar, z. B. „Die Konsequenzen sind zwar zeitunabhängig, können sich kurz- und langfristig aber doch voneinander unterscheiden."[244] Um der inneren Logik folgen zu können, ist es wichtig, dass die Kapitelübergänge ineinander fließend und die Gedankengänge nachvollziehbar sind. An dieser Stelle ist darauf zu achten, dass niemals zwei Überschriften untereinander stehen, sondern dass unter der Kapitelüberschrift erster Ordnung bspw. eine kleine Einleitung zu den Kapiteln zweiter und dritter Ordnung erfolgt. Formale Kriterien gehen stets mit inhaltlichen Kriterien einher. Wenn Sie z. B. zwei Überschriften ohne jedwede Einleitung untereinander platzieren, ist dieses auf der einen Seite ein formaler Fehler. Auf der anderen Seite trägt das Fehlen der Einleitungssätze dazu bei, dass der Leser der Argumentation weniger gut folgen kann, da eine Einordnung in die Thematik sowie die Vorschau auf das folgende Kapitel fehlt.

Meinungsäußerungen von Wissenschaftlern wie bspw. „Wissenschaftler A meint" oder „Wissenschaftler B behauptet" erscheinen unangemessen. Hierfür empfehlenswert sind Formulierungen wie „Wissenschaftler A vertritt die Ansicht". Behauptungen erscheinen zu vehement und können negativ konnotiert werden. Die Begrifflichkeit, eine Auffassung zu vertreten, ist in wissenschaftlichen Arbeiten zweckmäßiger.[245]

Des Weiteren ist sowohl die **„Ich-Form" als auch die „Wir-Form" zu vermeiden**, da der Sachaspekt der wissenschaftlichen Arbeit den persönlichen Aspekt dominieren sollte.[246] Formulierungen wie „Ich möchte hinzufügen, dass (…)" können durch passive Formulierungen wie „Dem ist hinzuzufügen, dass (…)" ersetzt werden. Jedoch ist die Regelung, die „Ich-Form" in der wissenschaftlichen Arbeit zu vermeiden, nicht allgemein anerkannt.[247] Idealerweise richten Sie sich nach den Vorgaben des jeweiligen Dozierenden bzw. Betreuers.

Zusammenfassend lässt sich festhalten, dass sowohl eine fundierte Strukturierung Ihrer Arbeit als auch die hier aufgeführten Regeln für die Wortwahl sowie Ausdrucksweise und Satzlänge entscheidend sind für einen guten wissenschaftlichen Schreibstil.

---

[244] Bänsch/Alewell [2009], S. 34.

[245] Vgl. Voss [2011], S. 111.

[246] Vgl. Bänsch/Alewell [2009], S. 30.

[247] Vgl. Ebster/Stalzer [2008], S. 84.

ZUSAMMENFASSUNG

- Techniken, Tricks und Kniffe gegen Schreibblockaden
- Entwicklung der eigenen Schreibkompetenz (z.B. Freewriting)
- Adäquate Ausdrucksweise in wissenschaftlichen Arbeiten
- Tipps zu Stil, Satzbau und Wortwahl

QR-Code zu den Übungen:

ILIAS-Pfad zu den Übungen: Magazin » FB Wirtschaft & Medien » Standortübergreifend » "Wissenschaftliches Arbeiten 2.0"

8 Empirie – nicht nur glauben, sondern belegen

Annette Höhmann, Dominik Sethe

Der Begriff empirische Forschung ist üblicherweise gleichbedeutend mit **Erfahrungswissenschaft**; das Wort „empirisch" kann mit „Erfahrungen sammeln" oder „auf Erfahrungen beruhend" übersetzt werden.[248] Die empirische Forschung befasst sich mit der Verknüpfung von systematischen Beobachtungen der realen Welt mit wissenschaftlichen Theorien.

Die Abgrenzung gängiger Alltagsbeobachtungen von systematischen Beobachtungen empirischer Forschung fällt, gerade in den Sozialwissenschaften, bisweilen schwer, da hier menschliches Verhalten, ja eben das Alltagsgeschehen Gegenstand der Forschung ist.[249] So müssen Sie bspw. für die Erkenntnis, dass Sie seltener ins Kino gehen, wenn der Eintrittspreis sich verdoppelt, nicht zwangsläufig einen Ökonomen zu Rate ziehen, der diese Beobachtung mit Ausführungen über die Preiselastizität der Nachfrage stützt. Nichtsdestotrotz gibt es einige wichtige Unterschiede zwischen empirischer Forschung und schlichten Alltagsbeobachtungen und gerade diese Abgrenzung sollten Sie bei der Planung einer eigenen empirischen Untersuchung beherzigen.

Eine Alltagsbeobachtung ist üblicherweise einzelfallbezogen und bildet die Grundlage für eine angemessene Handlungsweise als Reaktion auf diesen Einzelfall. Sie hat weder den Anspruch auf Präzision noch auf Eindeutigkeit.[250] Empirische Beobachtungen hingegen beruhen auf einer **systematischen Selektion der Beobachtungsobjekte**, die eine stärkere **Verallgemeinerung von Aussagen** erlaubt. Anhand dieser Vorgehensweise sollen zwei Ziele erreicht werden: Beobachtungen aus der realen Welt sollen möglichst objektiv beschrieben und klassifiziert werden und es sollen Regeln gefunden werden, mit deren Hilfe Ereignisse in der realen Welt möglichst allgemeingültig erklärt und vorhergesagt werden können.[251] Abbildung 69 soll die Unterscheidung zwischen Alltagsbeobachtungen und empirischer Forschung anhand eines Beispiels verdeutlichen.

---

[248] Vgl. Kromrey [2009], S. 13.
[249] Vgl. ebd.
[250] Vgl. Diekmann [2005], S. 29.
[251] Vgl. Kromrey [2009], S. 13 f.

Alltagsbeobachtungen		Empirische Forschung	
Konkrete Beobachtung im Einzelfall	„Meine Strom-rechnung ist zu hoch."	Systematisch selektierende Beobachtung	Durchschnittlicher Betrag der Stromrech-nung in studentischen Haushalten in Deutschland
Gewählte Handlungsweise als Reaktion auf die Umgebung	„Ich verwende nur noch Energie-sparlampen." „Ich wechsle den Stromanbieter."	Ziel: Beschreibung der Realität	Anteil der Energie-ausgaben an den Gesamtausgaben studentischer Haushalte in Deutschland
		Ziel: Erklärung/ Vorhersage von Ereignissen	Wechseln studentische Haushalte mit hohen anteiligen Energieaus-gaben eher den Stromanbieter als studentische Haushalte mit vergleichsweise geringen anteiligen Energieausgaben?

Abb. 69: Alltagsbeobachtungen und empirische Forschung
(Quelle: Eigene Darstellung)

Die **Einbindung wissenschaftlicher Theorien** ist ein weiterer zentraler Aspekt empirischer Forschung. Hierbei werden verschiedene Vorgehensweisen unter-schieden.

Explorative Untersuchungen kommen dann zum Einsatz, wenn ein noch relativ unbekanntes Forschungsgebiet untersucht werden soll. Sie haben das Ziel, erste Vermutungen zu bestätigen und Hypothesen über bestimmte Sachverhalte zu bilden, die gegebenenfalls die Grundlage einer neuen Theorie bilden können. Häufig schließt an eine explorative Untersuchung eine weitere Studie an, um die im Ansatz entwickelten Hypothesen zu prüfen.[252] Zu den explorativen Untersu-chungen zählen offene Befragungen von Einzelpersonen, wie narrative oder biografische Interviews, Feldbeobachtungen, qualitative Inhaltsanalysen, nonre-aktive Messungen und Einzelfallanalysen.[253]

Deskriptive Studien zielen auf die Darstellung von Häufigkeiten und Verteilun-gen verschiedener Größen innerhalb eines fest abgesteckten Untersuchungsbe-reichs ab (bspw. die Verteilung von Bildungsabschlüssen innerhalb der Bevölke-rung Deutschlands), wobei für einen Rückschluss auf größere Gruppen die Re-

---

[252] Vgl. Diekmann [2005], S. 30 f.
[253] Vgl. Bortz/Döring [2006], S. 50 f.

präsentativität der gewählten Stichprobe gewährleistet werden muss. Im Vordergrund deskriptiver Studien steht weniger die Prüfung von Hypothesen, sondern eher die Beschreibung eines Ist-Zustandes vor dem Hintergrund einer theoretischen Verortung der Beobachtungen. Deskriptive Studien werden häufig als Datenbasis für die Prüfung von Hypothesen und Theorien genutzt.[254]

Die empirischen Untersuchungen, die Sie im Verlauf Ihres Studiums durchführen, sind mit großer Wahrscheinlichkeit **deduktiver** Natur. Ihr Ziel ist es, anhand bestehender Theorien Hypothesen über in der Realität zu beobachtende Sachverhalte abzuleiten und diese in einem nächsten Schritt anhand des betrachteten Objektbereichs zu überprüfen.[255]

8.1 Qualitative und quantitative Forschung

Wenn Sie eine empirische Arbeit erstellen, dann können Sie auf qualitative und quantitative Verfahren zurückgreifen. Zu den rein quantitativen Methoden gehören standardisierte Befragungen, quantitative Beobachtungen oder experimentelle Erhebungen. Möchten Sie eine wissenschaftliche Fragestellung mit einem qualitativen Ansatz untersuchen, so stehen Ihnen bspw. die Aktionsforschung, teilnehmende Interviews, Gruppendiskussionen, teilnehmende Beobachtungen und die qualitative Inhaltsanalyse als Methoden zur Verfügung. Die Methoden der qualitativen und quantitativen Forschung werden im nachfolgenden Abschnitt noch eingehend behandelt.

Beim quantitativen Verfahren werden systematische Beobachtungen der realen Welt über Merkmale einem Kategoriensystem (Skala) zugeordnet.[256] Die Daten werden numerisch beschrieben, es erfolgt eine **Quantifizierung bzw. Messung** der Merkmalsausprägungen als Voraussetzung der nachfolgenden statistischen Auswertung. Demgegenüber liegen die Daten beim qualitativen Ansatz zunächst verbal oder als nichtnumerische Symbolisierungen (Bilder, Töne etc.) vor und werden durch interpretative Verfahren verarbeitet.[257] **Qualitative Daten** sind gegenüber quantitativen Daten reichhaltiger und vielfältiger und können unter anderem aus Texten, Bildern, Filmaufnahmen und Audiomaterial bestehen.

Das nun folgende Beispiel wird die unterschiedliche Vorgehensweise, bei qualitativer und quantitativer Forschungsausrichtung konkretisieren. Nehmen Sie an, dass Sie die Lebenszufriedenheit von ehemaligen Studierenden nach bestandenem Abschluss mit einem quantitativen Ansatz untersuchen möchten. In diesem

---

[254] Vgl. Diekmann [2005], S. 31 f.

[255] Vgl. Diekmann [2005], S. 33.

[256] Vgl. Ebster/Stalzer [2008], S. 139.

[257] Vgl. Bortz/Döring [2006], S. 296.

Fall können Sie den Absolventen einen geeigneten Fragebogen mit einer **Ratingskala** zur Verfügung stellen. Die Ratingskala in unserem Beispiel weist mehrstufige Antwortkategorien von vollständig unzufrieden bis vollständig zufrieden auf, wodurch eine Rangordnung zwischen den Antwortkategorien erkennbar wird. Die Absolventen werden gebeten, im Fragebogen ihre Lebenszufriedenheit anhand der Antwortkategorien selbst zu bewerten, indem sie die Antwort ankreuzen, die für sie zutreffend erscheint. Für die weitere statistische Auswertung werden die verbalen Antwortkategorien quantifiziert. Den Antwortkategorien werden Zahlenwerte (vollständig unzufrieden= 0, überwiegend unzufrieden= 1, etwas unzufrieden= 2 etc.) zugeordnet, sodass schließlich aus der verbalen Selbstbeurteilung eine numerische Größe entsteht. Durch dieses Vorgehen können Sie die Angaben der Befragten statistisch auswerten, Häufigkeitsverteilungen und Mittelwerte bestimmen oder Zusammenhänge untersuchen. Es besteht die Möglichkeit, die Lebenszufriedenheit an verschiedenen Hochschulstandorten zu vergleichen oder die Lebenszufriedenheit innerhalb der Absolventengruppe von allen Seiten zu betrachten.

Würden Sie dagegen einen qualitativen Forschungsansatz wählen, würden Sie weitestgehend auf eine Quantifizierung der Daten verzichten. Die Beobachtungsrealität wird durch qualitatives Datenmaterial (Interviews, Urkunden, Zeitungsartikel etc.) beschrieben. Möchten Sie die Lebenszufriedenheit der Absolventen durch einen qualitativen Ansatz untersuchen, dann könnten Sie diese bspw. bitten, ihre Zufriedenheit oder Unzufriedenheit hinsichtlich verschiedener Bereiche ihres Lebens ausführlich zu beschreiben. Die Komplexität der Beobachtungsrealität wird beim qualitativen Ansatz nicht bereits bei der Datenerhebung, sondern erst bei der Auswertung schrittweise reduziert.[258] Dadurch erhalten Sie zunächst sehr umfassendes Datenmaterial, das über die Bewertung der Lebenszufriedenheit hinausgeht und Ihnen zusätzlich die subjektiven Sinnzusammenhänge und Bewertungen der Einzelnen aufzeigt. Ein Absolvent könnte Ihnen bspw. antworten, dass er sehr zufrieden sei, weil er sich über seine finanzielle Situation sehr freue, denn man habe ihm direkt nach dem Studium einen lukrativen Vertrag mit außerordentlich gutem Gehalt angeboten.

Die Entscheidung über den Einsatz von qualitativen oder quantitativen Methoden wird maßgeblich durch Ihre Fragestellung bestimmt. Möchten Sie Ihre Ergebnisse auf die Grundgesamtheit übertragen, dann sollten Sie in Betracht ziehen, dass die Merkmale der qualitativen Methoden durch die Einzelfallorientierung, die fehlende Zufallsstichprobenziehung und den Verzicht auf quantitative Analysen eher gegen eine Verallgemeinerung der Ergebnisse sprechen. Bei qualitativen Methoden können Sie im Unterschied zu quantitativen Verfahren nur wenig

---

[258] Vgl. Gläser/Laudel [2012], S. 27.

Teilnehmer in Ihre Untersuchung einschließen, da die Erhebung und Auswertung des erhobenen Materials sehr zeitaufwendig ist.

Wenn ausgehend von der Forschungsfrage der Sinn oder die subjektive Sichtweise von Texten erfasst werden soll, dann werden Sie mit einer standardisierten, quantitativen Befragung schnell an methodische Grenzen stoßen. Quantitative Verfahren verlangen, dass sowohl Forscher als auch Befragte die im Fragebogen verwendeten Begriffe auf die gleiche Art interpretieren und den Begriffen ebenso die gleiche Relevanz beimessen.[259] So müsste man die Ergebnisse der quantitativen Befragung in Frage stellen, wenn die interpretative Auslegung der Bedeutung des Begriffs Lebenszufriedenheit zwischen den Befragten uneinheitlich ausfällt. Qualitative Analysemethoden sind hingegen in der Lage, den Sinn zu rekonstruieren, der in standardisierten, quantitativen Analysen als eine Art universelle Übereinstimmung zwischen Forschern und Befragten vorausgesetzt wird.[260]

Die Unterschiede zwischen qualitativen und quantitativen Methoden machen sich jedoch nicht nur durch die Verwendung von typischen Datenquellen bemerkbar, vielmehr unterscheiden sich die Ansätze durch die verwendeten Methoden und spiegeln sogar eine besondere Sichtweise auf die Wissenschaft wider. Anhänger der qualitativen Vorgehensweise und Anwender der quantitativen Messinstrumente haben in der Vergangenheit eine nahezu unversöhnliche Diskussion in der Wissenschaft geführt.[261] Die tiefen Gräben zwischen den scheinbar inkompatiblen Paradigmen wurden mittlerweile überbrückt, wobei die Vor- und Nachteile der jeweiligen Forschungsansätze, ausgehend von der Forschungsfrage, zu bewerten sind.

8.2 Empirischer Forschungsprozess

Wir wollen hier auf die **wissenschaftliche Methode** und die darin enthaltenen Schritte des Forschungsprozesses zurückkommen, um anhand dessen einen Überblick über und eine Einführung in das empirische Arbeiten in den Sozialwissenschaften zu geben. Eine empirische Studie kann als Prozess verstanden werden, der von der Entdeckung eines Problems über die Untersuchung bis zu den verschiedenen Verwertungsmöglichkeiten der Studienergebnisse reicht. Das Ziel des empirischen Arbeitens besteht darin, mittels gezielter, systematischer Verfahren Erkenntnisse durch Erfahrungen zu sammeln, um Aussagen über die Realität treffen zu können.[262] Dazu müssen vorher einige zentrale Fragen geklärt

---

[259] Vgl. Helfferich [2011], S. 22.

[260] Vgl. Helfferich/Kandt [1996], S. 60 ff.

[261] Vgl. Atteslander [2010], S. 12 ff.

[262] Vgl. Ebster/Stalzer [2008], S. 138.

werden, damit auch andere Forscher den Prozess der Erkenntnisgewinnung nachvollziehen können. Empirisch zu arbeiten verlangt im Hinblick auf die intersubjektive Nachvollziehbarkeit bereits im Vorfeld der Untersuchung, die Methoden der Datenerhebung, der Hypothesenbildung und des Hypothesentests offenzulegen, mit denen die neuen Erkenntnisse gewonnen werden sollen.[263] Vereinfacht ausgedrückt sind Hypothesen Vermutungen über die Realität. Mit den erhobenen Daten können Sie überprüfen, ob Ihre Hypothesen zur Realität passen. Auf ein geeignetes Vorgehen beim Aufstellen von Hypothesen wird später in diesem Kapitel eingegangen. Die Gesamtheit der Vorgehensweisen, der Verfahren und der Techniken wird als wissenschaftliche Methode oder auch als empirischer Forschungsprozess verstanden.[264] Nicht alle Wissenschaftler verstehen unter den Begriffen Theorie oder wissenschaftliche Methode dasselbe. Deshalb wird im Folgenden eher auf Gemeinsamkeiten unterschiedlicher Ansätze verwiesen, indem auf die in Kapitel 2.1.2 beschriebene wissenschaftliche Methode Bezug genommen wird.[265] Der Ablauf des wissenschaftlichen Forschungsprozesses wird von vielen Autoren in die drei Phasen **Entdeckungszusammenhang, Begründungszusammenhang** und **Verwertungszusammenhang** eingeteilt.[266]

Wie Sie sich erinnern, kann der Prozess der Forschung mit dem Entdeckungszusammenhang, also mit einer **Problemstellung und Fragestellung beginnen**, zu der auf Basis von Einzelbeobachtungen in der Phase des Begründungszusammenhangs eine **Theorie** entwickelt werden kann (induktives bzw. exploratives Vorgehen) oder zu der bereits eine bzw. mehrere wissenschaftliche (und möglicherweise empirisch gesicherte) Theorie(n) existiert/existieren. Danach werden in der Phase des Verwertungszusammenhangs Vorträge gehalten, Berichte und Publikationen erstellt und veröffentlicht.

Sobald Sie aus der Problemstellung eine Fragestellung formulieren, ist schon ein wichtiger Schritt getan. Mit der Fragestellung fassen Sie Ihr Forschungsvorhaben in wenigen Worten zusammen, gliedern und konkretisieren es.[267] Hieraus lassen sich dann Hypothesen bzw. erwartete Antworten auf die Frage-/ Problemstellung ableiten (deduktives Vorgehen).

Auf dem Weg zu einem empirischen Forschungsprojekt steht zu Beginn nur eine Idee. Nachdem Sie zusätzliche Informationen zu der Idee gesammelt haben, müssen Sie genau überprüfen, inwieweit die Idee auch neu und außergewöhnlich

---

[263] Vgl. Heesen [2010], S. 3 f.

[264] Vgl. Sedlmeider/Renkewitz [2008], S. 15 f.; Ebster/Stalzer [2008], S. 140 f.

[265] Vgl. Sedlemeier/Renkewitz [2008], S. 15 f.

[266] Siehe dazu Atteslander [2010], S. 209.; Ebster/Stalzer [2008], S. 141.; Friedrichs [1990], S. 51.

[267] Vgl. Ebster/Stalzer [2008], S. 143.

ist. Sie laufen sonst Gefahr, Fehler von anderen zu wiederholen oder einfach nur durch Ihre Forschungsaktivität Dinge zu wiederholen (sogenannte Me-too-Forschung).[268] Aus diesem Grund sollten Sie prüfen, ob Sie die Möglichkeit haben, mit anderen Menschen über Ihre Idee zu sprechen. Sie können bspw. mit einem Dozenten oder einem Kommilitonen mit einschlägiger Erfahrung über die Idee sprechen und verhindern so, viel Arbeit und Mühe in eine Idee zu investieren, die Sie später verwerfen müssen.

In der Regel werden Sie zu Beginn der Forschungsbemühungen versuchen, sich einen umfassenden Überblick über den Untersuchungsgegenstand zu verschaffen. Dies können Sie tun, indem Sie weitere Informationen recherchieren, z. B. Theorien, Konzepte und Modelle oder bereits existierendes Wissen in Form von Lehrbüchern, Handbüchern oder wissenschaftlichen Zeitschriftenartikeln. Zu diesem Zeitpunkt Ihres Projektes ist es also notwendig, zu dem fraglichen Themenkomplex Literatur zu recherchieren, zu rezipieren und auszuwerten (vgl. Kapitel 4.2). Sollten Sie trotz umfangreicher Recherchen keine bzw. kaum wissenschaftliche Quellen für Ihre spezifische Fragestellung finden, existiert ggf. noch kein systematisches Wissen zu Ihrem Forschungsgegenstand. In diesem Fall müssten Sie selbst **explorativ** und ohne Hypothesen arbeiten. Dann ist die explorative Vorarbeit ein wichtiger Schritt, um Hypothesen und Theorien zu entwickeln. Das Ziel der explorativen Arbeit besteht darin, ein Netz von Hypothesen zu entwickeln, das von einer übergeordneten Idee und Annahme fixiert wird und im besten Fall einen Ausgangspunkt für weitere Ideen, explorative Untersuchungen und Hypothesenprüfungen ist.[269]

In manchen Fällen lohnt es sich, theoretische Modelle und empirische Befunde aus anderen Forschungsgebieten oder aus Grundlagenfächern aufzugreifen, die sich ggf. auf Ihre Fragestellung übertragen lassen. Dies kann und sollte von Ihnen geprüft werden. Eine Übertragung bereits existierender Befunde und Ergebnisse auf Ihre spezifische Forschungsfrage ist jedoch nicht unproblematisch, da empirische Resultate immer von der jeweiligen Stichprobe, den Erhebungsinstrumenten und anderen Einflussfaktoren abhängen können, die von Ihren spezifischen Erfordernissen möglicherweise abweichen.

Der **Theoriebegriff** wird in der Wissenschaft sehr unterschiedlich definiert. In Anlehnung an Diekmann geht eine Theorie über ein rein sprachliches Konstrukt hinaus und bildet eine Menge miteinander verbundener Aussagen, von denen sich wenigstens eine Aussage auf empirisch zu überprüfende Zusammenhänge bezieht.[270] Deshalb könnte bereits eine einzelne Hypothese als Theorie angesehen werden.

---

[268] Vgl. Claes/Mutschler/Neugebauer [2011], S. 11.

[269] Vgl. Bortz/Döring [2006], S. 355.

[270] Vgl. Diekmann [2005], S. 122 ff.

Balzer definiert Theorien nicht nur als rein sprachliches Konstrukt, vielmehr sind Theorien eine Zusammenfassung aus dem Ausschnitt der interessierenden Wirklichkeit (intendiertes System), mathematischen Modellen, Daten und einem empirischen Überprüfungsinstrument (Approximationsapparat).[271] Das empirische Überprüfungsinstrument legt alle Bedingungen fest, um die aus der interessierenden Wirklichkeit gewonnenen Daten mit den Hypothesen abzugleichen.

Aus der Lektüre der Forschungsliteratur und der Auseinandersetzung mit den bisherigen empirischen Befunden ergeben sich in der Regel Erwartungen darüber, wie die Forschungsfrage zu beantworten sein könnte (Deduktion). Diese Erwartungen versuchen Wissenschaftler in eine spezifische sprachliche Form zu bringen, die als Hypothese bezeichnet wird: In einer wissenschaftlichen **Hypothese** wird z. B. der Zusammenhang oder der Unterschied zwischen zwei oder mehreren Variablen vorhergesagt. Gute Hypothesen basieren auf der Struktur eines sinnvollen Konditionalsatzes (Wenn-dann-Satz bzw. Je-desto-Satz). Sie sind widerlegbar, also falsifizierbar, und sie sind allgemeingültig, gehen also über den Einzelfall hinaus.[272]

Eine wissenschaftliche Hypothese bringt also zum Ausdruck, welche Erwartungen die forschende Person über einen bestimmten Effekt hat. Am Beispiel von Sport trifft eine Hypothese z. B. eine Aussage darüber, wie der Zusammenhang zwischen der Trainingsmodalität (mit oder ohne Zielsetzung) und der Leistung nach dem Training ausfallen wird.[273] Ein Konditionalsatz würde hierzu lauten: „Wenn bei Sportlern ein systematisches Training zur Steigerung der Kondition absolviert wird, dann verbessert sich die Ausdauer." Die Hypothese wäre durch einen Sportler, dessen Ausdauer nicht verbessert wird, zu widerlegen bzw. empirisch falsifizierbar, denn die Aussage bezieht sich nicht nur auf einen Einzelfall, sondern auf alle Sportler.

Bei diesem Beispiel wird deutlich, dass im Wenn-Teil der Hypothese **die Bedingung** steht und im Dann-Teil die **Konsequenz** ausgedrückt wird.[274] Wenn Sie nun unter Heranziehung der dargestellten Hypothese eine Untersuchung durchführen, bei der nur Sportler von einer Sportart betrachtet werden, dann wäre die Untersuchung nicht vollständig. Eine aussagekräftige Untersuchung müsste also einen repräsentativen Querschnitt der Sportler aller Sportarten untersuchen. Wollen Sie dies nun mathematisch ausdrücken, so werden Sie feststellen, dass die zum Wenn-Teil gehörende Variable als unabhängige Variable, die zum Dann-Teil als abhängige Variable bezeichnet wird. Bei quantitativen und kontinuierlichen Variablen können auch Je-desto-Sätze beschrieben werden. Als kontinuier-

---

[271] Vgl. Balzer [1997], S. 58 f.

[272] Vgl. Bortz/Döring [2006], S. 4.

[273] Vgl. Nerdinger/Blickle/Schaper [2008], S. 32 f.

[274] Vgl. Bortz/Döring [2006], S. 7.

liche Variable werden Variablen bezeichnet, deren Ausprägungen jeden beliebigen Wert in einem Messbereich annehmen können. Die Variable *Alter* ist ein Beispiel für eine kontinuierliche Variable.[275] Für unser Beispiel würden Je-Desto-Sätze so ausgedrückt: „Je häufiger Sportler an einem Training zur Verbesserung der Kondition teilnehmen, desto besser wird ihre Ausdauer."

Sie können zwischen **ungerichteten und gerichteten Hypothesen** unterscheiden. In wenig erforschten Untersuchungsgebieten werden Sie womöglich nicht über eine ungerichtete Hypothese hinauskommen. Eine ungerichtete Hypothese nimmt nur einen Effekt zwischen den Variablen an, z. B. dass zwischen der Teilnahme an einem Konditionstraining und der Ausdauer ein Zusammenhang besteht. In diesem Fall können Sie weitere Studien durchführen, um eine gerichtete Hypothese zu formulieren. Eine gerichtete Hypothese würden Sie folgendermaßen formulieren: „Je häufiger ein Sportler ein Konditionstraining absolviert, desto höher ist seine Ausdauer."

Je nach Forschungsstand können Sie in der Hypothese bereits **Effektgrößen** angeben. Das bedeutet, dass Sie bereits im Vorfeld der Untersuchung angeben, ob ein geringer, mittlerer oder großer Unterschied oder Zusammenhang zwischen den Variablen besteht. Für unser Beispiel bedeutet dies, dass Sie bspw. die Hypothese formulieren könnten, dass Sportler nach einem Konditionstraining ihre Ausdauer um einen bestimmten Wert verbessern.

Haben Sie den theoretischen Hintergrund für Ihre Untersuchung abgesteckt, die Fragestellung, Hypothesen und den Forschungsansatz für Ihre Untersuchung bestimmt, dann müssen Sie als nächstes das Forschungsdesign Ihrer Studie erarbeiten. Mit dem Forschungsdesign legen Sie fest, auf welche Art und Weise Sie die Forschungsinstrumente einsetzen, um die Hypothesen und Fragestellungen empirisch zu überprüfen.[276]

Diese Betrachtungen im Vorfeld sind sehr bedeutsam, da die Qualität und Aussagekraft Ihrer Ergebnisse davon abhängen. Sie müssen bei der Auswahl eines Designs beachten, welche Stärken und Schwächen die einzelnen Herangehensweisen haben, aber auch, welche Methoden für Ihre Studie praktikabel und durchführbar sind.

Behutsam abwägen sollten Sie bspw. den **Ort** und die **Zeit** der Untersuchung, die **Erhebungsinstrumente** (z. B. Fragebogen vs. Interviews), die **Stichproben-zusammensetzung und -größe** etc. Sie sollten hier genau überlegen, welches Vorgehen geeignet ist, um Ihre Hypothesen zu prüfen.

---

[275] Die kontinuierliche Variable *Alter* wird i. d. R. diskret gemessen, also in Jahren oder Monaten.

[276] Vgl. Atteslander [2010], S. 49.

An die Phase der Planung des Designs und der Konzeption der Studie schließt sich die Phase der **Datensammlung** an, bei der Sie entsprechend Ihrer Überlegungen zum Design vorgehen, um empirische Daten zu sammeln und später auswerten zu können. Bei der Datensammlung ist darauf zu achten, möglichst reliable und valide Messinstrumente zu verwenden.[277]

Die Datenauswertung kann verschiedentlich unternommen werden. In der Regel haben Sie für sich bereits im Vorfeld der Studie durch Ableitung und Formulierung Ihrer Hypothesen festgelegt, wie Ihre Daten ausgewertet werden sollen. Häufig folgt der Datensammlung eine ausführliche **deskriptive Analyse** der untersuchten Stichproben. Hier werden typischerweise soziodemografische Variablen aufgegriffen und analysiert, die für die weitere Auswertung der Daten relevant sein können. Eine gewissenhafte deskriptive Analyse Ihrer Stichprobe ist wichtig, damit die stichprobenabhängigen Ergebnisse Ihrer Untersuchung mit den Ergebnissen anderer Wissenschaftler und Forscher verglichen werden können.[278]

Neben diesen Analysen gibt es weitere Methoden zur Untersuchung von Unterschieden zwischen verschiedenen Gruppen, bzw. zu Zusammenhängen zwischen zwei oder mehr Variablen. In der Regel werden solcherlei **inferenzstatistische Analysen** herangezogen, um statistische Hypothesen zu testen und zu prüfen, ob Unterschiede bzw. Zusammenhänge in einer Stichprobe wahrscheinlich, zufällig oder systematisch bedingt sind. Das heißt, ob sie in der Stichprobe existieren, weil sie höchstwahrscheinlich auch in der Realität vorhanden sind, oder ob sie zufällig entstanden sind. Dieses Vorgehen lernen Sie in Ihrer Vorlesung zur Induktiven Statistik kennen.

Nach Abschluss Ihrer Analyse ist es notwendig, die erhaltenen **Ergebnisse** im Hinblick auf Ihre Hypothesen zu **interpretieren**. Wenn Ihre Hypothesen z. B. verworfen werden müssen, kann es sinnvoll sein, auf Ihre deskriptiven Analysen zurückzukommen und auf der Basis der Zusammensetzung Ihrer Stichprobe die Ergebnisse zu diskutieren und Empfehlungen für die weitere Forschung abzuleiten. Bitte beachten Sie, dass Sie sich auch immer die Implikationen Ihrer Ergebnisse für die Praxis bewusst machen, und sich die Frage stellen, was Sie in der Wirtschaft tätigen Personen auf Basis Ihrer Studie empfehlen könnten.

8.3 Methoden der Datengewinnung

In den empirischen Sozialwissenschaften haben sich verschiedene Methoden der Datenerhebung etabliert, die in diesem Kapitel kurz vorgestellt und hinsichtlich

---

[277] Siehe dazu Kapitel 2.1.2.
[278] Vgl. Bortz/Döring [2006], S. 371 f.

ihrer Einsatzmöglichkeiten diskutiert werden sollen. Welche Methoden Sie im Rahmen Ihrer Untersuchung anwenden, kann von verschiedenen Aspekten abhängen:[279]

- Von der inhaltlichen Fragestellung bzw. empirischen Hypothese (Möchten Sie z. B. die Wirkung der Verpackungsgestaltung eines Produktes auf das Kaufverhalten untersuchen oder die Anwendung verschiedener Controllinginstrumente in Deutschland eruieren?),

- von den spezifischen Merkmalen des Untersuchungsobjektes (Lässt sich das fragliche Verhalten per Fragebogen z. B. auch bei Studierenden erfassen oder ist es dazu notwendig, einkaufende Menschen im Supermarkt zu beobachten?),

- vom Verfügungsrahmen zeitlicher, finanzieller, und personeller Ressourcen (Können Sie das gesamte Semester für Ihre Untersuchung nutzen und auf die finanziellen Ressourcen eines externen Kooperationspartners der Hochschule zurückgreifen oder muss Ihre Bachelorarbeit innerhalb von acht Wochen abgeschlossen werden und der Ergebnisbericht vorliegen?),

- von den Qualitätsansprüchen an die Informationen (Genügt es Ihnen, eine weniger repräsentative Stichprobe zu nutzen und dafür schnellere Ergebnisse zu erzielen, oder wünschen Sie sich eine qualitativ hochwertige Studie, deren Ergebnisse sich auf möglichst viele Menschen übertragen lassen?),

- von der Art des interessierenden Verhaltens und Erlebens (Lässt sich das Verhalten beobachten oder wird es dadurch mit größerer Wahrscheinlichkeit gar nicht von Menschen gezeigt oder sogar verfälscht, z. B. kontraproduktives Verhalten in Organisationen?).

Im Folgenden werden einige der üblichen empirischen Vorgehensweisen betrachtet: Gespräche, Fragebogen, Tests, Experimente und Beobachtungen.

8.3.1   Gespräch

Verschiedene Verfahren können der Datenerhebung durch Gespräche zugeordnet werden. So werden z. B. Interviews eher in Forschungskontexten verwendet, bei denen der Interviewer sich an einem mehr oder weniger festgelegten Leitfaden von Fragen orientiert und konkrete Aussagen über ein zuvor festgelegtes Forschungsthema gewinnen will. [280] Die Exploration ist hingegen eher offen gehal-

---

[279] Vgl. Eid/Gollwitzer/Schmitt [2010], S. 4 f.
[280] Vgl. Mayer [2008], S. 37 ff.

ten und im Allgemeinen stärker an der Sicht- und Erzählweise des Gesprächs-partners orientiert.[281] Gespräche lassen sich vor allem nach den Freiheitsgraden der Gestaltung der Interaktion unterscheiden.[282]

		Reaktion (Antwort)	
		Standardisiert	Unstandardisiert
Reiz (Frage)	Standardisiert	**A** Standardisiertes Gespräch	**B** Halbstandardisiertes Gespräch
	Unstandardisiert	**C** Halbstandardisiertes Gespräch	**D** Unstandardisiertes Gespräch

Abb. 70: Standardisierung von Gesprächen
(Quelle: Eigene Darstellung in Anlehnung an Fisseni [2004], S. 144)

Dies bedeutet, dass die Wahl und die Gestaltung der Gesprächsthemen unter-schiedlich starr reglementiert werden können. Man unterscheidet standardisierte, unstandardisierte und halbstandardisierte Gespräche.[283] Dabei können sowohl die Reize (Fragen) als auch die Antworten (Reaktionen) standardisiert werden (siehe Abb. 70). Die standardisierte Gesprächsführung ermöglicht ein Maximum an Vergleichbarkeit verschiedener Interviews bzw. Gespräche. Außer bei Nachfra-gen zur Verständnisklärung sollte von den zuvor bereits vorformulierten Fragen nicht abgewichen werden. Durch die Standardisierung erinnert diese Form der Gesprächsführung stark an das Fragebogenformat, bei dem ebenfalls Fragen in festgelegter Reihenfolge mittels vorgegebener Antwortalternativen bearbeitet werden sollen. In diesem Fall werden – überspitzt gesagt – lediglich jede Frage sowie die Antwortmöglichkeiten durch den Interviewer vorgelesen. Der Inter-viewte legt sich auf eine der Optionen fest.

---

[281] Vgl. Eid/Gollwitzer/Schmitt [2010], S. 26.
[282] Vgl. Fisseni [2004], S. 143 ff.
[283] Vgl. Eid/Gollwitzer/Schmitt [2010], S. 27; Fisseni [2004], S. 144.

Vorteile der Standardisierung:

> „1. Anwendung und Auswertung sind ökonomisch (etwa nach Material und Zeit).
>
> 2. Die Informationen aus mehreren Interviews lassen sich leicht *vergleichen*.
>
> 3. Es ist leicht möglich, *Gütekriterien*, wie Objektivität, Reliabilität und Validität zu ermitteln."[284] (Hervorhebungen im Original)

In der Personalauswahl haben sich standardisierte Interviews zudem empirisch bewährt.[285]

Die Standardisierung hat jedoch auch Nachteile. Die strenge Regulierung der Reihenfolge der Fragen und der Antwortmöglichkeiten beengt die Beteiligungsmöglichkeit des Befragten. Er muss sich für vorgegebene Antworten entscheiden, darüber hinausgehende Informationen bleiben ungenannt und gehen verloren.

Die nicht-standardisierte Gesprächsführung zeichnet sich dadurch aus, dass die Inhalte und die Reihenfolge der Fragen, die möglichen Antworten und ggf. sogar das Thema von vornherein offen bleiben. Das Gespräch orientiert sich stärker an den Vorgaben des Befragten und bildet damit dessen Bedeutsamkeitsschwerpunkte, gedankliche und emotionale Assoziationen und Beiträge reichhaltig ab. Diese Form der Gesprächsführung wird häufig auch als Exploration bezeichnet.[286]

Vorteile der Nicht-Standardisierung:

1. Der Lebensraum und Lebenszusammenhänge des Befragten werden realitätsnäher erfasst.[287]

2. Für Befrager und Befragten ergibt sich die Möglichkeit, besonders bedeutsame Themen ausreichend zu vertiefen.[288]

3. Die sprachliche Formulierung von Fragen lässt sich besser auf das Gegenüber anpassen.[289]

---

[284] Fisseni [2004], S. 143.
[285] Vgl. Schmidt/Hunter [1998], S. 262 ff.
[286] Vgl. Fisseni [2004], S. 142.
[287] Vgl. Fisseni [2004], S. 144.
[288] Vgl. ebd.
[289] Vgl. ebd.

Auch die Nicht-Standardisierung bringt einige Nachteile mit sich. Vergleiche zwischen verschiedenen Interviews sind erschwert. Durch die stärkere Führung des Befragten können für den Forschungsprozess wichtige Themen ausgelassen oder übergangen werden. Eine eventuelle statistische Auswertung der Daten ist erschwert, da diese erst quantifiziert (in Zahlenwerte übersetzt) werden müssen; zudem sind das Skalenniveau und damit die möglichen Rechenoperationen eingeschränkt.[290] Es empfiehlt sich in einem solchen Fall ggf. eher eine inhaltsanalytische Auswertung.[291]

8.3.1.1 Mögliche Frageformen

Bei der Gesprächsführung kann auf verschiedene Fragenformate zurückgegriffen werden: Funktionale Fragen, formale Fragen und suggestive Fragen sind Beispiele hierfür.

Zu den **funktionalen Fragen** gehören Kontakt- und Einstiegsfragen, Überleitungs- und Übergangsfragen sowie Kontrollfragen. Sie erkennen, dass damit größere Einheiten eines Gespräches gegeneinander abgegrenzt werden können und die funktionalen Fragen eine Art Steuerungs- oder Navigationsfunktion im Gesprächsverlauf übernehmen können.[292] *Einleitungsfragen* sind wie Türöffner beim Gespräch. Es empfiehlt sich zu Beginn eines Gesprächs z. B. zunächst eine angenehme, zumindest stressfreie Atmosphäre herzustellen, indem Sie sich selbst vorstellen, das Thema der Befragung nennen, eine ungefähre Gliederung des Gespräches vorgeben oder auch nach Wünschen und Bedenken des Gegenübers fragen. Keinesfalls sollten Sie direkt mit einer eigentlichen Befragung beginnen, sondern mit unverfänglichen und leicht zu beantwortenden Fragen einsteigen, die dennoch dazu geeignet sind, das Interesse des Befragten an Ihrer Untersuchung zu wecken.[293]

Überleitungsfragen helfen dabei, ein besprochenes Thema zu beenden und ein neues Themengebiet anzuschneiden. Hierbei ist darauf zu achten, dass Sie den Gesprächspartner nicht zu sehr in seinem Redefluss begrenzen oder gar unterbrechen. Nonverbale Hinweisreize, wie freundliches Lächeln, Zugewandtsein oder Nicken, können dem Gegenüber das Gefühl geben, ernst genommen zu werden. Zur Überleitung in ein anderes Themengebiet können Sie dann z. B. das bisher Besprochene zusammenfassen und einen Bezug zu dem neuen Themenbereich herstellen: „Wir haben bisher über Ihre Berufswahl gesprochen. Wir wenden uns

---

[290] Vgl. Fisseni [2004], S. 144.

[291] Vgl. Helfferich [2011], S. 168 f.; Mayring [2010], S. 48 ff.

[292] Vgl. Fisseni [2004], S. 146.

[293] Vgl. ebd.

einem verwandten Gebiet zu: Welche Fähigkeiten bringen Sie mit, um den gewählten Beruf auszuüben?"[294]

Kontrollfragen dienen dazu, Verständnisschwierigkeiten aufzudecken oder wi-
dersprüchlichen Aussagen zu begegnen.[295] Ein behutsames Vorgehen kann vermeiden, dass der Befragte sich allzu sehr „auf den Schlips getreten" fühlt oder
das Gefühl entwickelt, er könne sich nicht adäquat mitteilen. Hilfreich kann es
sein, hier bei sich selbst anzusetzen: „Ich hoffe, ich darf an dieser Stelle noch
einmal nachhaken, um sicherzugehen, dass ich Sie richtig verstanden habe."

Suggestivfragen legen dem Gesprächspartner bestimmte Antworten aufgrund
der Frageformulierung nahe. Vor dem Hintergrund der sozialen Erwünschtheit
stellen sie eine besondere Gefahr für die Forschung dar, da aufgrund dessen nicht
realitätsnahe, sondern verzerrte Antworten gegeben werden. „Pointiert gesagt:
ein Gespräch, das auf Suggestion beruht, ist diagnostisch wertlos."[296] Suggestivfragen à la „Finden Sie nicht auch, dass…" sind also zu vermeiden; dies erfordert
ein reflektiertes Vorgehen des Befragers, bei dem bewusst auf die Frageformulierung geachtet wird.

Die Unterscheidung von *offenen bzw. geschlossenen Fragen* bezieht sich auf die
Antwortoptionen, die dem Befragten zur Verfügung stehen. Hier stellt sich der
Bezug zu der standardisierten vs. unstandardisierten Gesprächsführung her: Of-
fene Fragen lassen Ihr Gegenüber frei antworten; geschlossene Fragen geben
Antwortalternativen vor, aus denen das Gegenüber auswählen muss. Fisseni
nennt folgende Beispiele für die Fragenformulierung (siehe Abb. 71):

Geschlossene Frage:
Verbringen Sie Ihre Freizeit mit
- Sport   ☐ Ja ☐ Nein
- Lektüre   ☐ Ja ☐ Nein
- Tätigkeit in einem Verein ☐ Ja ☐ Nein

Offene Fragen:
Wie verbringen Sie Ihre Freizeit?
Wie haben Sie Ihr letztes Wochenende verbracht?

Abb. 71: Beispiele für geschlossene und offene Fragen
(Quelle: Eigene Darstellung in Anlehnung an Fisseni [2004], S. 146)

---

[294] Fisseni [2004], S. 146.
[295] Vgl. Fisseni [2004], S. 146.
[296] Fisseni [2004], S. 147.

In diesem Zusammenhang sei insbesondere auf das Konstrukt der **sozialen Erwünschtheit** verwiesen. Dies bedeutet, dass der Interviewte sich nicht mehr nur auf die Fragen konzentriert, sondern auch auf die Meinung, die der Interviewer von ihm haben könnte. Falls er dann auf bestimmte (direkte) Interviewfragen nicht mehr wahrheitsgemäß antwortet, sondern die Antwort gibt, von der er denkt, dass sie die Meinung des Interviewers über ihn positiv beeinflusse, spricht man von sozial erwünschten Antworten.[297]

8.3.1.2 Formulierungen für Fragen

Fisseni gibt in seinem Lehrbuch einige Hinweise, wie Fragen für Interviews, aber ebenso für Fragebogen, formuliert werden sollten:[298]

- **Wählen Sie möglichst einfache Formulierungen für Fragen.**

  Schlechte Beispiele: Können Sie mir bitte die Motivation beschreiben, warum Sie das Logistikstudium wählen wollen, war es eine altruistische oder eine egoistische Motivation?

  Gute Beispiele: Warum wollen Sie Gesundheitsökonom werden?/Bitte erklären Sie mir, warum Sie Gesundheitsökonom werden wollen./Würden Sie bitte den Weg beschreiben, auf dem Sie Ihren Beruf gefunden haben.

- **Bilden Sie kurze und eindeutige Fragen.**

  Schlechtes Beispiel: Können Sie mir sagen, wann Ihr Wunsch, Wirtschaftsrecht zu studieren, entstanden ist, bzw. wann Sie sich dessen zum ersten Mal bewusst geworden sind?

  Gute Beispiele: Wann haben Sie zum ersten Mal daran gedacht, Wirtschaftsrecht zu studieren?/In welchem Alter kam Ihnen die Idee, Wirtschaftsjurist zu werden?/Wie alt waren Sie, als Sie zum ersten Mal daran dachten, Wirtschaftsrecht zu studieren?

- **Vermeiden Sie es, zwei Fragen in einem Satz zu stellen.**

  Schlechtes Beispiel: Wissen Sie, ob Sie eher Logistik und Handel studieren wollen, um anderen zu helfen, oder haben Sie eher an das hohe Gehalt gedacht, das Sie später beziehen?

  Gute Beispiele: Wie weit hat der Gedanke Ihre Berufswahl mitbestimmt, anderen Menschen zu helfen?/Welche Bedeutung hat es für Sie, dass Sie einen Beruf gewählt haben, in dem man viel Geld verdienen kann?

---

[297] Vgl. Diekmann [2005], S. 382 ff.
[298] Vgl. Fisseni [2004], S. 148 f.

- **Vermeiden Sie Doppelverneinungen in einer Frage.**

  Schlechte Beispiele: Würden Sie nicht auch von sich sagen, dass Sie kein purer Altruist sind?/Könnten Sie nicht ausschließen, dass keine anderen Motive Sie beeinflusst haben?

  Gute Beispiele: Anderen Menschen zu helfen: Wie weit hat dieser Gedanke Ihre Berufswahl mitbestimmt?/Welche anderen Motive haben Ihre Berufswahl beeinflusst?

- **Zerlegen Sie komplexe Sachverhalte in Einzelfragen, die Sie nacheinander abarbeiten.**

  Schlechtes Beispiel: Schildern Sie bitte, wie es zu Kaufentscheidungen für verschiedene elektronische Geräte kam. Sie haben angegeben, im letzten halben Jahr ein Smartphone, einen Laptop und einen MP3-Player gekauft zu haben. Waren hier eher technische oder markenspezifische Produkteigenschaften relevant?

  Gutes Beispiel: Bitte beschreiben Sie, auf welche technischen Aspekte Sie beim Kauf Ihres Smartphones geachtet haben. Haben Sie außerdem auf die Marke des Smartphones geachtet?

- **Knüpfen Sie an die Erfahrungen des Befragten an.**

  Schlechtes Beispiel: Wie verbringen Sie Ihre Freizeit?/Wie ist Ihr Verhältnis zu Ihrem Chef?

  Gutes Beispiel: Wo haben Sie Ihren letzten Urlaub verbracht?/Wann sind Sie morgens aufgestanden?/Was gab es zum Frühstück?/Wann sind Sie zum letzten Mal verspätet zum Dienst gekommen?/Wie hat Ihr Chef reagiert?

8.3.2 Fragebogen

Ein Fragebogen wird als Sammelbegriff für unterschiedliche Formen der schriftlichen Befragung in verschiedenen Anwendungsbereichen verstanden.[299]

Wie bereits in Kapitel 8.3.1 beschrieben, stellt der Fragebogen eine spezielle Form der Befragung dar, bei der in standardisierter Reihenfolge und anhand vorgegebener Antworten Fragen zu typischen Verhaltensweisen, Meinungen oder Einstellungen von Menschen zu bearbeiten sind. In den Bereich des typischen Verhaltens fallen auch Persönlichkeitseigenschaften. Dank der Anwendung von Fragebogen erhält man Auskunft darüber, wie sich Menschen typischerweise in ihrem Alltag verhalten, welche Neigungen sie allgemein haben

---

[299] Vgl. Moosbrugger/Kelava [2012], S. 2.

und welche Meinungen sie vertreten. Im Gegensatz zu Leistungstests (vgl. Kapitel 8.3.3) gibt es dabei keine „richtigen" oder „falschen" Antworten; man erhält keine Informationen darüber, wozu ein Individuum tatsächlich beobachtbar und maximal befähigt ist (Maximalverhalten), sondern Individuen geben Auskunft über ihre Ansichten. Dies macht Fragebogen ebenfalls anfällig für sozial erwünschte Antworten (vgl. Kapitel 8.3.1.1) bzw. intentional verfälschte Antworten.

8.3.2.1 Formulierung von Fragebogen-Fragen

Standardisierte und publizierte Fragebogen stehen für ein breites Spektrum sozialwissenschaftlicher Forschungsthemen zur Verfügung. Einen Überblick finden Sie z. B. auf der Homepage der Testzentrale des Hogrefe Verlages. Für die Erhebung sozioökonomischer Daten und als Hilfestellung für die Formulierung eigener Fragen bietet sich das Sozioökonomische Panel (SOEP) an, welches im Auftrag des DIW Berlin jährlich ca. 11.000 Haushalte von TNS Infratest Sozialforschung deutschlandweit befragt.[300] Dennoch ist es für Wirtschafts- und Sozialwissenschaftler von Vorteil, wenn sie selbst in der Lage sind, gute Fragebogen zu konstruieren. Dabei ist zu bedenken, dass befragte Personen hierbei mehrere Aufgaben gleichzeitig bewältigen müssen:

„1. „Sie müssen die gestellte Frage verstehen,

2. relevante Informationen zur Beantwortung der Frage aus dem Gedächtnis abrufen,

3. auf der Basis dieser Informationen ein Urteil bilden,

4. dieses Urteil ggf. in ein Antwortformat einpassen und

5. ihr ‚privates' Urteil vor Weitergabe an den Interviewer bzw. den Fragebogen ggf. ‚editieren'."[301]

Für die Formulierung geeigneter Fragen gelten die gleichen Grundsätze, die bereits im vorhergehenden Abschnitt für Gespräche formuliert wurden. Hinzu kommt eine wesentliche Anforderung an die im Fragebogen angebotenen Antwortoptionen, die überschneidungsfrei und erschöpfend sind. Dieser Punkt spielt auf Fragebogen an, die standardisierte Antwortoptionen anbieten. Bei geschlossenen Fragen mit standardisierten Antwortoptionen ist es daher wichtig zu beachten, dass alle für die Befragten denkbaren Antwortoptionen vorhanden sind, aber die Probanden dabei pro Frage lediglich eine Antwortoption auswählen können. Ausnahmeregelungen gelten für Fragen, bei denen Mehrfachnennungen

---

[300] Vgl. Deutsches Institut für Wirtschaftsforschung e. V. [2013], o. S.
[301] Porst [2011], S. 17.

zugelassen werden. Diese Fälle sollten eindeutig gekennzeichnet werden (s. o.) und auch sinnvoll interpretierbar sein. Es gibt verschiedene Möglichkeiten der Formatierung von geschlossenen Fragen und den entsprechenden standardisierten Antwortmöglichkeiten. Diese können Sie der relevanten Fachliteratur entnehmen, auf die wir Sie hiermit verweisen möchten.

Insgesamt sind die Antwortoptionen in einem Fragebogen mit Bedacht zu wählen. Verwenden Sie einen standardisierten und publizierten Fragebogen, sind die Antwortkategorien und auch die damit zusammenhängenden Skalenformate in der Regel vorgegeben. Porst schreibt hierzu: „Der Beantwortung einer Frage liegt – technisch betrachtet – grundsätzlich der Prozess des Messens zugrunde. (…) Das dem Messvorgang zugrunde gelegte Bezugssystem bezeichnen wir als Skala.“[302] Das bedeutet, dass den von den Probanden ausgewählten Antwortoptionen Zahlen zugeordnet werden, damit im Nachhinein statistische Berechnungen anhand der empirisch gewonnenen Daten durchführbar werden. Die Zuordnung der Zahlen erfolgt in Abhängigkeit vom gewählten Skalenniveau und erlaubt oder verbietet damit gewisse Rechenoperationen.

In der Wissenschaft werden meistens vier unterschiedliche Skalenniveaus unterschieden, anhand derer verschiedene Informationen erhoben werden können: (a) **N**ominal-Skalen, (b) **O**rdinal-Skalen, (c) **I**ntervall-Skalen und (d) **R**atio-Skalen (Eselsbrücke: NOIR).

Nominal-Skalen zeigen Relationen der Gleichheit oder Ungleichheit auf. Ein in Fragebogen übliches Beispiel stellt die Frage nach dem Geschlecht der Probanden dar. Diese können entweder männlich oder weiblich ankreuzen. In der Angabe steckt dabei keine Wertigkeit oder sonstige Relation (z. B. mehr wert als…).

Ordinal-Skalen geben zusätzlich zu Unterschieden auch eine Rangordnung der verschiedenen Antwortoptionen an. Ein in Fragebogen-Untersuchungen übliches Beispiel ist hier die Frage nach dem höchsten Schulabschluss der Probanden. Diese können über „keinen Schulabschluss", „Hauptschulabschluss", „Realschulabschluss", „Fachabitur" oder „Abitur" verfügen. Die Frage nach dem höchsten Schulabschluss impliziert bereits, dass sich hinter den Antwortkategorien eine Rangordnung von weniger Wert nach mehr Wert verbirgt.

Intervall-Skalen geben zusätzlich zu Unterschieden und Rangordnungen auch die Verhältnisse zwischen einzelnen Antwortkategorien an. In der Regel wird hier von gleichen Abständen zwischen einzelnen Antwortkategorien ausgegangen und damit zwischen den einzelnen zuzuordnenden Zahlen. So sollte bei der Frage „Wie wichtig ist Ihnen bei der Arbeit ein gutes Verhältnis zu Ihren Kolle-

---

[302] Porst [2011], S. 69.

ginnen und Kollegen?" von einem gleichen Abstand zwischen „überhaupt nicht wichtig" und „eher nicht wichtig" sowie zwischen „voll und ganz wichtig" und „eher wichtig" ausgegangen werden können. Der angenommene zahlenmäßige Abstand zwischen „überhaupt nicht wichtig" und „eher wichtig" sollte dabei genauso groß sein wie der Abstand zwischen „voll und ganz wichtig" und „eher unwichtig". Die Relationen zwischen den einzelnen Angaben sind also gleichbedeutend, zudem beinhalten sie hier eine Rangordnung von Ablehnung bis Zustimmung und damit auch Unterschiedsinformationen. Ein anderes typisches Beispiel für eine Intervall-Skala ist die Temperaturmessung nach Celsius. Je höher, bzw. je niedriger die angezeigte Zahl, desto wärmer oder kälter ist es. Der Abstand zwischen 2°C und 4°C ist genauso groß wie der Abstand zwischen -2°C und -4°C. Im Unterschied zur Ratio-Skala enthält die Intervall-Skala jedoch keinen natürlichen Null-Punkt. Daher kann man in diesem Fall auch nicht sagen, dass 4°C doppelt so warm sind wie 2°C. Genauso wenig sind 40°C doppelt so warm wie 20°C.

Ratio-Skalen haben demgegenüber den Vorteil, dass sie über einen natürlichen Null-Punkt verfügen. Damit beinhalten sie sämtliche Informationen der vorher genannten Skalen, geben aber zusätzlich Auskunft über das Verhältnis zwischen einzelnen Messwerten. Ein Beispiel für Ratio-Skalen ist das Einkommen von Personen. Hier bedeutet 0 Euro das Nichtexistieren von Einkommen. Ein Vergleich zur Temperaturmessung zeigt einen weiteren Unterschied: Genauso wie 0 Euro kann man auch 0°C messen, diese Zahl verweist allerdings nicht auf „keine Temperatur". Hinzu kann beim Einkommen verschiedener Personen genau ermittelt werden, dass bspw. 1.500 Euro nur halb so viel wert sind wie 3.000 Euro.

Bitte achten Sie bei der Erstellung und Nutzung von Fragebogen/Skalenformaten darauf, dass Sie bei der anschließenden statistischen Auswertung der empirisch erhobenen Daten die korrekten rechnerischen Operationen anwenden. Viele statistische Verfahren und Signifikanztests, die Ihnen in Fachartikeln und Lehrbüchern begegnen, setzen mindestens ein Intervall-Skalenniveau voraus.

8.3.2.2 Dramaturgie des Fragebogens

Bei der Zusammenstellung verschiedener standardisierter Fragebogen, aber auch bei der Erstellung eines eigenen Fragebogens, sollten Sie sich überlegen, wie Sie den Fragebogen aufbauen wollen. Dabei kann man sich an der Dramaturgie eines guten Buches oder Theaterstückes orientieren: Starten Sie langsam und behutsam in den Fragebogen, wecken Sie aber bereits hier das Interesse der Befragten. Steigern Sie dann den Schwierigkeitsgrad und die Anforderungen an die Leistungsfähigkeit der Befragungspersonen, und enden Sie mit den vergleichsweise langweiligeren Fragen zu Alter, Geschlecht, Bildung etc.[303]

Der Einstieg sollte spannend, inhaltlich bereits themenbezogen sein und die Befragten persönlich betreffen. Dabei sollten die Fragen für alle Probanden gleichermaßen einfach zu beantworten sein.[304] Dies hat den Effekt, dass Probanden gleich zu Beginn einschätzen können, ob sie die Befragung – vermutlich bis zum Ende – weiterführen wollen, oder ob sie schnell gelangweilt werden und abbrechen. Es geht also darum, auf einfache Art und Weise dafür zu sorgen, dass Probanden „Blut lecken" und die Kosten der Teilnahme (an Zeit, Selbstöffnung etc.) als weniger drastisch einschätzen als den Nutzen der Teilnahme. Befragte Personen sollten erkennen, dass die Teilnahme an Ihrer Befragung spannend ist, das Thema ihre Interessen anspricht, die Fragen sich auf sie selbst beziehen und dabei leicht zu beantworten sind.[305]

Konfrontieren Sie die Probanden dann mit mehreren Themenblöcken oder verschiedenen standardisierten Fragebogen (z. B. zunächst ein Fragebogen zur Persönlichkeit, dann zu typischen Verhaltensweisen im Arbeitskontext und zuletzt Fragen zur Soziodemografie), dann machen Sie für die Befragten die Logik des Aufbaus transparent, indem Sie die verschiedenen Blöcke durch kurze Sätze einleiten (z. B. „Unsere nächsten Fragen beziehen sich auf…").

> „Entscheidend dabei ist, dass Fragen zum gleichen Thema in Fragenblöcken zusammengefasst werden. Springen Sie nicht zwischen den Themen hin und her; das führt nicht dazu, wie früher oft behauptet wurde und heute noch gelegentlich behauptet wird, dass die Befragten dann mit mehr Aufmerksamkeit bei der Sache wären."[306]

Soziodemografische Fragen (z. B. zum Alter, Geschlecht und zur Bildung) sollten am Ende des Fragebogens stehen. Sie sind leicht zu beantworten, regen aber nicht zum Nachdenken an und werden damit als eher langweilig empfunden. Zudem werden einige Fragen (z. B. zum Gehalt o. ä.) nicht gerne beantwortet, sodass es hier zu Ärger oder Lustlosigkeit kommen kann. Geschieht dies erst am Ende der Befragung, so ist das nicht allzu schlimm, da Sie die vorherigen Daten vollständig nutzen können. Aus dem gleichen Grund sollten „heikle Fragen"[307] (z. B. zu politischen oder religiösen Einstellungen, zur Sexualität o. ä.) am Ende Ihres Fragebogens stehen.

---

[303] Vgl. Porst [2011], S. 143.

[304] Vgl. Porst [2011], S. 136 f.

[305] Vgl. Porst [2011], S. 138.

[306] Porst [2011], S. 142.

[307] Porst [2011], S. 124 f.

Fragebogen können den Probanden grundsätzlich in ausgedruckter Form oder alternativ als Online-Version zur Verfügung gestellt werden. Die Erstellung eines internetbasierten Fragebogens wird in Kapitel 9.1 ausführlich dargestellt.

8.3.3 Tests

Als (Leistungs-)Tests werden psychometrische Verfahren bezeichnet,

> „die nach den Regeln der (oder einer) Testtheorie konstruiert werden und eine Stichprobe jener Verhaltensweisen erheben, die zum Zielmerkmal gehören und es gleichsam operational definieren. Die Antworten auf die Testaufgaben (die Test-Items) lassen sich als ‚richtig' oder ‚falsch' klassifizieren, nach einer den Aufgaben immanenten logischen Struktur.“[308]

Leistungstests ermöglichen die Erhebung sogenannter maximaler Verhaltensproben eines Probanden. Das heißt, dass überprüft werden kann, wozu ein Individuum in der Testsituation höchstens in der Lage ist (z. B. in Bezug auf Intelligenz, Konzentration, Aufmerksamkeit, Allgemeinwissen, Kreativität, logisches Schlussfolgern etc.). Dazu werden Personen Aufgaben vorgelegt, die objektiv korrekt gelöst werden können (z. B. Wissensfragen, Zusammensetzen von abstrakten Figuren aus Puzzleteilen, Berechnung mathematischer Aufgaben, Ausführen logischer Schlussfolgerungen). Auf Basis von Normen (Vergleichswerten einer großen Stichprobe mehrerer tausend Probanden) können die gelösten Aufgaben der getesteten Individuen dann als unter-, über- oder durchschnittlich bestimmt werden. In der Regel geht es bei der Leistungstestung also um eine Einordnung der getesteten Personen in eine Rangreihe.

Üblicherweise sind Menschen in der leistungsbezogenen diagnostischen Situation (z. B. in der Personalauswahl) motiviert, für die Dauer der Datenerhebung Leistungsressourcen vollständig und konzentriert auf die Lösung der Aufgaben anzuwenden. Es ergibt sich also ein Bild davon, wozu Menschen im Alltag wahrscheinlich höchstens in der Lage sein werden (z. B. im beruflichen Alltag). Verfälschungen der eigenen Leistung in die positive Richtung (z. B. um Einstellungschancen zu verbessern; siehe auch soziale Erwünschtheit in Kapitel 8.3.1.1) sind hier kaum möglich: Das Maximum bzw. die Bestleistung ist erreicht.[309] Verfälschungen in negative Richtung sind möglich (z. B. auch durch mangelnde Motivation), erscheinen in Abhängigkeit von der Situation (z. B. in der Personalauswahl vs. einem optionalen Kurs, dessen Bewertung nicht in die Abschlussnote des Studiums einfließt) jedoch eher wenig wahrscheinlich. Unsicher bleibt bei der Messung von Leistung das typische Verhalten von Menschen im Alltag, wenn kein Anreiz für die maximale Ausnutzung eigener (kognitiver) Ressourcen

---

[308] Fisseni [2004], S. 176.
[309] Vgl. Schuler/Höft [2006], S. 131 ff.

besteht.[310] Für zusätzliche Informationen müssen daher weitere Datenquellen herangezogen werden. Eine Möglichkeit besteht in der Erhebung von Persönlichkeitseigenschaften mittels Fragebogen (siehe Kapitel 8.3.2).

8.3.4 Experimentelle Methode

in Experiment ist streng genommen keine Methode der Datenerhebung, sondern ein spezifisches Forschungsdesign, mithilfe dessen Aussagen über Kausalitäten getroffen werden sollen. Das Ziel ist es, anhand einer bestimmten Untersuchungsanordnung Erkenntnisse über Ursache- und Wirkungsbeziehungen zwischen zwei Variablen zu gewinnen.[311]

Die notwendigen Komponenten und Rahmenbedingungen eines Experiments sollen anhand des folgenden Beispiels eines tatsächlich durchgeführten Experiments erläutert werden.

Um festzustellen, ob die Arbeitsleistung steigt, wenn man in einer Gruppe arbeitet, haben Wissenschaftler des Forschungsinstituts zur Zukunft der Arbeit (IZA) Schüler zufällig in zwei Versuchsgruppen eingeteilt und ihnen die Aufgabe gestellt, einen Fragebogen zu kuvertieren, die Kuverts anschließend mit einer Briefmarke zu versehen und in Päckchen à 25 Briefen zu bündeln.

Experimentalgruppe 1 mit Schülern, die diese Aufgabe alleine ausführen sollten, saß räumlich getrennt von Experimentalgruppe 2, wo Pärchen zu je zwei Schülern im gleichen Raum arbeiteten. Dabei gab es bei den Pärchen die Prämisse, dass sie zwar miteinander reden durften, doch weder Teamwork noch Arbeitsteilung erlaubt war.

Im Ergebnis zeigte sich, dass Experimentalgruppe 2 mit den Pärchen in Relation produktiver war als Experimentalgruppe 1 mit Einzelpersonen. Dies galt besonders dann, wenn eine unproduktivere mit einer produktiveren Person zusammenarbeitete. Es lässt sich demnach folgern, dass Gruppendynamik offensichtlich die Arbeitsproduktivität fördert.[312]

Am Anfang eines Experiments steht die – üblicherweise theoriegestützte – Vermutung über einen Zusammenhang zwischen einer unabhängigen Variablen und einer abhängigen Variablen. In unserem Fall stellt das Arbeitsumfeld, also ob man allein oder in einer Gruppe arbeitet, die unabhängige Variable dar, die Arbeitsproduktivität ist die abhängige Variable. Zur Prüfung des Zusammenhangs zwischen den beiden Größen unterteilt man die Untersuchungsgruppe in eine Experimentalgruppe, in der die unabhängige Variable manipuliert wird und eine

---

[310] Vgl. Höft/Funke [2006], S. 150 f.

[311] Vgl. Ebster/Stalzer [2008], S. 205.

[312] Vgl. Falk/Ichino [2006], S. 39 ff.

Kontrollgruppe, in der die unabhängige Variable nicht manipuliert wird. In unserem Fall stellt die Manipulation das Zusammenbringen von Schülern in Zweiergruppen dar, während die Experimentalgruppe 1 mit den alleine arbeitenden Schülern als Kontrollgruppe fungiert. Ein Vergleich beider Gruppen zeigt, ob verschiedene Ausprägungen der unabhängigen Variablen in unterschiedlichen Ausprägungen der abhängigen Variable münden und folglich ein kausaler Zusammenhang besteht.[313] Wichtig ist dabei, dass die Manipulation der unabhängigen Variablen zeitlich vor der Beobachtung der abhängigen Variablen geschieht, da nur so eine Kausalität nachgewiesen werden kann. In unserem Beispiel zeigen die beiden Gruppen in unterschiedlichen Arbeitsumfeldern eine unterschiedlich hohe Arbeitsproduktivität, was auf einen kausalen Zusammenhang hindeutet.

Eine wichtige Voraussetzung für ein erfolgreich durchgeführtes Experiment und die kausale Interpretation der Ergebnisse ist die Randomisierung, sprich: Die Teilnehmer müssen den verschiedenen Gruppen zufällig zugewiesen werden. Auf diese Weise soll ausgeschlossen werden, dass sich die Gruppen systematisch unterscheiden, bspw. hinsichtlich der Geschlechter- oder Altersverteilung oder – in unserem Beispiel – ihrer intrinsischen Arbeitsmotivation. Von einem Quasi-Experiment spricht man, wenn die Randomisierung nicht durchgeführt wird, bspw., weil der Untersuchungsaufbau eine zufällige Zuteilung zu den verschiedenen Experimentalgruppen nicht zulässt.[314]

Bei der Durchführung von Experimenten müssen zwei notwendige Bedingungen eingehalten werden. Der Zusammenhang von unabhängiger und abhängiger Variable darf nicht von Störgrößen beeinflusst sein, und bei der Messung dürfen keine systematischen Fehler auftreten.[315] Der Einfluss einer Störgröße läge im oben beschriebenen Experiment bspw. vor, wenn die Mitglieder von Experimentalgruppe 1 kleinere Arbeitstische vorgefunden hätten, an denen eine Sortierung der Umschläge zeitaufwendiger gewesen wäre. Dies hätte die Arbeitsproduktivität senken können, Unterschiede in der abhängigen Variablen könnten folglich nicht mehr ausschließlich auf eine Manipulation der unabhängigen Variablen zurückgeführt werden. Ein systematischer Messfehler hätte vorgelegen, wenn man bspw. bei Experimentalgruppe zwei Bündel mit nur 24 Briefumschlägen mitgezählt und so eine zu hohe Arbeitsproduktivität ausgewiesen hätte.

Am geringsten hält man den Einfluss bei Störgrößen in sogenannten Laborexperimenten, die in künstlicher Umgebung stattfinden und deren Untersuchungsanordnung entsprechend leicht steuerbar ist. Gerade aufgrund der Laborumgebung gibt es jedoch Kritik an der Ableitung von Erkenntnissen über die reale Welt aus sozialwissenschaftlichen Laborexperimenten. Alternativ besteht die Möglichkeit,

---

[313] Vgl. Ebster/Stalzer [2008], S. 206.

[314] Vgl. Kromrey [2009], S. 93.

[315] Vgl. Ebster/Stalzer [2008], S. 205.

ein Feldexperiment durchzuführen. Die Untersuchungssituation ist schlechter zu kontrollieren und die Gefahr von störenden Einflüssen nimmt zu, die Ableitung von Erkenntnissen bezüglich der realen Welt ist jedoch einfacher.[316]

8.3.5 Beobachtung

Zu Beginn dieses Kapitel haben Sie den Unterschied zwischen der Alltagsbeobachtung und der systematischen, wissenschaftlichen Beobachtung erfahren. Atteslander beschreibt das Ziel der wissenschaftlichen Beobachtung im Gegensatz zur Alltagsbeobachtung als „die Beschreibung bzw. Rekonstruktion sozialer Wirklichkeit vor dem Hintergrund einer leitenden Forschungsfrage."[317]

Es lassen sich mehrere Beobachtungsformen durch die Dimensionen der Strukturierung, der Teilnahme und der Offenheit, Situationsart, sowie die Selbst- und Fremdbeobachtungen voneinander abgrenzen.[318] Abgesehen von anthropologischen und ethnologischen Beobachtungen sind wissenschaftliche Beobachtungen stets strukturiert, wobei bei der strukturierten Beobachtung bereits vor der Untersuchung festgelegt wird, was beobachtet werden soll und welche Regeln für die Beobachtungen gelten.[319] Außerdem kann sich der Beobachter selbst im Beobachtungsraum befinden (teilnehmende Beobachtung), oder er beobachtet das Feld von außen (nicht-teilnehmende Beobachtung). Der Beobachter kann sich zu erkennen geben und offen arbeiten oder er beobachtet verdeckt im Verborgenen.[320] Wird die Beobachtung im natürlichen Umfeld durchgeführt, z. B. wenn eine Beobachtung von Studierenden im Vorlesungssaal durchgeführt wird, so spricht man von natürlichem Umfeld, die Beobachtung im Labor wird hingegen als künstliche Beobachtung bezeichnet. Schließlich besteht die Möglichkeit, sich selbst zu beobachten, wie es in der Psychoanalyse praktiziert wird, oder eine Fremdbeobachtung durchzuführen.

Diekmann hat den Ablauf einer Untersuchung mit strukturierten Beobachtungstechniken in sieben Phasen gegliedert, die im Folgenden am Beispiel eines Supermarktes erläutert werden sollen.[321] Zunächst wird die **Fragestellung oder die Hypothese** entwickelt. Eine mögliche Fragestellung für unseren Supermarkt könnte bspw. lauten, ob eine neue Regalanordnung dazu beiträgt, dass die Kunden möglichst viele Produkte passieren und mehr Zeit im Laden verbringen.

---

[316] Vgl. Kromrey [2009], S. 92 f.
[317] Atteslander [2010], S. 73.
[318] Vgl. Friedrichs [1990], S. 272 f.
[319] Vgl. Schnell/Hill/Esser [2005], S. 392.
[320] Vgl. Friedrichs [1990], S. 273.
[321] Vgl. Diekmann [2005], S. 478.

Danach werden die **Indikatoren der Beobachtung und die Beobachtungs-technik** festgelegt. Ausgehend von der Forschungsfrage wird die Zeit in Stunden, Minuten und Sekunden erhoben, die Kunden im Laden verbringen. Zusätzlich wird der Laufweg der Kunden festgehalten. Aus dem Laufweg wird berechnet, wie viel Prozent aller Produkte der Kunde bei seinem Einkaufsweg passiert hat. Als Beobachtungstechnik wird eine verdeckte, teilnehmende Fremdbeobachtung im Supermarkt gewählt.

Danach muss ein **Beobachtungsprotokoll** erstellt werden, das sowohl die Laufrichtung der Kunden im Laden darstellt, als auch die Zeit der Kunden im Laden erfasst. Dafür wird eine Ladenskizze mit der Regalanordnung des Supermarkts erstellt, sodass der Kundenweg im Supermarkt durch Pfeile illustriert werden kann.

Daraufhin werden die **Stichprobe** und die **Beobachtungssituation** festgelegt. Aus den 500 Filialen der betreffenden Supermarktkette werden zehn zufällig ausgewählt. Von den zehn Filialen werden wiederum fünf Filialen zufällig ausgewählt, in denen die Regalanordnung während der Untersuchung verändert werden soll. In den übrigen fünf Filialen sollen die Regale unverändert bleiben. Die Beobachtung soll zunächst eine Woche lang während der gesamten Öffnungszeiten in allen zehn Filialen durchgeführt werden, danach werden die Regale in fünf Filialen umgebaut und eine weitere einwöchige Beobachtungsphase durchgeführt.

Um sicher zu stellen, dass die Beobachter die Beobachtung adäquat dokumentieren können und die Untersuchungsergebnisse nicht verzerren, wird eine **Beobachterschulung** durchgeführt. Nach einem **Pretest** kann entschieden werden, ob die Schulung ausreichend war und das Beobachtungsprotokoll vollständig und korrekt ausgefüllt wurde. Sollten in dieser Phase bereits Probleme auftauchen, so können noch korrektive Maßnahmen eingeleitet werden.

Danach findet die Phase der Erhebung statt. Läuft alles wie geplant, dann können die Beobachtungsdaten anschließend ausgewertet werden. Der Vergleich zwischen den Kontrollgruppen wird möglicherweise eine Entscheidung darüber ermöglichen, ob die neue Regalanordnung flächendeckend in allen Filialen der Supermarktkette eingeführt werden soll. Möglicherweise ergeben sich aber auch neue Fragestellungen aus den Untersuchungsdaten.

Die Vor- und Nachteile der Beobachtung als Datenerhebungsmethode hat Kornmeier systematisch zusammengefasst.[322] Diese werden im Folgenden vorgestellt. Bei der verdeckten Beobachtung ist eine aktive Beteiligung der Probanden keine zwingende Voraussetzung. Es kann sinnvoll sein, bei sozial unerwünschten Ver-

---

[322] Vgl. Kornmeier [2007], S. 187.

haltensweisen statt einer Befragung eine Beobachtung durchzuführen, weil die Befragten ihr eigenes Fehlverhalten in einer Befragung nicht zugeben würden. Ein wesentlicher Vorteil der Beobachtung liegt damit in der Authentizität der gewonnenen Ergebnisse.

Bei offenen Beobachtungen besteht jedoch die Gefahr, dass die Beobachteten ihr Verhalten reaktiv anpassen (Beobachtungseffekt). Beobachtungen können nur offensichtliche Merkmale erfassen, latente psychologische Merkmale, Eigenschaften und Kenntnisse, wie Kontrollüberzeugungen, kognitive Verarbeitungsprozesse oder mathematische Fähigkeiten, können nicht beobachtet werden.

8.3.6 Inhaltsanalyse

Unter dem Begriff Inhaltsanalyse werden Verfahren subsumiert, die darauf ausgerichtet sind, Kommunikationsinhalte (Texte, Bilder, Videos etc.) darzustellen.[323]

Analyse	Daten	
	Qualitative Daten	**Quantitative Daten**
Qualitative Analyse	**1 = Qualitative/Qualitative** - Interpretative Studien von Texten - Hermeneutik - Grounded Theory etc.	**2 = Qalitative/Quantitative** - Suche und Präsentation der Bedeutung von Resultaten quantitativer Verfahren
Quantitative Analyse	**3 = Quantitative/Qualitative** - Umwandlung von Wörtern, Bildern, Videos etc. in Zahlen - Klassische Inhaltsanalyse - Wörter zählen - Wörter dokumentieren (Free Lists) / klassifizieren (Free Pile Sorts)	**4 = Quantitative/Quantitative** - Statistische und mathematische Analyse numerischer Daten

Abb. 72: Qualitative und Quantitative Forschungsmethoden
(Quelle: Eigene Darstellung in Anlehnung an Bernhard/Ryan [1996], S. 9 ff., zitiert nach Bernard/Ryan [2010], S. 4 f.)

Die Inhaltsanalyse verwendet neben quantitativen Verfahren auch qualitative Verfahren, um sicherzustellen, dass die Botschaften des Senders auch vom Empfänger verstanden werden. Einerseits ist es möglich, bei der Herkunft der Daten zwischen qualitativen und quantitativen Daten zu unterscheiden, andererseits können qualitative oder quantitative Analysemethoden für die Auswertung der Daten

---

[323] Vgl. Ebster/Stalzer [2008], S. 201.

herangezogen werden. Aus den Dimensionen Datenmaterial und Analyse ergibt sich eine Matrix mit vier verschiedenen Feldern. Diese Matrix ist in Abbildung 72 dargestellt.

Die wohl bekannteste Methode ist die Auswertung der quantitativen Daten mit quantitativen Methoden, die im **Feld 4** dargestellt ist. Zu den wichtigsten Verfahren gehören die Häufigkeitsanalyse, die Valenzanalyse, die Intensitätsanalyse und die Kontingenzanalyse.[324] Die **Häufigkeitsanalyse** ist das einfachste Verfahren. Das Datenmaterial wird kategorisiert und danach können die Daten in den jeweiligen Kategorien gezählt werden. Die **Valenzanalyse** geht über eine zahlmäßige Erfassung der Daten hinaus, indem zusätzlich auch die mit den Daten verbundenen Bewertungen der Befragten erfasst werden. Die **Intensitätsanalyse** geht wiederum über die Valenzanalyse hinaus, da neben der Bewertung auch die graduellen Abstufungen einer Bewertung in die Analyse eingehen. Bspw. wird durch die Intensitätsanalyse nicht nur eine positive Bewertung registriert, vielmehr wird auch die Stärke der positiven Bewertung in der Analyse berücksichtigt. Die Kontingenzanalyse versucht, Zusammenhänge zwischen den Daten herauszustellen, indem gleichzeitig auftretende Daten identifiziert werden.

Im **Feld 1** werden qualitative Daten für die Untersuchung herangezogen und mit qualitativen Methoden, wie der qualitativen Inhaltsanalyse, der Hermeneutik oder auf Basis der Grounded Theory, analysiert. Im Gegensatz zur quantitativen Analyse ist bei der qualitativen Inhaltsanalyse die Beurteilung des Datenmaterials ein wesentlicher Bestandteil der Arbeit. Das Datenmaterial wird durch die Techniken der Zusammenfassung, Explikation und Strukturierung analysiert.[325] Bei der Zusammenfassung und induktiven Kategorienbildung wird das Datenmaterial auf die wesentlichen Inhalte reduziert, wobei durch Abstraktion übergeordnete Kategorien entstehen. Wenn Sie bspw. Interviews zur Zufriedenheit der Studierenden der Hochschule Fresenius auswerten, dann würden Sie die Antworten der Interviewpartner zunächst kürzen und gleiche Aussagen zusammenfassen. So könnten Sie Aussagen, wie bspw. „die Grünflächen sind sehr schön", „ich mag die gläserne Architektur, denn diese spricht mich an", „der angrenzende Teich mit den Fischen gefällt mir", „es gibt hübsche und bequeme Sitzgelegenheiten im Hof" entsprechend kürzen, indem Sie schreiben, dass die Grünflächen, die Architektur, der Teich und die Sitzgelegenheiten im Hof positiv wahrgenommen werden.

Danach versuchen Sie, die Antworten verschiedenen Kategorien zuzuordnen. Bei der Fragestellung könnte eine Überlegung von Ihnen gewesen sein, dass die Zufriedenheit oder Unzufriedenheit der Studierenden auch davon abhängt, wie

---

[324] Vgl. Ebster/Stalzer [2008], S. 201.
[325] Vgl. Mayring [2010], S. 66 ff.

der Campus von den Studierenden wahrgenommen wird. Dementsprechend hätten Sie möglicherweise im Vorfeld Kategorien, wie die Wahrnehmung des Campus, die Unterstützung durch die Dozenten, die Berufsaussichten nach dem Studium oder das Lehrangebot, gebildet. Die gekürzten und abstrahierten Antworten aus dem Interview könnten Sie dann diesen Kategorien zuordnen. Die zuvor besprochenen Antworten würden Sie der Kategorie Wahrnehmung des Campus zuordnen. Je mehr Daten schrittweise den Kategorien zugeordnet werden, desto allgemeiner werden die Kategorien. Bei der zweiten qualitativen Technik, der Kontextanalyse oder Explikation, wird der Analyse zusätzliches Material hinzugegeben, um Textstellen, die noch nicht eindeutig interpretiert werden konnten, besser zu verstehen. Neben den Interviews könnten Sie bspw. auch andere Befragungen, Studien oder Aussagen der Studierenden in Blogs auswerten. Durch eine strukturierte Inhaltsanalyse, der dritten Technik, wird eine Struktur aus dem Material herausgearbeitet. Durch die Formulierung von Kategorien, Ankerbeispielen und Kodierregeln kann das Material daraufhin systematisch extrahiert werden. Mittlerweile stehen leistungsfähige Softwareprogramme für die qualitative Inhaltsanalyse zur Verfügung. Zu den bekanntesten gehören ATLAS.ti und MAX QDA.

Mit der **Hermeneutik** wird der Versuch unternommen, latente Sinnstrukturen zu rekonstruieren. Im Gegensatz zur qualitativen Inhaltsanalyse werden die Daten in einem größeren Zusammenhang interpretiert. Dabei wird bspw. auch der Versuch unternommen, Motive, Lebenssituationen, Zusammenhänge und Verhaltensregeln durch den Kontext zu erschließen.[326] Das Ziel der **Grounded Theory** besteht darin, auf der Grundlage der von der Sozialwissenschaft systematisch gewonnenen Daten Theorien zu generieren.[327]

Im Feld 3 werden qualitative Daten quantifiziert. Dabei werden Wörter, Bilder und Videos numerisch ausgewertet. Es können Wörter gezählt oder Wortlisten (Free Lists) erstellt und sortiert (Pile Sorts) werden.

Werden quantitative Daten erhoben, dann müssen diese, wie im **Feld 4** dargestellt, auch qualitativ ausgewertet werden. Dadurch ergibt sich eine Beziehung zwischen Feld 4 und Feld 2, denn mathematische Ergebnisse wie Häufigkeiten, Mittelwerte, Verteilungen, Korrelationen etc. (Feld 2) bleiben inhaltslos, wenn die Daten nicht interpretiert werden.

Wurden die Daten analysiert, dann müssen diese verständlich dargestellt werden. Bei der Darstellung der qualitativen und quantitativen Daten sollten Sie ebenso behutsam und sorgfältig vorgehen, wie bei Planung und Durchführung Ihrer

---

[326] Vgl. Kromrey [2009], S. 302.
[327] Vgl. Glaser/Strauss [2010], S. 20 ff.

Untersuchung. Zu diesem Zweck schließt das Kapitel mit einigen Hinweisen zur Darstellung der Ergebnisse.

8.4 Darstellung von Ergebnissen

Die detaillierte Vorstellung aller Auswertungsmethoden für empirische Untersuchungen würde den Umfang dieses Handbuches leider sprengen. Wir bitten Sie daher, sich bezüglich der Auswertung mit der einschlägigen Literatur aus der Statistik (bei quantitativen Untersuchungen) oder der qualitativen Sozialforschung (bei qualitativen Untersuchungen) auseinanderzusetzen und sich mit der Funktionsweise unterstützender Statistikprogramme (bspw. Excel, SPSS oder R) vertraut zu machen. Ein paar Eckpunkte der Darstellung empirischer Forschung sollen jedoch auch hier angesprochen werden.

Empirische Arbeiten beginnen – selbstverständlich erst nach der Einleitung – üblicherweise mit einem Literaturteil, in dem die für die durchgeführte Untersuchung relevanten Theorien mit ihrem aktuellen Stand vorgestellt und diskutiert werden. Ist dem Leser damit das für die Herleitung der Hypothesen notwendige theoretische Verständnis vermittelt worden, werden die Hypothesen selbst vorgestellt. Im Anschluss wird die Methodik der Untersuchung dargestellt, und zwar so ausführlich, dass ein Leser theoretisch in der Lage wäre, die Untersuchung zu replizieren. Der Methodenteil sollte unter anderem Informationen zu der Grundgesamtheit, der Stichprobe, der Operationalisierung relevanter Variablen, des Erhebungsinstrumentes und den Rahmenbedingungen der Erhebung selbst enthalten. Schließlich erfolgt die Darstellung der Ergebnisse, auf die in den folgenden Abschnitten näher eingegangen wird.

Eine empirische Arbeit schließt üblicherweise mit einer Diskussion der Ergebnisse. Besonders herausragende Resultate werden hier ebenso noch einmal hervorgehoben wie Schwachstellen der Untersuchung genannt werden. Gab es bspw. Schwierigkeiten bei der Datenerhebung, waren Teilstichproben sehr klein oder vermutet man einen Störfaktor beim Aufbau eines Experiments, der sich auf die Ergebnisse auswirken kann, so sollte dies keinesfalls unter den Tisch fallen, sondern bedarf einer gesonderten Erwähnung.[328] Diese Ausführungen haben aber auch einen Nutzen, denn am Schluss einer empirischen Arbeit werden üblicherweise weitere Forschungsfragen, die sich im Verlauf der Untersuchung ergeben haben, vorgestellt. Mit der Nennung der Schwachstellen haben Sie hierfür einen guten Aufhänger.

---

[328] Vgl. Ebster/Stalzer [2008], S. 214.

8.4.1 Darstellung statistischer Ergebnisse

Grundsätzlich besteht bei der Darstellung statistischer Ergebnisse keine Notwendigkeit, alle möglichen Kennzahlen anzugeben, die die Stichprobe hergibt. Genauso wenig interessiert einen Leser der genaue Hergang Ihrer Berechnungen. Im Vordergrund steht vielmehr eine fokussierte Darstellung der Forschungsarbeit, die zum einen eine gute Vorstellung der untersuchten Daten und zum anderen eine zielführende Analyse der aufgestellten Hypothesen bietet.

Die Darstellung statistischer Ergebnisse beginnt üblicherweise mit einer Beschreibung der Daten, die dem Leser eine Übersicht über den verwendeten Datensatz ermöglicht. Statistische Kennzahlen, die in diesem Zusammenhang üblicherweise herangezogen werden, sind der Mittelwert und die Standardabweichung interessierender Variablen. Auch der Median oder maximale und minimale Ausprägungen von Variablen können von Interesse sein. Informationen zur Berechnung dieser Maßzahlen finden Sie in der einschlägigen Literatur zur Statistik. Bei manchen Variablen kann es Sinn machen, ihre Verteilung aufzuzeigen (erhebt man z. B. den Familienstand, ist eine grafische Darstellung des Anteils Verheirateter, Lediger, Geschiedener, etc. an der Stichprobe sicherlich hilfreich). Wenn dies für Ihre Untersuchung zutrifft, so vermeiden Sie bei einer solchen Darstellung bitte die Nennung von Absolutwerten und verwenden Sie stattdessen prozentuale Angaben.[329]

Im Anschluss an die Beschreibung der Daten erfolgt eine Darstellung der Ergebnisse hinsichtlich der zu Beginn der Arbeit aufgestellten Hypothesen. Welches statistische Verfahren hier anzuwenden ist, hängt wiederum vom gewählten Untersuchungsaufbau und –instrument ab. Die Vorstellung geeigneter Verfahren würde an dieser Stelle zu weit führen, allerdings soll der Hinweis auf die einschlägige Literatur aus der Statistik erneut wiederholt werden. Die Gliederung dieses Teils Ihrer Arbeit sollte zudem keinesfalls die Reihenfolge Ihrer Berechnungen wiedergeben, dies ist für den Leser völlig irrelevant. Vielmehr sollten Sie sich an Ihren Hypothesen orientieren und für die Vorstellung Ihrer Ergebnisse eine ähnliche Reihenfolge wählen. Besonders prägnante Ergebnisse verdienen in diesem Zusammenhang auch durchaus eine heraushebende Erwähnung. Andersherum sollte genauso ein Hinweis erfolgen, falls ein Ergebnis bspw. aufgrund kleiner Fallzahlen nur mit Vorsicht zu genießen ist.[330]

Zum Abschluss noch zwei Hinweise für die Formulierung Ihres Ergebnisteils: Bei der Beschreibung einer statistischen Auswertung ist der Begriff „signifikant" gänzlich im statistischen Kontext zu verwenden und sollte nicht wahllos in Formulierungen einfließen. Auf die Verwendung des Ausdrucks „beweisen" sollten

---

[329] Vgl. Ebster/Stalzer [2008], S. 214.
[330] Vgl. ebd.

Sie möglichst ganz verzichten. Würden Sie ihn verwenden, behaupteten Sie, mithilfe Ihrer empirischen Untersuchung ein allgemeingültiges Postulat aufgestellt zu haben. Dies wäre jedoch eine Nummer zu groß, denn im Rahmen Ihrer Untersuchung haben Sie nur Erkenntnisse bezüglich Ihres Untersuchungsobjekts gesammelt. Über Verallgemeinerungen dieser Erkenntnisse kann man nur Vermutungen aufstellen, beweisen kann man sie keinesfalls.[331]

8.4.2 Darstellung qualitativer Ergebnisse

Bei der Darstellung statistischer Ergebnisse haben Sie erfahren, dass es problematisch sein kann, wenn Sie versuchen, alle möglichen Kennzahlen anzugeben und Ihren Ergebnisteil mit Zahlen und Daten zu überladen. Dementsprechend sollten Sie auch bei der Darstellung der Ergebnisse einer qualitativen Untersuchung nicht den Fehler begehen, die Ergebnisse bis ins kleinste Detail zu beschreiben und bereits Bekanntes zu wiederholen.

Im Ergebnisteil müssen Sie nicht mehr rekapitulieren, wie Sie zum Ziel gekommen sind, vielmehr sollten Sie eine konkrete Beschreibung der wichtigsten Ergebnisse in den Mittelpunkt stellen. Widerstehen Sie dem natürlichen Bedürfnis, dem Leser alles zeigen zu wollen, was Ihre Forschung erbracht hat.[332] Eventuell haben Sie eine systematische Literaturrecherche durchgeführt, Kategorien gebildet und beschrieben oder Fälle zusammengefasst und vielleicht schon Vorträge gehalten oder Artikel veröffentlicht. Nun müssen Sie entscheiden, welche Ergebnisse Sie darstellen wollen und welche nicht. Konzentrieren Sie sich daher auf die wesentlichen Ergebnisse zur Beantwortung der Fragestellung. Fassen Sie die Ergebnisse möglichst kontinuierlich zusammen, und planen Sie auch für die Verschriftlichung der Ergebnisse genug Zeit ein.

Um die Datenflut zu meistern, können Sie entweder einige Daten auswählen oder alle Daten auf einer höheren Ebene zusammenfassen.[333] Wenn Sie sich dazu entscheiden, nur ausgewählte Daten im Ergebnisteil vorzustellen, dann müssen Sie sich bewusst sein, dass dies womöglich dazu führen wird, dass die Zusammenhänge nicht mehr erkennbar sind. Anstatt nur ausgewählte Daten zu veröffentlichen, können Sie Ihre Daten auch aggregieren, um die Komplexität zu reduzieren. In diesem Fall stellen Sie, statt alle Teilergebnisse zu erwähnen, nur die übergeordneten, relativ wenige Endergebnisse dar. Dabei besteht jedoch das Problem, dass Sie den Bezug zu den empirischen Daten verlieren und abstrakte Schlussfolgerungen darstellen.[334] Wenn Sie die Daten mit Bedacht aggregieren

---

[331] Vgl. Ebster/Stalzer [2008], S. 144 f.
[332] Vgl. Kuckartz [2012], S. 169 ff.
[333] Vgl. Gläser/Laudel [2012], S. 272 f.
[334] Vgl. ebd.

und selektieren, so werden Sie die Ergebnisse übersichtlich und komprimiert darstellen können.

In qualitativen Arbeiten spricht nichts dagegen, auf das erhobene Datenmaterial zu verweisen, sofern Sie dies in einem gesunden Maß tun und die Verweise auf die empirischen Daten mit Zitaten kenntlich machen. Haben Sie Interviews durchgeführt, dann wird die Wiedergabe von typischen Aussagen den Ergebnisteil lebendiger und authentischer gestalten.[335] Sie sollten, insbesondere bei Interviews, streng darauf achten, dass die Anonymität der Probanden gewahrt bleibt. Dabei müssen Sie neben dem Namen des Probanden alle Informationen verschlüsseln, die Rückschlüsse auf die Identität der Probanden zulassen könnten.

Beachten Sie nur, dass Sie alle wichtigen Unterlagen entweder direkt im Text angeben oder in den Anhang einfügen. Dazu gehören Unterlagen wie die wörtliche Abschrift (Transkription) der Interviews, Einwilligungserklärungen der Interviewpartner, Einladungen, die Regeln für die Abschrift der Interviews, Interviewleitfaden etc.

Gerade in der sozialwissenschaftlichen Literatur finden sich einige noch recht unausgereifte Gedankengänge, die nichtsdestotrotz unter der Bezeichnung „Theorie" kursieren. Seien Sie daher vorsichtig, wenn Sie im Rahmen Ihrer empirischen Arbeit auf Theorien verweisen und prüfen Sie, ob die Arbeiten, auf die Sie sich beziehen, die notwendigen systematischen Aussagen über Kausalmechanismen aufweisen, um berechtigterweise als Theorie bezeichnet zu werden.[336]

Ein guter wissenschaftlicher Sprachstil mit einfachen und prägnanten Aussagen wird es Ihnen ermöglichen, auch komplexe, qualitative Ergebnisse verständlich darzustellen. Haben Sie auch dies erfolgreich umgesetzt, dann steht dem erfolgreichen Abschluss Ihrer empirischen Arbeit nichts mehr im Weg. In Kapitel 9.2 werden Sie jedoch in die ersten Schritte der Handhabung der Analysesoftware *SPSS* eingeführt und ein paar Eckpunkte der Darstellung empirischer Ergebnisse sollen auch hier angesprochen werden.

---

[335] Vgl. Gläser/Laudel [2012], S. 273 ff.; Ebster/Stalzer [2008], S. 214.
[336] Vgl. Gläser/Laudel [2012], S. 282 f.

Empirie – nicht nur glauben, sondern belegen

ZUSAMMENFASSUNG

- Alltagsbeobachtungen versus Empirie
- Gegenüberstellung von qualitativer und quantitativer Forschung
- Theorie, Hypothesen, Effektgrößen, Datenerhebung und Datenauswertung
- Durchführung von Interviews, Fragebogenkonstruktion, experimentelle Methoden und Beobachtung
- Darstellung qualitativer und quantitativer Ergebnisse

QR-Code zu den Übungen:

ILIAS-Pfad zu den Übungen: Magazin » FB Wirtschaft & Medien » Standortübergreifend » "Wissenschaftliches Arbeiten 2.0"

9 Computergestützte Anwendungen in der Forschungspraxis

Andreas Nagy, Martina Schleifer, Nicola Straub

Die Curricula an der Hochschule Fresenius beinhalten anwendungsbezogene Elemente in Form von Projekt-, Bachelor- oder Masterarbeiten. Nicht zuletzt durch diese Praxisorientierung ist die Wahrscheinlichkeit sehr hoch, dass Sie mindestens einmal in Ihrem Studium vor der Herausforderung stehen, ein empirisches Projekt durchzuführen. Dieses Kapitel soll Einsteigern zunächst als Anleitung dienen, eine Onlinebefragung mit Hilfe des Erhebungstools *EFS Survey* zu gestalten. Die Hochschule Fresenius nimmt Teil am Programm *Unipark* der Firma *QuestBack* und verfügt damit über eine Lizenz für *EFS Survey*. Diese wird Studierenden der *Hochschule Fresenius* für die Dauer ihres Studiums sowie für rein wissenschaftliche und nicht-kommerzielle Forschungsprojekte kostenlos zur Verfügung gestellt. Um Zugang zu *EFS Survey* zu erhalten, wenden Sie sich bitte an den Ansprechpartner an Ihrem Standort. Weiterhin werden Sie im zweiten Teil des Kapitels an das Analysetool *SPSS* (*Statistical Package for the Social Sciences*) herangeführt, damit Sie Ihre Daten eingeben, aufbereiten und grundlegende Analysen vornehmen können. *SPSS* ist an allen Standorten der Hochschule Fresenius für die Studierenden in den Medienlaboren und Bibliotheken frei verfügbar. Auch hierzu finden Sie an Ihrem Standort Ansprechpartner, die Ihnen Tipps hinsichtlich statistischer Auswertungen mit *SPSS* geben können.

9.1 Internetbasierte Datenerhebung

Im Kapitel zur Empirie wurden Ihnen bereits verschiedene Erhebungsinstrumente vorgestellt, darunter auch der Fragebogen, der für viele Ihrer curricularen Forschungsprojekte gut geeignet ist. Fragebogen können grundsätzlich in ausgedruckter Form (Paper-Pencil-Fragebogen) an die Probanden verteilt oder alternativ als Online-Version zur Verfügung gestellt werden. Im folgenden Kapitel werden die Vor- und Nachteile dieser Varianten diskutiert.

9.1.1 Online-Fragebogen versus Papierfragebogen

Die Auswahl der Erhebungsform hängt nicht nur von inhaltlichen Kriterien ab, sondern auch von der **Testökonomie**, also der Wirtschaftlichkeit eines Tests. Diese wird vom **finanziellen und vom zeitlichen Aufwand**, der bei der Vorbereitung, Durchführung und Nachbereitung des Tests entsteht, bestimmt.[337]

---

[337] Vgl. Moosbrugger/Kelava [2012], S. 21.

Finanzielle Ressourcen müssen Sie bspw. aufwenden, um Papierfragebogen zu drucken oder Stifte auszugeben. Bei Online-Fragebogen können unter Umständen Lizenzgebühren für die Nutzung der notwendigen Software entstehen.[338] Da Ihnen an der Hochschule Fresenius **kostenfreie Lizenzen** zur Verfügung gestellt werden, können Sie diesen Posten bei Ihrer Kalkulation vernachlässigen.

Der zeitliche Aufwand entsteht sowohl beim Befragten, wenn er den Fragebogen ausfüllt, als auch beim Autor des Fragebogens, wenn er diesen plant, erstellt und auswertet. Das Absolvieren eines Fragebogens am Bildschirm dauert meist ähnlich lange wie das Ausfüllen der identischen Fragen in der Paper-Pencil-Variante. Online-Fragebogen haben allerdings einen entscheidenden Vorteil für Sie als Testleiter. Da die Antworten der Probanden direkt in digitaler Form abgegeben werden, ersparen Sie sich die manuelle Eingabe in das Analysetool und **transferieren die Daten zeitsparend per Exportfunktion.**[339]

Online-Erhebungen bieten darüber hinaus die Möglichkeit, **(audio-)visuelle Medien**, wie Ton- oder Videodateien, direkt in den Fragebogen **einzubinden** statt diese dem Befragten zum passenden Zeitpunkt und auf einem separaten Gerät vorzuspielen.[340] Mittels Filterfragen oder Ausblendbedingungen (vgl. Kapitel 9.1.5) können Sie den Fragebogen außerdem **dynamisch** an das Antwortverhalten des Befragten anpassen.

Die Vorteile des Online-Fragebogens kommen allerdings nur dann zur Geltung, wenn dieser professionell konzipiert wurde. Technische Probleme beim Bearbeiten oder eine umständliche Bedienbarkeit wirken sich negativ auf die **Nutzerfreundlichkeit** und damit auf die **Motivationslage der Befragten** aus. Papierfragebogen werden dagegen meist problemlos intuitiv ausgefüllt.[341]

Schriftliche Befragungen weisen tendenziell eine **geringere Rücklaufquote** auf als mündliche Erhebungen. Oft füllen Probanden den Fragebogen nicht vollständig oder nicht sorgfältig aus. Dies wird mit der Anonymität und Unkontrollierbarkeit während der Versuchssituation erklärt. Bei Online-Umfragen scheinen diese Nachteile verstärkt aufzutreten.[342]

Darüber hinaus ist zu bedenken, dass Sie bei einer rein onlinebasierten Erhebung ausschließlich Personen erreichen, die aktiv das Internet nutzen. Bei ausschließlicher Distribution über das Internet erhalten Sie somit eine Ad-hoc-Stichprobe,

---

[338] Vgl. Moosbrugger/Kelava [2012], S. 21.

[339] Vgl. ebd.

[340] Vgl. Jonkisz/Moosbrugger/Brandt [2012], S. 36.

[341] Vgl. ebd.

[342] Vgl. Sedlmeier/Renkewitz [2013], S. 85.

also eine Gelegenheitsstichprobe von zufällig interessierten Probanden, und unter Umständen **keine repräsentative Stichprobe**.[343]

Grundsätzlich ist Ihnen völlig freigestellt, welche Variante Sie für Ihre Forschungsprojekte verwenden möchten. Falls Sie sich für den Online-Fragebogen entscheiden, erhalten Sie im Folgenden eine Anleitung zur Erstellung.

9.1.2 Wissenswertes zu QuestBack, Unipark und EFS Survey

Unipark ist ein **Programm zur Förderung von Online-Befragungen an Hochschulen**, das von der Firma *QuestBack* betrieben wird. *QuestBack* entwickelt seit 1999 Software für webbasierte Befragungen.

Das zentrale Produkt der *QuestBack*-Gruppe ist die **Softwarelösung *EFS Survey***, die sowohl für kommerzielle Zwecke an Unternehmen lizensiert, als auch akademischen Einrichtungen für Forschungszwecke zur Verfügung gestellt wird. Mit *EFS Survey* können beliebige Zielgruppen mittels onlinebasierter Fragebogen zu komplexen Fragestellungen befragt werden. Die gewonnenen Daten können in Form von deskriptiven Reports direkt in *EFS Survey* ausgewertet oder per Exportfunktion in spezielle Analysetools wie *SPSS* überführt werden.

EFS Survey hat eine internetgestützte Benutzeroberfläche, die Sie ganz einfach über Ihren gewohnten Webbrowser (*Mozilla Firefox, Google Chrome*, o. ä.) erreichen. **Sie müssen also kein spezielles Programm installieren.** Das ermöglicht Ihnen die flexible Programmierung Ihres Fragebogens an jedem beliebigen PC, egal ob zu Hause oder im Medienlabor der Hochschule.

QuestBack bietet **umfangreiche Zusatzangebote**, die Ihnen bei der Erstellung und Optimierung Ihrer Projekte helfen können. Dazu gehören neben der telefonischen oder schriftlichen Beratung bei individuellen Problemen auch Online-Tutorials, die Schritt für Schritt die Bedienung der Software erklären. Ferner gibt es ein Forum, in dem Nutzer sich gegenseitig unterstützen sowie Musterfragebogen, die als Anregungen für Ihr Projekt dienen können. Besuchen Sie für weitere Informationen die Website my.unipark.com.

In den folgenden Kapiteln erhalten Sie eine grundlegende Einführung in die Nutzung von *EFS Survey*. Schwerpunkt liegt dabei auf den Funktionen, die Sie im Rahmen Ihrer curricularen Forschungsprojekte mit großer Wahrscheinlichkeit benötigen werden. *EFS Survey* bietet darüber hinaus weitere Funktionen, die kontinuierlich weiterentwickelt werden, und über die Sie sich im ausführlichen Handbuch zu *EFS Survey* informieren können.

---

[343] Vgl. Bortz/Döring [2006], S. 206 f.

9.1.3 Projektanlage und wichtige Grundeinstellungen

Nach dem Login in *EFS Survey* befinden Sie sich auf Ihrer personalisierten Startseite. Sobald Sie erste Umfragen angelegt haben, können Sie hier Ihre aktiven und Ihre zuletzt bearbeiteten Projekte sehen und direkt aufrufen. Grundsätzlich können Sie jederzeit über den Reiter *Projekte* im oberen Bereich der Website Zugriff auf Ihre Fragebogen erhalten. Für Sie relevant ist außerdem die **Hilfefunktion** in der rechten oberen Ecke des Bildschirms. Hier können Sie immer die aktuelle Version des umfangreichen Handbuchs zu *EFS Survey* herunterladen.

Um ein *neues Projekt* anzulegen, klicken Sie auf der Startseite auf den Button Neues Projekt. Sie werden dann auf die unten dargestellte Seite (siehe Abb. 73) geleitet, auf der Sie folgende wichtige Grundeinstellungen festlegen sollten:

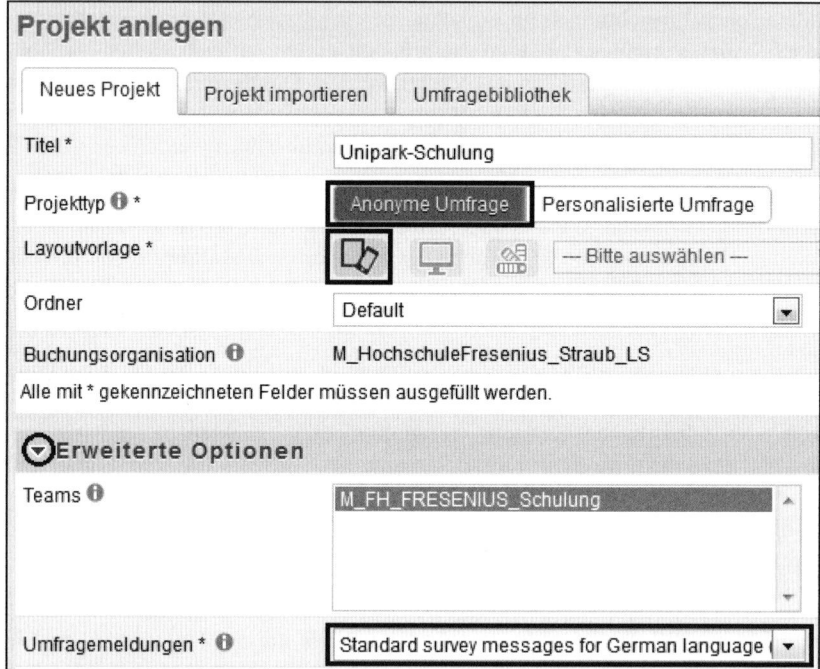

Abb. 73: Wichtige Grundeinstellungen bei der Projektanlage
(Quelle: Eigene Darstellung)

Wählen Sie einen **prägnanten Titel** für Ihre Umfrage. Dieser ist zwar nur für Sie intern sichtbar, trotzdem ist es empfehlenswert, hier strukturiert vorzugehen, um bei mehreren parallelen Projekten den Überblick zu behalten.

Als *Projekttyp* werden Sie für die gängigen Fragestellungen im Rahmen Ihrer Studienprojekte die ***Anonyme Umfrage*** nutzen. Hier kann prinzipiell jede Person an der Umfrage teilnehmen, die über den Link zur Befragung verfügt. Die *Personalisierte Umfrage* sollten Sie nur dann wählen, wenn der Kreis der zu Befragenden von vornherein begründet eingeschränkt ist. In diesem Fall müssen Ihnen für den Versand die E-Mail-Adressen der Probanden bekannt sein. Der Rücklauf der abgegebenen Daten erfolgt ohne Verbindung zur E-Mail-Adresse des Befragten. Weitere Hinweise zu dieser Variante gibt es im Handbauch zu *EFS Survey*.

Wählen Sie als nächstes die *Layoutvorlage* für Ihre Umfrage. Hier ist die Option *Responsive Layout 2* zu empfehlen. Diese erkennt automatisch, ob der Proband ein stationäres oder mobiles Endgerät benutzt und **optimiert das Layout** entsprechend der Bildschirmgröße.

Bitte öffnen Sie anschließend unbedingt die *Erweiterten Optionen* durch einen Klick auf das Dreieck vor der Textzeile. Hier legen Sie unter *Umfragemeldungen* die **Sprache** fest, in der später Hinweise, Fehlermeldungen oder Bedienfunktionen im Fragebogen angezeigt werden. Sollten Sie diesen Schritt bei der Anlage vergessen haben, können Sie die Sprache nachträglich unter *Projekte – Projekteigenschaften – Umfragemeldungen* ändern.

Alle anderen Felder können Sie in der Standardeinstellung belassen und Ihr Projekt durch *Anlegen* speichern.

Um Ihr **Projekt weiter zu individualisieren**, können Sie das Layout anpassen. Indem Sie Ihre Umfrage z. B. mit dem Logo der Hochschule Fresenius versehen, unterstreichen Sie, dass es sich um eine wissenschaftliche und nicht um eine kommerzielle Umfrage handelt. Dazu wählen Sie im *Umfragemenü* am linken Seitenrand *Layout*. Unter dem Reiter *Logos* können Sie bis zu vier Logos hochladen und beliebig platzieren. Über die weiteren Reiter können Sie auch Hintergrund, Schriftart und Formularelemente wie den Fortschrittsbalken individuell formatieren. Achten Sie darauf, dass die Gestaltung des Fragebogens einen indirekten Einfluss auf den Befragten haben kann. Die Gestaltungselemente sollten deshalb einen seriösen Eindruck vermitteln und zum Thema passen.

Eine weitere wichtige Grundeinstellung, die Sie in Betracht ziehen sollten, ist das Anbieten eines *Zurück*-**Buttons**. In der Standardprogrammierung wird dieser Button nicht angezeigt. Der Proband kann also nicht mehr zu einer vorangehenden Seite zurückkehren, um gegebene Antworten noch einmal zu prüfen oder zu ändern. Es gibt gute Argumente für und gegen eine Rückkehrmöglichkeit bei Fragebogen. Bitte informieren Sie sich hierzu mittels Literatur zur Fragebogenkonstruktion. Falls Sie den *Zurück*-Button nutzen möchten, wählen Sie im *Umfragemenü* die Option *Projekteigenschaften* und setzten Sie den Haken in der Zeile *Soll ein Zurück-Button eingeblendet werden?*.

9.1.4 Erstellen von Seiten und Fragen

Um mit der Erstellung des Fragebogeninhalts zu beginnen, wählen Sie im *Umfragemenü* am linken Seitenrand den *Fragebogen-Editor* aus. Hier sehen Sie bereits eine vorangelegte *Endseite*. Bitte löschen sie diese nicht, da die *Endseite* das automatische Versenden der abgegebenen Daten an den Server auslöst.

Zur **Anlage weiterer Seiten** wählen Sie den Button *Seite*. Ersetzen Sie den im neuen Fenster angezeigten Seitentitel durch einen individuellen Titel, der zum Inhalt der jeweiligen Seite passt. Um zu kennzeichnen, dass Sie sich auf der Seitenebene befinden, empfehlen wir eine Benennung nach dem System „Seite_IndividuellerTitel", z. B. „Seite_Willkommen". Setzen Sie auch gleich den Haken, um direkt zur neuen Seite zu springen.

Die nun angezeigte Bildschirmansicht ähnelt der vorherigen, mit dem Unterschied, dass Sie hier statt einer neuen Seite eine **neue Frage anlegen** können. Klicken Sie auf den Button *Neue Frage* und geben Sie einen Fragetitel ein. Analog zur Empfehlung bei der Seitenbenennung sollten Sie hier die Bezeichnung „Frage/Text_IndividuellerTitel" wählen, z. B. „Text_Willkommen". Dies erleichtert Ihnen bei der weiteren Programmierung die Wahl der korrekten Gliederungsebene. Anschließend bestimmen Sie den Fragetyp. Die für Sie relevanten Typen werden in den folgenden Kapiteln dargestellt. Weitere Fragetypen können im ausführlichen Handbuch zu *EFS Survey* nachgeschlagen werden.

Sie können jederzeit wieder zur **Gliederungsansicht Ihres Fragebogens** zurückkehren, indem Sie in der Menüzeile am oberen Seitenrand den *Fragebogen-Editor* auswählen. Auf dieser Ebene stehen Ihnen verschiedene Optionen zur Verfügung: Sie können jederzeit komplette Seiten löschen, kopieren oder per Drag-and-drop die Reihenfolge der Seiten im Verlauf des Fragebogens ändern. Des Weiteren werden hier dynamische Seiten- und Fragedarstellungen wie Filterfragen oder Ausblendfilter angezeigt, auf deren Anlage in den folgenden Kapiteln noch eingegangen wird. Über die Vorschaufunktion können Sie den kompletten Fragebogen testweise durchlaufen. Die folgende Abbildung (siehe Abb. 74) zeigt die fertige Gliederungsansicht für einen prototypischen Fragebogen.

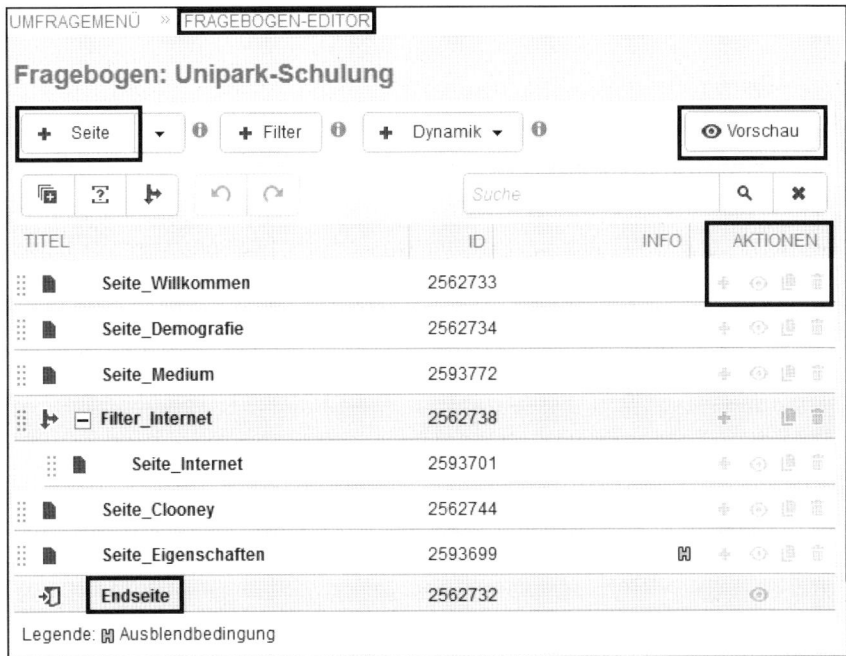

Abb. 74: Zentrale Gliederungsansicht des Fragebogens
(Quelle: Eigene Darstellung)

In den folgenden Kapiteln erhalten Sie eine Anleitung, wie Sie den korrekten Fragetyp für Ihre konkrete Fragestellung erkennen und auswählen können. Dabei wird Schritt für Schritt erklärt, wie Sie die unterschiedlichen Fragetypen anlegen und weiter spezifizieren können.

9.1.4.1 Text und Multimedia

Beim Aufbau Ihres Fragebogens werden Sie **reine Textseiten** wie z. B. die Startseite benötigen, aber auch **einleitende Textpassagen**, die zu den eigentlichen Fragen hinführen. Texte fügen Sie ein, indem Sie wie bereits beschrieben eine neue Frage erstellen. Nach Eingabe eines prägnanten Titels wählen Sie den Fragetyp *Text und Multimedia* und weiter die Variante *Text und Bild* (998). Im Bearbeitungsfenster (siehe Abb. 75) geben Sie Ihren individuellen Inhalt ein. Hier haben Sie die Möglichkeit, die im Rahmen von ethisch korrekter Forschung notwendigen Angaben zu machen. Die Startseite sollte z. B. Angaben zu Autor, Institution, Zweck, Umfang und Vertraulichkeit der Studie enthalten. Über die Menüleiste des Bearbeitungsfensters können Sie Ihren Text formatieren und Hyperlinks zu Websites oder E-Mail-Adressen setzen.

In *Text und Mulitmedia* können Sie auch **Medien einbinden**. Dies können Sie aus rein gestalterischen Gründen tun, aber auch, um bspw. Fragen zu den dargestellten Bildern oder Videos zu stellen. Sie können etwa das Bild einer Person in einem einleitenden Text präsentieren und anschließend Einschätzungen zu den Eigenschaften dieser Person abfragen. Falls Sie Bilder oder Videos aus dem Internet integrieren möchten, nutzen Sie dafür die Icons *Bild einfügen/bearbeiten* oder *Video einfügen/bearbeiten* in der Menüleiste und kopieren Sie die URL in das Zielfeld. Falls Sie eigene, lokal gespeicherte Dateien verwenden möchten, können Sie diese über das Icon *Medienbibliothek* hochladen und anschließend auswählen. Die Größe der angezeigten Bilder kann über die Skalierung oder durch Ziehen mit der Maus angepasst werden.

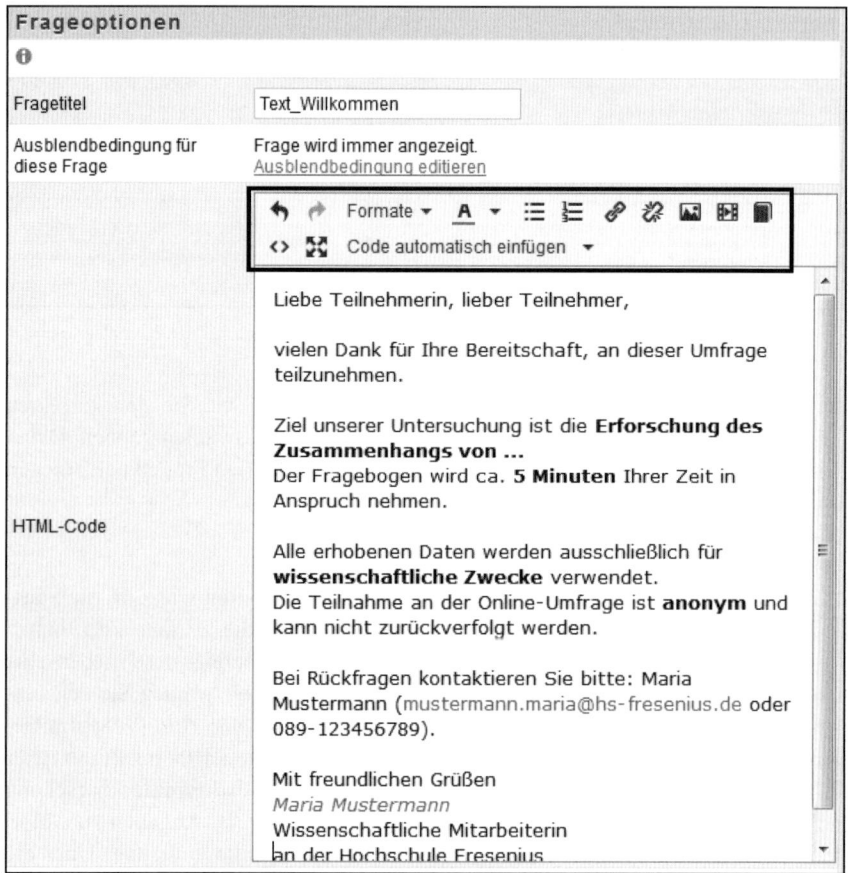

Abb. 75: Bearbeitungsfenster des Fragetyps *Text und Multimedia*
(Quelle: Eigene Darstellung)

Über den Button *Fragenvorschau* können Sie Ihre Eingaben überprüfen. Um zur Seitenansicht zurückzukehren und eine weitere Frage auf derselben Seite anzulegen, wählen Sie den Reiter *Seite*. Anschließend können Sie beliebig viele zusätzliche Fragen anlegen. Achten Sie darauf, sinnvolle Seitenwechsel einzubauen. Die Seiteninhalte sollten thematisch zusammenpassen und nicht zu lang sein, da der Befragte sonst bei kleiner Bildschirmgröße scrollen muss. Wenn die Seite fertig gestaltet ist, können Sie über den *Fragebogen-Editor* wieder zur zentralen Gliederungsansicht zurückkehren und die nächste Seite anlegen beziehungsweise bearbeiten.

9.1.4.2 Felder für Texteingabe

Falls Sie in Ihrem Fragebogen **offene Fragen** stellen möchten, benötigen Sie dafür den Fragetyp *Felder für Texteingabe*. Je nach erwarteter Antwort können Sie verschiedene Varianten dieses Typs verwenden. Der *Textbereich* (142) bietet die Möglichkeit, längere Angaben zu machen, z. B. in Form von Kommentaren zur Umfrage. Falls Sie nur kurze Angaben wie das Alter des Probanden, erfassen möchten, empfehlen wir das *Textfeld einzeilig* (141).

Geben Sie den *Fragetext* und die dazugehörige *Ausfüllanweisung* in die dafür vorgesehenen Felder ein (siehe Abb. 76). Die *Ausfüllanweisung* ist optional, aber insbesondere empfehlenswert bei Datumsangaben, die in verschiedenen Schreibweisen existieren. Um die Qualität der Dateneingabe zu erhöhen, können Sie zusätzlich **definieren, welche Art von Angabe im Textfeld** erlaubt ist. Wenn Sie im *Eingabeformat* die Option *Ganze Zahl* wählen und die *Max. Länge der Eingabe* auf vier Stellen begrenzen, sind Angaben wie „2014" möglich, Einträge wie „20xx" oder „20014" würden aber eine Fehlermeldung auslösen.

Falls Sie eine der oben beschriebenen Optionen nicht in Ihrem Bearbeitungsfenster sehen, können Sie diese über die *Frageoptionen* aufrufen. Bitte beachten Sie, dass ein Haken innerhalb des Kastens nur bedeutet, dass die Option angezeigt wird. Um die Funktion tatsächlich zu aktivieren, muss zusätzlich noch die entsprechende Zeile im Bearbeitungsmenü ausgefüllt werden.

9.1.4.3 Einfachauswahl

Ein weiterer gängiger Fragetyp ist die *Einfachauswahl*. Diese benötigen Sie bei **eindeutig nur mit einer Möglichkeit zu beantwortenden Fragen** wie z. B. der nach dem Geschlecht des Befragten. Hier bietet *EFS Survey* verschiedene grafische Darstellungsmöglichkeiten, die Sie im Vorschaufenster ansehen können. Im folgenden Beispiel wurde die *Einfachauswahl untereinander* (111) eingestellt.

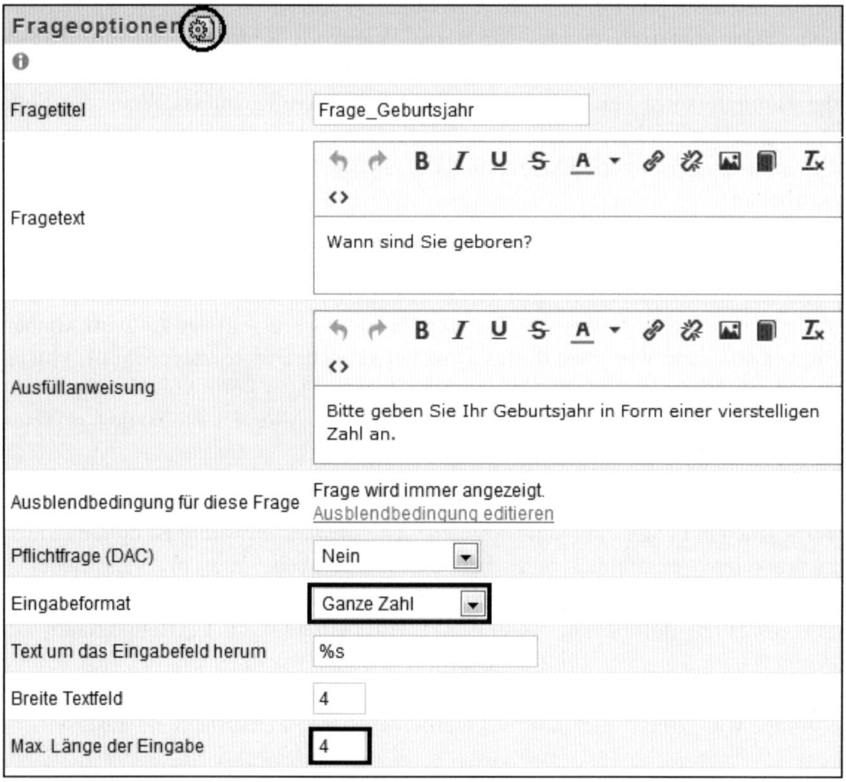

Abb. 76: Definition des Eingabeformats beim Fragetyp *Felder für Texteingabe*
(Quelle: Eigene Darstellung)

Zuerst geben Sie auch hier den *Fragetext* und die dazugehörige *Ausfüllanweisung* ein. Im Bereich *Antwortoptionen* (siehe Abb. 77) füllen Sie die möglichen Antworttexte ein. *EFS Survey* bietet standardmäßig fünf **Antwortoptionen** an, die **beliebig reduziert oder erweitert** werden können. Da in unserem Beispiel nur drei Ausprägungen benötigt werden, setzt man bei den zwei überflüssigen einen Haken in der Spalte *LÖSCHEN*. Falls Sie zusätzliche Ausprägungen hinzufügen möchten, geben Sie in der Zeile *Neu* den gewünschten Antworttext ein. Dieser erhält automatisch die nächste Laufnummer. Auf diese Art können Sie auch nachträglich jederzeit Antwortkategorien hinzufügen oder entfernen.

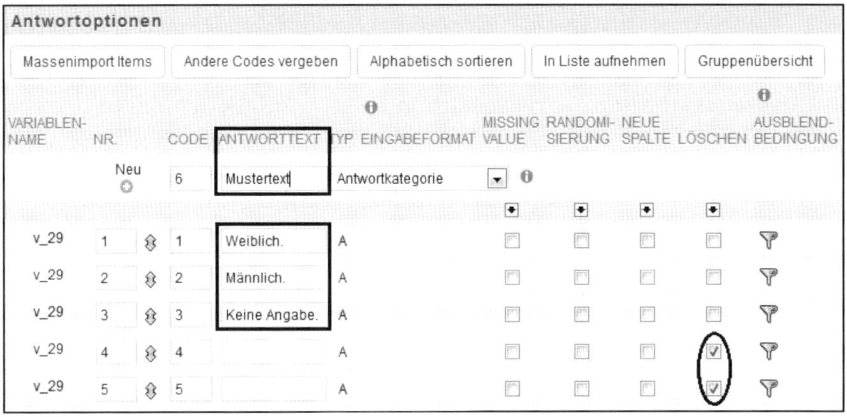

Abb. 77: Anpassung der Antwortoptionen beim Fragetyp *Einfachauswahl* (Quelle: Eigene Darstellung)

Bitte beachten Sie, dass Sie insbesondere bei diesem Fragetyp immer eine neutrale Ausweichmöglichkeit wie „Keine Angabe" oder „Weiß ich nicht" anbieten sollten. Dies verhindert einen vorzeitigen Abbruch der Umfrage seitens des Probanden, wenn dieser eine Frage nicht beantworten möchte oder kann.

9.1.4.4 Mehrfachauswahl

Im Gegensatz zur Einfachauswahl, bei der man den Befragten auf eine einzige Antwort festlegen möchte, gibt es auch Fragestellungen, bei denen **mehrere Antworten sinnvoll** sein können. Die Anlage dieser *Mehrfachauswahl* erfolgt analog zur *Einfachauswahl*. Auch hier können Sie zwischen verschiedenen Ansichtsvarianten wählen sowie Antwortkategorien entfernen oder hinzufügen.

Um dem Probanden die Möglichkeit einzuräumen, eine Antwort zu geben, die Sie nicht bereits zum Anklicken vorgeschlagen haben, können Sie eine oder mehrere **Antwortoptionen mit einem ergänzenden Freitextfeld** versehen. Dafür geben Sie in der Zeile *Neu* den Text ein, hier im Beispiel „Sonstiges, nämlich", und wählen bei *TYP EINGABEFORMAT* die Variante *Antwortkategorie +Text* (siehe Abb. 78). Falls die Antwortmöglichkeit in der Mitte eines Satzes stehen soll, also von Textteilen eingerahmt, setzen Sie an die passende Stelle im *ITEMTEXT* den Platzhalter *%s*.

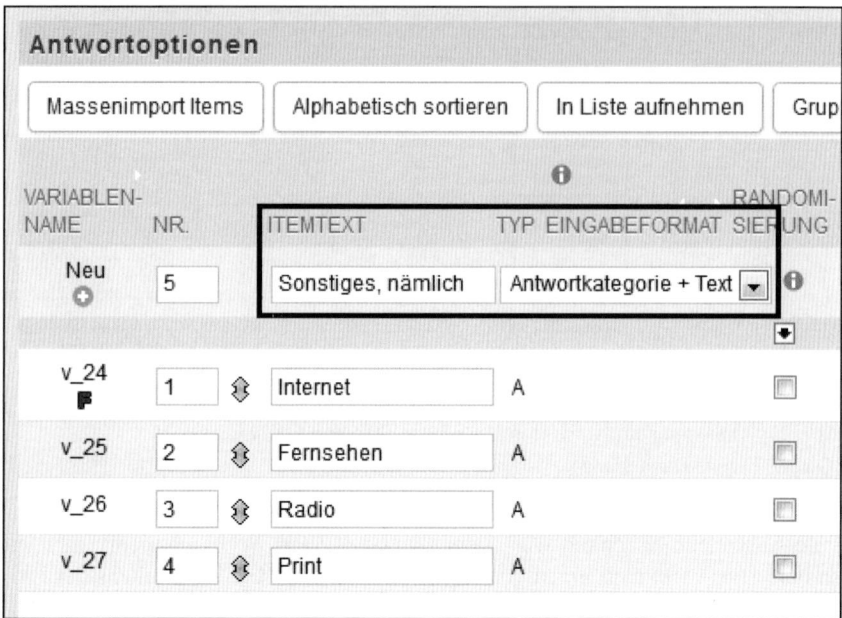

Abb. 78: Anlage von Antwortkategorie und Freitext beim Fragetyp *Mehrfachauswahl* (Quelle: Eigene Darstellung)

Nachdem Sie die Angaben gespeichert haben, erscheinen zusätzliche Eingabe-felder, über die Sie die Länge des Eingabefeldes sowie das einzugebende Daten-format definieren können. Vergleichen Sie dazu auch Kapitel 9.1.4.2.

9.1.4.5 Matrix

Matrizen sind eine platzsparende Möglichkeit zum Abfragen umfangreicher Sachverhalte. Oft kommen sie zum Einsatz, wenn es um **Beurteilungen oder Einschätzungen** geht, die der Befragte an Hand einer **vorgegebenen Skala** abgeben kann. Auch bei diesem Fragetyp bietet *EFS Survey* verschiedenartige Darstellungsvarianten an, die Sie unter sorgfältiger Berücksichtigung Ihrer Fra-gestellung auswählen sollten. Varianten wie die *Sterne-Matrix* sehen optisch ansprechend aus und werden vom Probanden meist intuitiv ausgefüllt. Allerdings sollten Sie im Voraus überlegen, welche **Rechenoperationen** Sie bei der Analy-se benötigen. Falls Sie bspw. Mittelwerte berechnen möchten, benötigen Sie in der Regel eine mit konkreten Zahlenwerten beschriftete metrische Skala (vgl. Kapitel 8.3.2).

Die Anlage einer *Matrix* erfolgt zunächst analog zu den anderen Fragetypen. Eine sehr gängige Variante dieses Fragetyps ist die *Standard-Matrix 1* (311). Im Feld *ITEMTEXT* am Seitenende geben Sie die ***Dimensionen*** an, die Sie abfragen möchten (siehe Abb. 79). Das können bspw. Eigenschaften wie Aussehen oder

Vertrauenswürdigkeit sein, aber auch zu bewertende Zustände wie die Sauberkeit der Kantine oder die Ausstattung der Seminarräume. Die *Dimensionen* werden als Beschriftung der Zeilen am linken Rand der *Matrix* angezeigt.

Im nächsten Schritt legen Sie im Feld *ANTWORTKATEGORIEN* die **Wahlmöglichkeiten** an. Diese stellen die Bewertung dar, die der Befragte der jeweiligen *Dimension* beimisst. Falls Sie die *Wahlmöglichkeiten* nicht direkt im Bearbeitungsfenster sehen können, klicken Sie auf das dunkle Dreieck vor *Skalenoptionen*, um das Menü aufzuklappen. Die angegebenen *Wahlmöglichkeiten* sollten eine **logische Abstufung** haben. Sie können eine metrische Variante wählen, indem Sie Schulnoten von „1" bis „6" anlegen. Denkbar ist auch eine Darstellung mit einem Nullpunkt, der Neutralität repräsentiert, bspw. in Form einer Range von „-2" bis „+2". Alternativ können Sie mit Textantworten arbeiten, z. B. von „Ich stimme gar nicht zu." bis „Ich stimme voll zu." Die *Wahlmöglichkeiten* werden später als Überschriften in der *Matrix* angezeigt.

Achten Sie darauf, dass Sie bei der Verwendung von mehreren Matrizen innerhalb eines Fragebogens **dieselbe Bewertungsrichtung** einhalten, also immer von negativ zu positiv oder umgekehrt, um den Probanden bei der Auswahl nicht zu verwirren. Wie bei den übrigen Fragetypen bereits dargestellt, kann auch bei einer *Matrix* die Anzahl der angezeigten *Dimensionen* oder *Wahlmöglichkeiten* beliebig erweitert oder reduziert werden, indem man den Haken bei *LÖSCHEN* setzt oder das Feld *NEU* befüllt.

Eine Sonderform der *Matrix* ist das **Semantische Differential** (340). Dieses verfügt über **zwei Pole**, sodass die *Matrix* auf der linken und auf der rechten Seite mit jeweils einer Ausprägung einer *Dimension* beschriftet werden kann. Diese Darstellung eignet sich besonders gut, wenn Sie zu einer übergeordneten Kategorie eine Vielzahl an *Dimensionen* erheben möchten und diese *Dimensionen* **logische Gegensatzpaare** bilden. Möchten Sie z. B. die Eigenschaften einer Person einschätzen lassen, können Sie Paare wie „seriös" vs. „unseriös" oder „attraktiv" vs. „unattraktiv" vorgeben. Die Gegensatzpaare legen Sie im Bereich *Antwortoptionen* fest (siehe Abb. 80).

Wir empfehlen Ihnen darüber hinaus das Festlegen einer metrischen Skala im Bereich *Skalenoptionen*. Die zusätzliche Angabe von Zahlenwerten stellt zwar eine gewisse Redundanz dar, bietet dem Befragten aber eine Orientierungsmöglichkeit, indem sie Aufschluss über die **Verhältnismäßigkeit innerhalb der Skala** gibt. Bitte beachten Sie, dass Sie aktiv einen Haken setzen müssen, damit die Skala auch tatsächlich angezeigt wird. Falls Sie die Option für den Haken nicht sehen können, wählen Sie das Icon neben *Frageoptionen* und treffen Sie hier die entsprechende Vorauswahl.

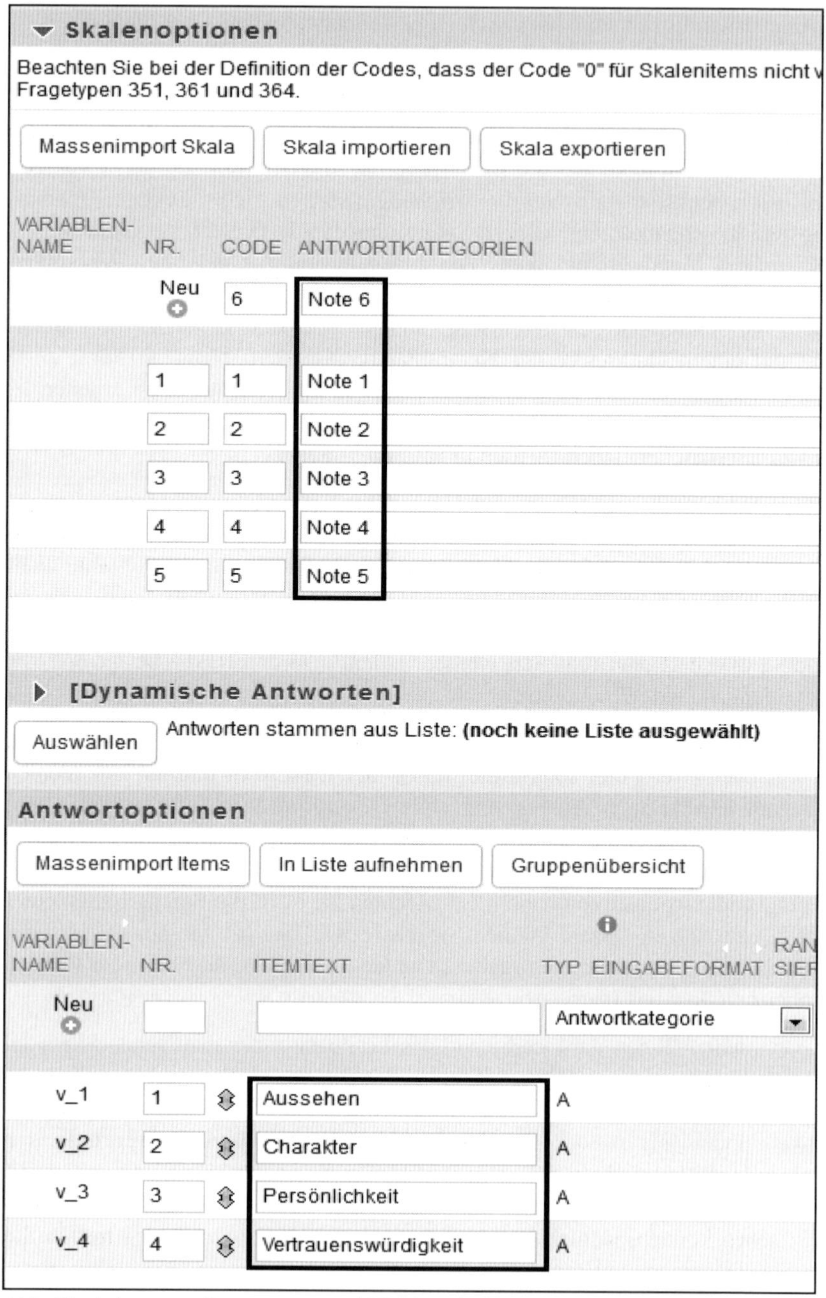

▼ **Skalenoptionen**

Beachten Sie bei der Definition der Codes, dass der Code "0" für Skalenitems nicht v
Fragetypen 351, 361 und 364.

| Massenimport Skala | Skala importieren | Skala exportieren |

VARIABLEN-NAME	NR.	CODE	ANTWORTKATEGORIEN
Neu ⊕	6		Note 6
1	1		Note 1
2	2		Note 2
3	3		Note 3
4	4		Note 4
5	5		Note 5

▶ **[Dynamische Antworten]**

| Auswählen | Antworten stammen aus Liste: **(noch keine Liste ausgewählt)** |

Antwortoptionen

| Massenimport Items | In Liste aufnehmen | Gruppenübersicht |

VARIABLEN-NAME	NR.	ITEMTEXT	TYP	❶ EINGABEFORMAT	RAN SIEF
Neu ⊕				Antwortkategorie ▾	
v_1	1	⇕ Aussehen	A		
v_2	2	⇕ Charakter	A		
v_3	3	⇕ Persönlichkeit	A		
v_4	4	⇕ Vertrauenswürdigkeit	A		

Abb. 79: Anlage von *Dimensionen* und *Wahlmöglichkeiten* beim Fragetyp *Matrix*
(Quelle: Eigene Darstellung)

190

Skala anzeigen ☑

Überschrift linker Pol

Überschrift rechter Pol

▼ **Skalenoptionen**

Beachten Sie bei der Definition der Codes, dass der Code "0" für Skalenitems nicht verwende
361 und 364.

| Massenimport Skala | Skala importieren | Skala exportieren |

VARIABLEN-
NAME   NR.   CODE ANTWORTKATEGORIEN

Neu
○

	1	1	-2
	2	2	-1
	3	3	0
	4	4	+1
	5	5	+2

Antwortoptionen

| Massenimport Items | In Liste aufnehmen |

VARIABLEN-   RA
NAME   NR.   ITEMTEXT LINKS ITEMTEXT RECHTS TYP EINGABEFORMAT SIE

Neu   Antwortkategorie ▼ ❶
○

| v_6 | 1 | seriös | unseriös | A |
| v_7 | 2 | attraktiv | unattraktiv | A |

Abb. 80: Anlage von Gegensatzpaaren bei der Variante *Semantisches Differential*
(Quelle: Eigene Darstellung)

9.1.5 Filterfragen und Ausblendbedingungen

Im folgenden Kapitel werden zwei Möglichkeiten für fortgeschrittene Nutzer aufgezeigt, Fragebogen weiter zu **strukturieren**. Filter dienen dazu, Seiten oder Teilfragbogen nur dann bereitzustellen, wenn die Antworten auf einzelne Fragen oder Fragenverbunde vordefinierten Kriterien entsprechen. So kann bspw. eine Seite mit Fragen über den Arbeitsplatz nur dann bereitgestellt werden, wenn die vorangestellte Frage „Sind Sie derzeit in einem Beschäftigungsverhältnis?" mit „Ja" beantwortet wurde.

Während Filter dazu dienen, komplette Seiten auszulassen, bewirken Ausblendbedingungen, dass Fragen, Items oder Skalenoptionen nicht mehr zur Verfügung stehen.

Beide Werkzeuge dienen in erster Linie dazu, die Länge des Fragebogens und damit die **Ausfüllzeit für den Befragten zu minimieren**. Wenn jede Frage einen Punkt darstellt, an dem der Proband den Fragebogen abbrechen kann, so ist dies ein Mittel, um die Quote der komplett ausgefüllten Fragebogen möglichst hoch zu halten.

Um die Kriterien für Filter und Ausblendbedingungen zu definieren, stellt *EFS Survey* einen eigenen Filtereditor zur Verfügung. In dessen grundlegende Handhabung wird am Ende des Kapitels eingeführt.

9.1.5.1 Dynamische Fragebogengestaltung

Filter werden dann eingesetzt, wenn **Fragebogenseiten den Befragten nur bedingt vorgelegt** werden sollen. Dafür muss vor den entsprechenden Seiten ein Filter eingefügt werden. Die Schaltfläche *Filter* fügt diesen nach der zuletzt bearbeiteten Seite ein. Genau wie Standardseiten ist der Filter auch mittels Drag-and-drop verschiebbar. Für eine bessere Übersichtlichkeit und Struktur kann im nachfolgenden Dialog der Name des Filters geändert werden. Verwenden Sie hierbei eine ähnliche Struktur wie bei Seiten und Fragen, also bspw. „Filter_Berufstätigkeit".

Ein Haken bei *Leere Standardseite in den neuen Zweig einfügen* bewirkt, dass eine neue Standardseite angelegt wird, welche bereits der Filterbedingung zugeordnet ist. Man erkennt die Zuordnung zur Filterbedingung daran, dass sie im Vergleich zu den übrigen Fragebogenseiten eingerückt ist.

Ein Haken bei *Direkt zur Filterdefinition springen nach dem Anlegen* bewirkt, dass man direkt nach dem Anlegen des Filters die Filterdefinition bearbeiten kann. Dies ist nur dann sinnvoll, wenn die Variablen, auf die sich der Filter beziehen soll, bereits angelegt wurden.

Das Definieren der Filterbedingungen wird im Kapitel 9.1.5.2 erklärt.

Wollen Sie statt ganzer Seiten nur **einzelne Antwortoptionen oder Skalenoptionen unsichtbar machen**, dann sind Ausblendbedingungen das geeignete Werkzeug für Sie.

Ausblendbedingungen definiert man innerhalb der verwendeten Fragen. Dafür ist am äußersten rechten Rand der Zeile das Trichter-Symbol anzuklicken (siehe Abb. 81).

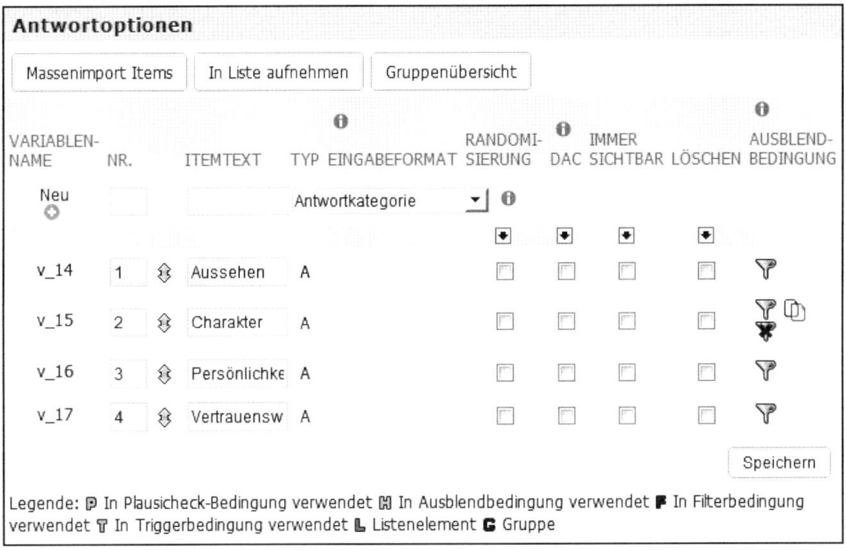

Abb. 81: Ausblendbedingung bei Antwortoptionen
(Quelle: Eigene Darstellung)

Bei Variable v_15 wurde bereits eine Ausblendbedingung festgelegt. Deshalb sind in dieser Zeile weitere Icons zu sehen. Ein Klick auf das Trichter-Symbol ermöglicht es, die Bedingung zu bearbeiten. Der durchgestrichene Trichter löscht die Ausblendbedingung und das Symbol mit den zwei Seiten kopiert die exakte Ausblendbindung für weitere Antwortoptionen.

9.1.5.2 Bedingungseditor

Der Bedingungseditor ist das zentrale Element, um innerhalb von *EFS Survey* **dynamisch Inhalte zu generieren**. Er folgt einfachen Regeln und ermöglicht die Erstellung von Bedingungen nach aussagenlogischen Kriterien. Der Bedingungseditor wird sowohl bei Filtern als auch Ausblendbedingungen benutzt.

Abbildung 82 zeigt eine einfache Ausblendbedingung. In diesem Beispiel soll eine Frage zum Charakter eines dargestellten Prominenten nicht gestellt werden, wenn die vorangestellte Frage „Ihnen ist diese Person bekannt?" mit „Stimmt gar nicht" beantwortet wurde.

Abb. 82: Bedingungseditor
(Quelle: Eigene Darstellung)

Die vorangestellte Frage wurde dabei mit Variable v_8 abgefragt, und innerhalb dieser Frage wurde die Antwortoption „Stimmt gar nicht" mit „1" codiert („Stimmt voll und ganz" hat den Wert „5"). Die Ausblendbedingung greift demnach, wenn v_8 (*VARIABLEN*) gleich (*BEDINGUNG*) 1 (*CODE*) ist. In diesem Fall wird die Frage zum Charakter der abgefragten Person aus dem Fragebogen genommen.

Um eine neue Bedingung zu definieren, bestimmen Sie folgende Elemente in den zugehörigen Drop-down-Menüs:

1. *VARIABLEN:* Hier sind alle bereits verwendeten Variablen dargestellt, Sie wählen die Variable aus, welche durch die Bedingung überprüft werden soll.

2. *BEDINGUNG: EFS Survey* stellt eine Vielzahl logischer Operatoren zur Verfügung. Neben „gleich" und „ungleich" können unter anderem auch „größer" oder „kleiner" verwendet werden. Es gibt auch die Möglichkeit, Inhalte von offenen Fragen mit dem Operator „enthält" zu überprufen. Setzen Sie den passenden Operator fest.

3. *CODE:* In diesem Feld wird der Antwortwert eingetragen, bei dem die Bedingung in Kraft treten soll. Vorausgewählt sind die für die entsprechende Variable denkbaren Antwortoptionen. Setzen Sie auch hier den benötigten Wert ein.

Sind **mehrere Bedingungen** geplant, so muss für jede einzelne Bedingung eine neue Zeile angelegt werden. Diese Zeilen benötigen dann auch eine *VERKNÜPFUNG (AND*, falls beide Bedingungen zutreffen müssen; *OR*, falls es reicht, wenn eine der beiden Bedingungen zutrifft). Bei der Verwendung mehrerer Bedingungen ist es gegebenenfalls notwendig, *KLAMMERN* als Strukturelement zu verwenden. Klammern funktionieren ähnlich wie bei mathematischen

Gleichungen. Zuletzt gibt es die Möglichkeit der *NEGATION* einer Bedingung, hier empfiehlt sich unbedingt, auf korrekte Klammersetzung zu achten.

9.1.6 Erweiterte Frageeinstellungen

Neben den in Kapitel 9.1.4 dargestellten grundlegenden Möglichkeiten bei der Erstellung von Fragen bietet *EFS Survey* zusätzliche Optionen den Fragebogen an die Bedürfnisse des Projekts anzupassen. Im Besonderen wird in diesem Kapitel auf methodische Anforderungen wie **Codierung** von Antwortoptionen und Skalen, Definition von **fehlenden Werten** oder **Randomisierung** eingegangen. Des Weiteren wird auch die Möglichkeit erklärt, Fragen als **Pflichtfragen** zu definieren.

9.1.6.1 Codierung

Unter Codierung versteht man die Abbildungsvorschrift, die den Antwortoptionen einen bestimmten **auswertbaren Zahlenwert zuordnet**. So können bspw. die Antwortoptionen „gut", „mittel" und „schlecht" in „1", „2" und „3" umcodiert werden.

In *EFS Survey* steigen die Antwortoptionen Ihrer Reihenfolge entsprechend auf und werden, beginnend mit der „1", verknüpft. Die erste Antwortoption hat damit immer den Wert „1", die zweite Antwortoption hat den Wert „2" und so weiter.

Wie bei den Antwortoptionen können auch bei den Skalenoptionen Codierungen vorgenommen werden. Es kann dabei durchaus sinnvoll sein, vom vorgegebenen Schema abzuweichen. So könnten Sie in einem Fragenblock zum selben Merkmal bei den negativ formulierten Fragen die Codierung invertieren. Damit sparen Sie sich bei der Auswertung die Transformation der entsprechenden Variablen.

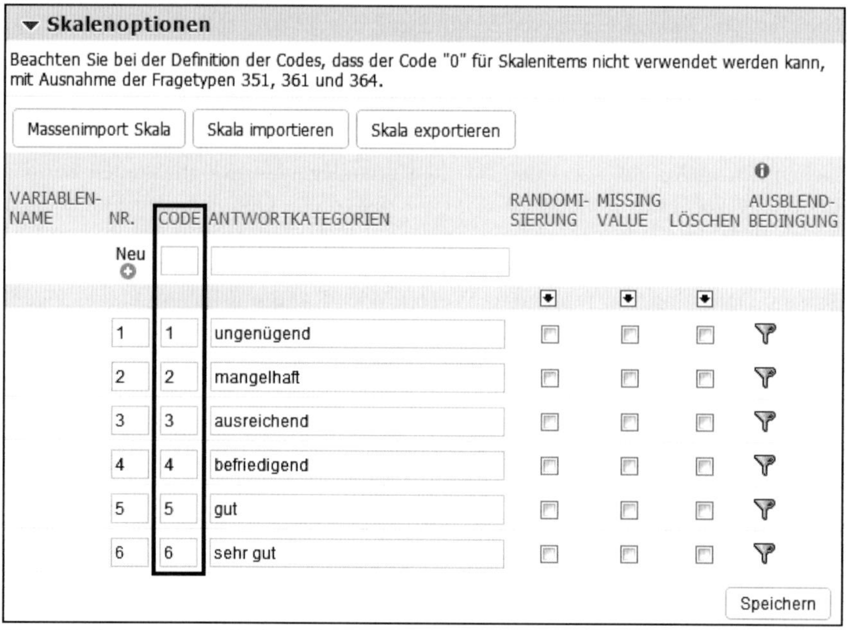

Abb. 83: Codierung bei Skalenoptionen
(Quelle: Eigene Darstellung)

In Abbildung 83 werden Schulnoten als Skala verwendet, beginnend bei der schlechtesten Note „ungenügend" bis zur besten Note „sehr gut". Dementsprechend reichen die unter *CODE* eingetragenen Werte von 1 bis 6. Somit ist der Note „ungenügend" der Wert „1" zugeordnet. Dies kann bei der Auswertung zu Fehlern führen, da der Schulnote „ungenügend" im Schulsystem die Zahl „6" entspricht. Es bietet sich also an, die Werte in der Spalte *CODE* dahingehend anzupassen. Da *EFS Survey* den Wert „0" für fehlende Werte reserviert hat, ist eine Codierung mit „0" nicht möglich!

9.1.6.2 Fehlende Werte

Fehlende Werte (*Missing Values*) kommen in Datenerhebungen dann zustande, wenn **Fragen nicht beantwortet** werden. Dies kann verschiedene Gründe haben. Bspw. kann der Fragebogen vorher abgebrochen worden sein, die Frage aufgrund von Ausblendbedingungen nicht sichtbar gewesen sein, oder aber der Proband hat die Frage ausgelassen, weil sie ihm zu persönlich war, oder er dazu keine Meinung hatte.

EFS Survey kennt vier verschiedene Codes für *Missing Values*, die entsprechenden Codes können Sie der folgenden Matrix entnehmen.

	Frage nicht gesehen	Frage gesehen
Textfeld	-66	-99
Kein Textfeld	-77	0

Tab. 3: Matrix der Missing Values
(Quelle: Eigene Darstellung in Anlehnung an QuestBack GmbH [2014], S. 572)

Neben diesen automatisch generierten *Missing Values* kann dem Befragten auch die Möglichkeit gegeben werden, sich aktiv gegen die Beantwortung einer Frage zu entscheiden. Dies passiert in der Regel über eine Antwortoption „keine Angabe". Damit das System diese Antwortoption als fehlenden Wert erkennt, muss diese durch ein Kreuz in der Spalte *MISSING VALUE* als solcher gekennzeichnet werden. In der Auswertung wird diesen Antworten in der Regel der Wert „0" zugewiesen (siehe Abb. 84).

9.1.6.3 Randomisierung

Um **systematische Fehler** im Fragebogen zu verhindern, kann mit Randomisierung gearbeitet werden. Will man verhindern, dass die Reihenfolge der Fragen das Ergebnis beeinflusst, so bietet es sich an, Antwortoptionen oder Items in zufälliger Reihenfolge anzuordnen. Beim Papierfragebogen erhöht dies den Aufwand bei der Fragebogengestaltung und Auswertung immens, im Online-Fragebogen ist solch ein Vorgehen sehr leicht realisierbar.

Um Antwortoptionen, Items oder Skalen zufällig anzuordnen, ist es ausreichend, einen Haken in der Spalte *RANDOMISIERUNG* zu setzen. Die ausgewählten Zeilen werden dann bei jedem Befragten neu durchgemischt.

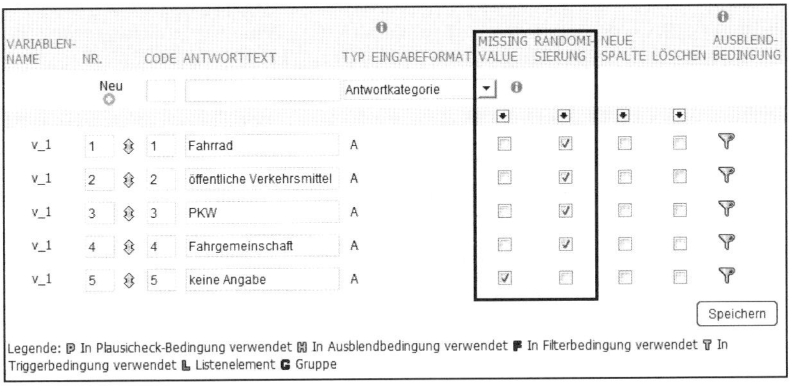

Abb. 84: Randomisierte Antwortoptionen
(Quelle: Eigene Darstellung)

Das in Abbildung 84 gezeigte Beispiel hätte zur Folge, dass die oberen vier Antwortoptionen zufällig verteilt werden. Die letzte Zeile, die als fehlender Wert definiert ist, wird immer an der letzten Stelle bleiben. Es ist nicht sinnvoll, geordnete Items durch eine Randomisierung durchzumischen.

9.1.6.4 Exklusivität bei Mehrfachauswahl

Fragen mit Mehrfachauswahl bergen ein großes Potential für **Ausfüllfehler**, besonders, wenn einzelne Items andere Items ausschließen. In diesem Fall gibt es die Möglichkeit, Antwortoptionen als **exklusiv** zu definieren. Wählt der Proband eine Antwortoption aus, bei der in der Spalte *EXKLUSIV* ein Haken gesetzt wurde, so kann keine weitere Antwortoption gewählt werden.

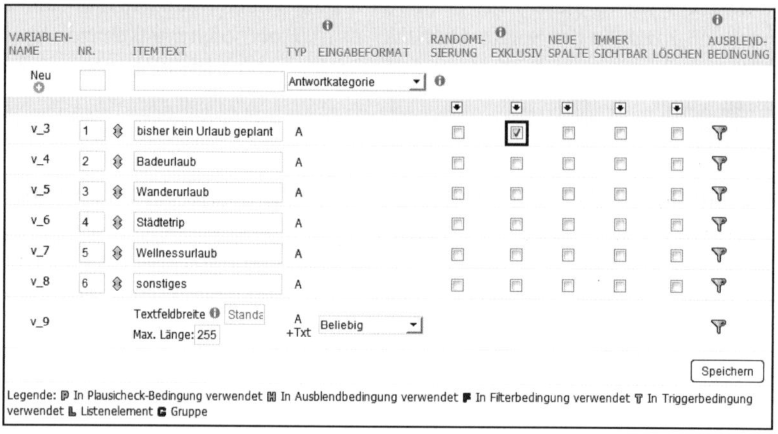

Abb. 85: Exklusivität bei Mehrfachauswahl
(Quelle: Eigene Darstellung)

In Abbildung 85 wird eine Frage zu geplanten Urlauben im kommenden Jahr gestellt. Hier ist eine Mehrfachauswahl möglich und sinnvoll. Sollte man aber bisher noch keinen Urlaub geplant haben, dann wäre es offensichtlich falsch, wenn man zudem noch eine der anderen Optionen wählt. „Bisher kein Urlaub geplant" wird folglich als *EXKLUSIV* gekennzeichnet.

9.1.6.5 Pflichtfragen

Alle Fragen können als **Pflichtfrage** deklariert werden. Ist diese Option eingestellt, so wird vom System überprüft, ob die entsprechende Frage beantwortet wurde, und ein Fortführen des Fragebogens ist nur möglich, wenn diese Überprüfung positiv ausfällt.

In den Frageoptionen gibt es drei verschiedene Einstellungen beim Punkt *Pflichtfrage (DAC)*:

1. *Nein*: Der Befragte kann den Fragebogen auch ohne Beantwortung der Frage abschließen.

2. *Ja*: Der Befragte wird gezwungen, die Frage zu beantworten (oder abzubrechen).

3. *Ja (ignorierbar)*: Der Befragte wird darauf hingewiesen, dass die Frage wichtig ist. Er kann sich aber dennoch entscheiden, die Frage nicht zu beantworten.

Pflichtfragen benutzt man bei den zentralen Elementen einer Umfrage. Sollte die Umfrage ohne die Beantwortung einer speziellen Frage wertlos sein, dann definiert man diese als Pflichtfrage. Dieses Werkzeug sollten Sie aber mit Vorsicht verwenden. Zu viele Pflichtfragen können bewirken, dass Probanden den Fragebogen vorzeitig abbrechen. Insbesondere bei sensiblen Themen, wie der Frage nach dem Gehalt, verweigern Befragte eventuell die Antwort.

9.1.7 Distribution

Nachdem der Fragebogen fertiggestellt wurde, erfolgt die Distribution des Fragebogens. Bevor die Feldphase beginnt, müssen noch wichtige Grundeinstellungen vorgenommen und idealerweise ein Pretest durchgeführt werden.

9.1.7.1 Vorbereitung der Distribution

Alle für die Feldphase wichtigen Einstellungen können Sie im *Umfragemenü* bei den *Projektinformationen* tätigen.

Abbildung 86 zeigt die *Projektinformationen* einer Umfrage, bei der die Erstellung des Fragebogens gerade abgeschlossen ist, die also soeben generiert wurde. Man erkennt an der Meldung in der rechten oberen Ecke, dass momentan keine Teilnahme an dieser Umfrage möglich ist. Dies kann zwei Gründe haben. Entweder liegt das heutige Datum **außerhalb des Bearbeitungszeitraums**. Eine Kontrolle der beiden Punkte *Beginn der Umfrage (GMT)* und *Ende der Umfrage (GMT)* sollte erfolgen. Bitte beachten Sie hier auch die verwendete **Zeitzone**. *EFS Survey* nutzt grundsätzlich die Zeitzone der **Greenwich Mean Time** als Referenz. Andererseits muss der Fragebogen erst aktiviert werden, um die Teilnahme freizuschalten. Der Fragebogen in Abbildung 86 hat den Status *Umfrage generiert*, die Aktivierung erfolgt mittels Klick auf die Schaltfläche *aktiv* in der Statuszeile.

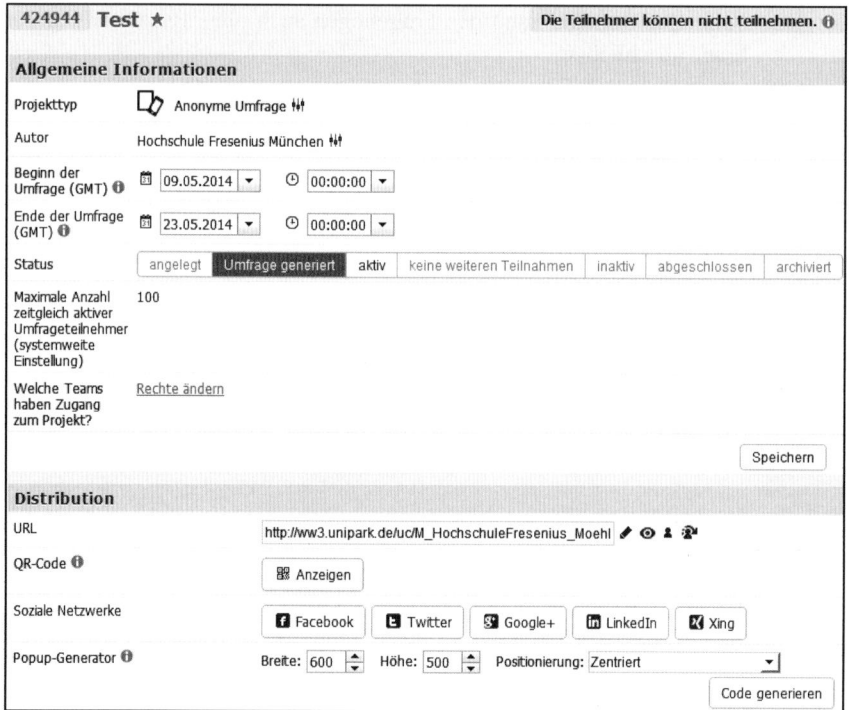

Abb. 86: Projektinformationen
(Quelle: Eigene Darstellung)

Ist die Umfrage aktiviert und auch der Bearbeitungszeitraum richtig eingestellt, so können Sie mit der **Verteilung der Umfrage** beginnen. Dafür gibt es seitens der Software einige Hilfestellungen. Diese finden sich unterhalb der allgemeinen Informationen im Block *Distribution*:

- *URL*: Das ist die Adresse zur Internetseite, auf der die Umfrage zu finden ist. Die URL kann per E-mail versendet oder in Foren veröffentlich werden.

- *QR-Code*: *EFS Survey* wandelt die Internetadresse in einen von Smartphones lesbaren *QR-Code* um. Dieser kann bspw. auf Flyer gedruckt und verteilt werden.

- *Soziale Netzwerke*: Für die Veröffentlichung in sozialen Netzwerken wie *Facebook* oder *Twitter* gibt es Werkzeuge, welche diese Schritte vereinfachen.

- *Popup-Generator*: Der *Popup-Generator* produziert einen HTML-Code, der auf Internetseiten oder Blogs eingebunden werden kann.

Das Versenden der URL ist die wahrscheinlich einfachste Möglichkeit, vor allem wenn Sie für einen Pretest vorab nur ausgewählte Teilnehmer einladen wollen.

9.1.7.2 Durchführung eines Pretests

Ein Pretest ist ein empfehlenswerter Zwischenschritt nach der Erstellung des Fragebogens und vor dessen Veröffentlichung. Durch einen Versand des Fragebogens an ein paar Teilnehmer mit einem anschließenden Interview kann man **Probleme im Fragebogen identifizieren und korrigieren**.

Nutzer der *Unipark*-Lizenz können sich bei *QuestBack* für den **Pretester-Pool** registrieren. Dies bietet die Möglichkeit, den Fragebogen vorab von qualifizierten Pretestern überprüfen zu lassen. Die Anmeldung erfolgt über den Community-Bereich der *Unipark*-Homepage. Nach dem Pretest können Sie die Kommentare der Pretester im *Fragebogen-Editor* einarbeiten und den Fragebogen damit finalisieren.

Damit sich die von den Pretestern eingegebenen Daten nicht mit den Daten der tatsächlichen Stichprobe vermischen, sollte der Fragebogen vor der Feldphase zurückgesetzt werden. Dafür steht in der linken Seitenleiste die Schaltfläche *Test und Validierung* zur Verfügung. Dort sollte die Option *Umfrage komplett zurücksetzen und bereits erhobene Ergebnisdaten löschen* gewählt werden. Danach kann der Fragebogen über die beschriebenen Wege verteilt und die Feldphase gestartet werden.

9.1.7.3 Feldphase

Während der Fragebogen in Umlauf ist, beschränkt sich die Aktivität des Versuchsleiters lediglich auf die **Kontrolle der Umfrage**. *EFS Survey* bietet dafür eine umfangreiche Sektion, welche Sie mit der Schaltfläche *Statistik* im *Umfragemenü* öffnen können.

Der Feldbericht (siehe Abb. 87) stellt eine Vielzahl an Daten über die laufende Umfrage bereit. So können Sie dem *Gesamtsample* entnehmen, wie viele Personen den Fragebogen geöffnet haben. Die *Nettobeteiligung* beschreibt, wie viele Personen die Befragung beendet haben oder gerade daran arbeiten. Die *Bearbeitungsdauer* gibt Ihnen Aufschluss darüber, wie lange es im Mittel dauert, Ihren Fragebogen auszufüllen. Im Balkendiagramm gibt der vierte Balken *Beendet* an, wie oft Ihr Fragebogen abgeschlossen wurde.

Besonders sei auf die *Seite mit den meisten Abbrüchen* hingewiesen. Gerade in der Pretest-Phase kann hierüber eine möglicherweise **problematische Seite** identifiziert und optimiert werden. In obigem Beispiel fanden alle drei Abbrüche auf der Startseite statt.

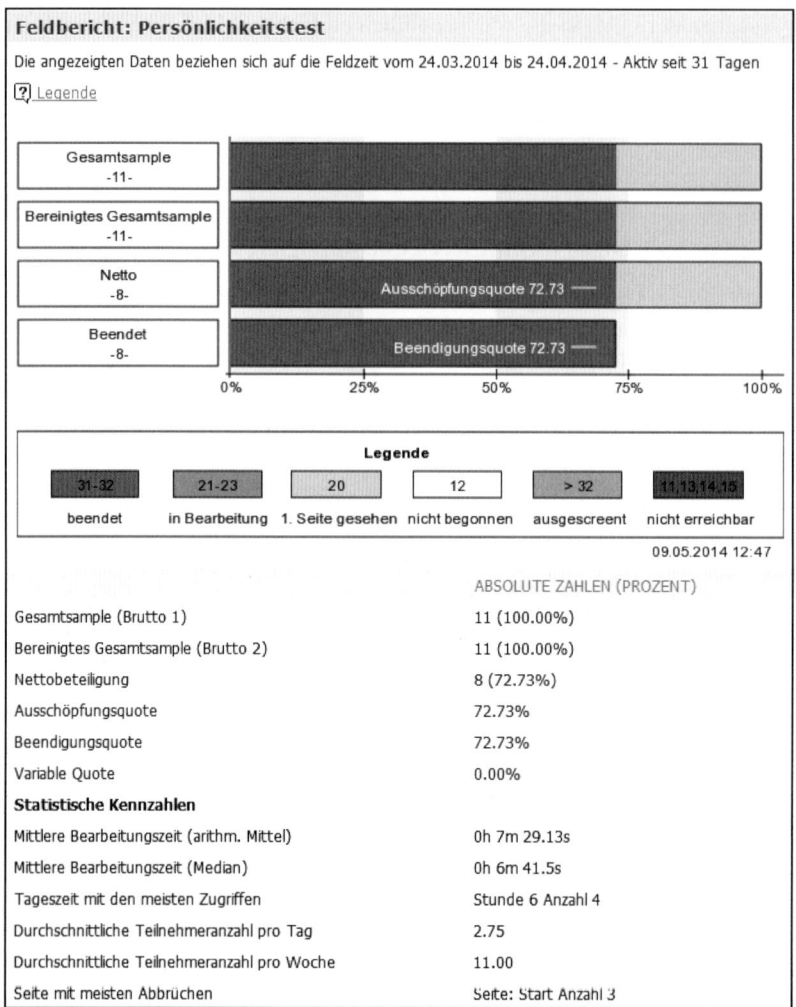

Abb. 87: Feldbericht
(Quelle: Eigene Darstellung)

Ein Fragebogen, der bereits im Feld ist, sollte nicht mehr verändert werden. Sollte es doch nötig werden, dann muss die Umfrage zurückgesetzt und neu gestartet werden.

Wenn ein Proband den Fragebogen abschließt, ohne eine einzige Frage zu beantworten, dann gilt der Fragebogen als beendet, obwohl er keinen Inhalt hat. Die Nettobeteiligung oder die Beendigungsquote sagen also nichts über die Qualität der Daten aus.

9.1.8 Export von Daten

Nach der Datenerhebung folgt die Auswertung. Da die Daten nicht in *EFS Survey* ausgewertet werden können, müssen sie erst **für ein gängiges Analysetool aufbereitet und exportiert** werden.

'Persönlichkeitstest': Datenexport

Was möchten Sie exportieren?

Export von   ⦿ Ergebnisdaten (alle Angaben, Formate z. B. SPSS, CSV, Fixed Format, Microsoft Excel...)
              ○ Ergebnisdaten (nur offene Angaben; für Bespaltung in Quantum optimiert)
              ○ Projekt
              ○ SPSS-Makros zur vereinfachten Auswertung in SPSS ❶
              ○ SPSS-Labels (für eigene Syntaxjobs)

                                                                                    Weiter

Abb. 88: Datenexport
(Quelle: Eigene Darstellung)

Den Datenexport können Sie mit der Schaltfläche **Export** im *Umfragemenü* starten. Im nachfolgenden Dialogfenster können Sie entscheiden, welche Daten exportiert werden sollen. In der Regel ist die Standardeinstellung *Ergebnisdaten (alle Angaben, Formate z. B. SPSS, CSV, Fixed Format, Microsoft Excel...)* (siehe Abb. 88) die richtige Wahl.

Im folgenden Fenster zum Ergebnis-Export (siehe Abb. 89) können Sie unter anderem einstellen, in welchem Dateiformat die Daten abgespeichert werden sollen. Planen Sie eine Auswertung mit *Microsoft Excel*, so wählen Sie *XLS (binäres Excel-Format)* oder für *SPSS* wählen Sie *SPSS (belabelter Datensatz im Binärformat von SPSS)*.

Im Bereich *Erweiterte Optionen* gibt es die Möglichkeit, die fehlenden Werte umzucodieren. Sie können dort also die in Tabelle 3 vorgegebenen Werte neu setzen.

Unter *Datenumfang einschränken* können Sie sich **nur einen Teil des Datensatzes exportieren** lassen. Sie können bspw. die ersten zehn Fragebogen ausklammern, wenn Sie wissen, dass dies Pretester waren und Sie den Fragebogen nach dem Pretest nicht zurückgesetzt haben.

Will man nur die Fragebogen exportieren, die vollständig beendet wurden, so findet sich bei *Einschränken nach Dispositionscodes* eine passende Auswahlliste. Mit Standardeinstellungen würden auch unterbrochene Fragebogen exportiert werden.

Durch Klick auf *Exportieren* wird der Exportauftrag gestartet. Ihr Datensatz wird dann in dem vorher ausgewählten Dateiformat gespeichert und zur Verfügung gestellt. Diese Datei kann direkt in der zugehörigen Analysesoftware geöffnet werden. Ein Import ist dort nicht nötig. Nach Absenden des Exportauftrags dauert es einige Minuten, bis der Datensatz bereitsteht. Sie werden eine Email mit der Information bekommen, dass Sie die Datei im *Export-Menü* bei *Exportaufträge* finden können.

'Persönlichkeitstest': Ergebnis-Export (alle Angaben)

Zurück zur Export-Auswahl

Sie können eigene Variablennamen vergeben. Das entsprechende Menü finden Sie im Codebuch.

| Alle Bereiche aufklappen |

Basiseinstellungen

In welchem Datenformat möchten Sie exportieren?

Dateiformat
- ○ CSV (Spalten sind durch Trennzeichen getrennt, keine Label)
- ○ XLS (binäres Excel-Format)
- ○ Triple-S (XML-Beschreibungsdatei und Datensatz-Datei)
- ○ Triple-S V2.0 Fixed Format
- ○ topStud
- ○ XML-Datensatz
- ○ HTML-Datensatz
- ◉ SPSS (belabelter Datensatz im Binärformat von SPSS)
- ○ SPSS Portable file format
- ○ SAS
- ○ Fixed Format (Spalten werden mit Leerzeichen aufgefüllt)
- ○ Quantum-Dateien (Basis-Datei, Tab-Datei, Achsen-Datei)

Dateikomprimierung
- ◉ Keine Komprimierung
- ○ Zip-Format
- ○ Tape archive (.tar.gz)

Welche Exportvorlage soll verwendet werden?
- ◉ Projekt komplett
- ○ Projekt ohne Zeitmarken und Informationen zur Seitenreihenfolge
- ○ Projekt, nur offene Angaben
- ○ Projekt, nur geschlossene Angaben

Sprache
Deutsch ▾

Zeichensatz
Zeichensatz der gewählten Sprache benutzen ▾ ?

Abb. 89: Ergebnis-Export
(Quelle: Eigene Darstellung)

Mit dem Datenexport ist die Erhebungsphase abgeschlossen, und Sie können das Projekt beenden. Dafür klicken Sie bei den *Projektinformationen* erst auf *inaktiv* und danach auf *abgeschlossen*.

Nach der Erhebungsphase beginnt die Analysephase. Hierfür wird in den nächsten Kapiteln ein Einstieg in die statistische Analysesoftware *SPSS* gegeben.

9.2 SPSS

Das Auszählen von Befragungsergebnissen mit Hand, Kopf und Taschenrechner stellt gerade bei größeren Umfragen eine sehr zeitintensive und fehleranfällige Methode dar. *SPSS Statistics* ermöglicht Ihnen eine anwenderfreundliche und übersichtliche Darstellung von umfangreichem Datenmaterial. Außerdem unterstützt das Programm bei der Durchführung von statistischen Analyseverfahren. Für Ergebnisberichte und -darstellungen liefert die Software Diagramme und Tabellen, die bspw. in *Microsoft Word* oder *PowerPoint* integriert werden können. Im Forschungsprozess kommt *SPSS Statistics* in der Praxis also dann zum Einsatz, wenn Daten mittels Papierfragebogen oder Befragungstool, wie z. B. *EFS Survey,* erhoben wurden und sich der Forschende einen Überblick über die Datenlage verschaffen und diese zur Interpretation heranziehen möchte.

Es ist anzumerken, dass zahlreiche Handbücher existieren, die Ihnen einen vertieften Einblick in die Funktionsweise und Anwendungsmöglichkeiten von *SPSS Statistics* liefern. Die hier vorliegenden Ausführungen fungieren ganz bewusst für Einsteiger als kurze Einführung in das Programmpaket.

9.2.1 Wissenswertes über SPSS

SPSS hat als Softwarepaket für die statistische Datenanalyse eine lange Tradition. Bereits 1968 wurde die *SPSS Inc.* in Chicago gegründet. Allerdings wurde die Anwendung erst in den neunziger Jahren mit einer benutzerfreundlichen Oberfläche ausgestattet.[344] Das Programm ist mittlerweile für verschiedene Betriebssysteme verfügbar. Es findet eine weltweit starke Verbreitung nicht mehr nur in den Sozialwissenschaften, sondern auch in vielen anderen wissenschaftlichen Disziplinen.[345] Unter anderem kommt *SPSS* in der Betriebswirtschaftslehre, in der Psychologie oder in den Medienwissenschaften zur Anwendung. In der Privatwirtschaft wird *SPSS* bspw. in der kommerziellen Marktforschung eingesetzt, in Einrichtungen der öffentlichen Verwaltung als gängiges Statistik-Analyseprogramm.

An der *Hochschule Fresenius* wird stets mit der aktuellen Version des Programms gearbeitet. Derzeit (Stand Juni 2015) ist *IBM® SPSS® Statistics 22* auf den Rechnern der Hochschule verfügbar. Die Screenshots in diesem Kapitel stammen daher aus dieser Version und wurden auf dem Betriebssystem *Microsoft Windows* erstellt. Die Programmbezeichnung *SPSS* steht ursprünglich für

---

[344] Vgl. Bühl [2012], S. 36.
[345] Vgl. Leonhart [2010], S. 15.

Statistical Package for the Social Sciences und wird auf den nachfolgenden Seiten mit *SPSS* oder *SPSS Statistics* abgekürzt.

9.2.2 Grundstruktur und Aufbau

Öffnen Sie das Programm über *Start* → *Programme* → *IBM SPSS Statistics 22* oder klicken Sie das Icon der Desktopverknüpfung (siehe Abb. 90) doppelt an. Bei Programmstart öffnet sich automatisch in einem separa-

Abb. 90: IBM SPSS Statistics Desktopverknüpfung (Quelle: Eigene Darstellung)

ten Dialogfenster der *SPSS* Eröffnungsprogrammassistent, der das weitere Vorgehen abfragt. Um ein neues Projekt zu beginnen, markieren Sie den Unterpunkt *Neues Dataset* und klicken anschließend auf *OK*. Falls Sie auf einen schon vorhandenen Datensatz zurückgreifen möchten, können Sie diesen auch an dieser Stelle schon in das Programm integrieren. Da Sie die Optionen, die das Dialogfenster bereitstellt, auch über den Dateieditor ansteuern können, empfiehlt es sich, das Häkchen bei der Option *Dieses Dialogfenster nicht mehr anzeigen* ebenfalls zu setzen. Nachfolgend öffnet sich eine leere Datenmatrix, die den *Dateneditor* darstellt.

9.2.2.1 Programmfenster

Die Struktur des Programms setzt sich aus verschiedenen Fenstern zusammen. Sie arbeiten mit dem **Dateneditor** (unterteilt in *Daten-* und *Variablenansicht*), dem **Viewer** (Ausgabedatei), dem **Diagrammeditor** sowie dem **Syntaxeditor**. Der *Diagrammeditor* (siehe Kapitel 9.2.6.2) sowie der *Syntaxeditor* (siehe Kapitel 9.2.2.3) werden in den nachfolgenden Kapiteln noch ausführlich behandelt und deswegen an dieser Stelle nur namentlich erwähnt.

Der *Dateneditor* verfügt über die teilweise gewohnten Elemente eines Windowsprogramms. Wie in Abbildung 91 ersichtlich, finden Sie im *Dateneditor* eine Menüleiste, eine Symbolleiste, die Fenstersteuerung, zwei Registerkarten, eine Statusleiste und die beiden Laufleisten.

Gerade das Register verhilft Ihnen über Ihre Datensätze den Überblick zu bewahren und ist in die **Daten-** und **Variablenansicht** unterteilt. Voreingestellt wird beim ersten Öffnen des Programms die Datenansicht gezeigt, in der Sie die einzelnen Datensätze Ihrer Befragung eingeben oder importieren (siehe Kapitel 9.2.3 und Kapitel 9.1.8). Ein Fall bezieht sich auf den Satz von Werten einer Person und wird in Zeilen eingegeben. Die zu Ihren Fragen zugehörigen Variablen wiederum sind in den Spalten abgebildet und einzelne Zellen zeigen die Antworten des Befragten, umcodiert in numerische Werte.

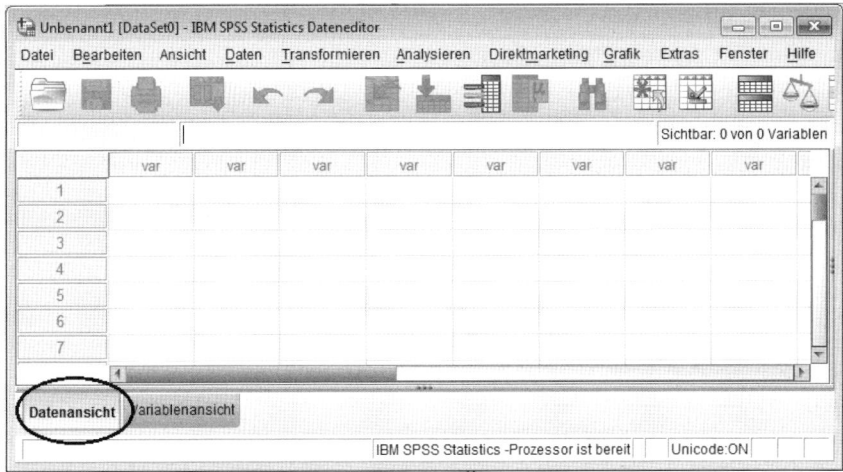

Abb. 91: Dateneditor: Datenansicht
(Quelle: Eigene Darstellung)

Wechselt man die Registerkarten und schaltet auf die Variablenansicht, gelangt man zum Eingabefenster für die einzelnen Items Ihrer Befragung. Hier können Sie die Codierung des Fragebogens vornehmen (siehe Kapitel 9.2.3). Sie sehen in Abbildung 92, dass alle Grundelemente des Programms weiterhin zur Verfügung stehen.

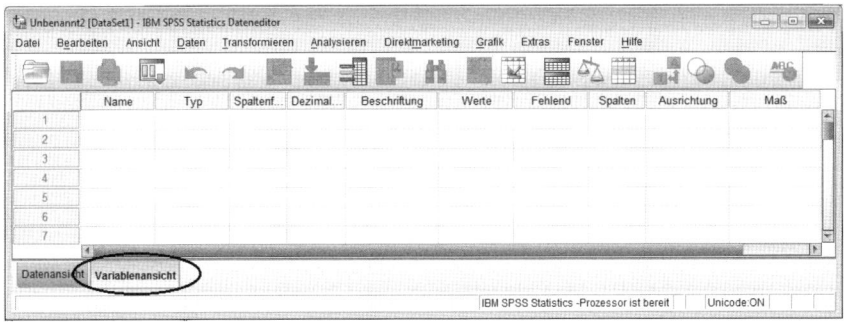

Abb. 92: Dateneditor: Variablenansicht
(Quelle: Eigene Darstellung)

Um Ihren Fragebogen in die Variablenansicht beziehungsweise den Dateneditor zu übertragen, müssen Sie diesen mit einem Code-Plan versehen und eine numerische Zuordnung der Antwortmöglichkeiten vornehmen (siehe Kapitel 9.2.3).

Die Ergebnisdarstellung der Analysen erfolgt bei *SPSS Statistics 22* über das **Ausgabefenster**, den sogenannten **Viewer**. Die zweigeteilte Darstellung (siehe Abb. 93) ermöglicht die Nachverfolgung Ihrer Berechnungen über die links angeordnete Baumstruktur. Jede einzeln durchgeführte Berechnung wird in der

Baumstruktur blockweise angezeigt und kann anhand der +/- *Symbole* ein- oder ausgeblendet werden.[346] Im rechten Fensterteil werden die Ergebnisse Ihrer Berechnungen in Tabellen und/oder Diagrammen dargestellt. Um nachzuvollziehen, welche Analyseart durchgeführt wurde, ist jeder Ergebnisdarstellung der ausgeführte Befehl und Titel in der Syntax (Befehlssprache des Programms, siehe Kapitel 9.2.2.3) vorangestellt.

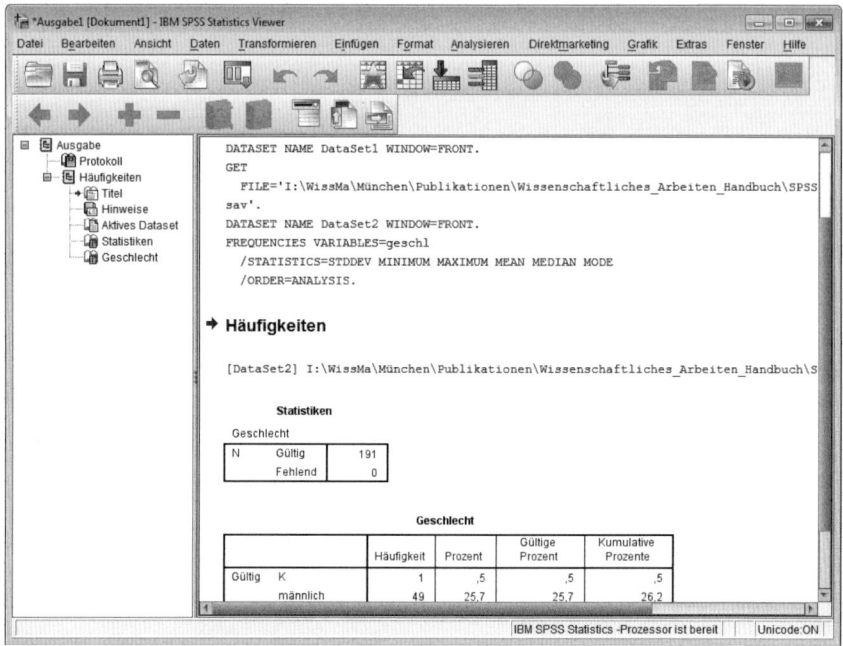

Abb. 93: Ausgabedatei: Viewer
(Quelle: Eigene Darstellung)

Sobald Sie über die Menüstruktur oder die Symbolleiste Befehle ausführen, öffnen sich Dialogfenster, in denen Sie verschiedene Einstellungen zu Ihren Berechnungen oder Befehlen eingeben können. In jedem Dialogfenster, sowie in der übergeordneten Menüstruktur finden Sie den Hilfebutton. Die **SPSS-Hilfefunktion** ist sehr umfangreich und leitet Sie, je nachdem an welcher Stelle Sie den Button klicken zu den entsprechenden Erläuterungen. Nutzen Sie diese Funktion, es werden nicht nur Hilfestellungen zur Programmbedienung gegeben, sondern ebenso Erläuterungen und Hintergrundinformationen zu den statistischen Analysearten aufgeführt.

---

[346] Vgl. Bühl [2012], S. 58.

9.2.2.2   Dateiformate

Eine Besonderheit, die das Programm *SPSS Statistics* bietet, sind die verschiedenen Dateiformate, die es zur Sicherung Ihrer Daten und Ihrer Berechnungen nutzt. Hierdurch wird Ihnen eine saubere Arbeitsweise sowie die Nachvollziehbar- und Wiederauffindbarkeit von vorgenommenen Analysen und Befehlen erleichtert. Es wird zwischen den folgenden Dateiformen unterschieden:

1.   .sav = Dateneditor-Dokument

2.   .spv = Ausgabedatei-Dokument

3.   .sps = Syntax-Editor-Dokument

4.   .sgt = Template-Diagrammeditor-Vorlage

Sobald Sie die Arbeit an Ihren Analysen, Auswertungen, Daten oder Diagrammen unterbrechen, sollten Sie immer überprüfen, ob Sie jedes Editordokument, das Sie benutzt haben, auch separat unter dem vorgegebenen Dateiformat abgespeichert haben.

9.2.2.3   Menüsystem und Syntax

Hinsichtlich der Grundstruktur des Programms soll abschließend darauf eingegangen werden, dass Transformationen und Berechnungen auf zwei Arten vorgenommen werden können. Zum einen haben Sie die Möglichkeit, alle Vorgänge über das **Menüsystem** des Programms abzuwickeln. Die Menüleiste ist in Abbildung 94 ersichtlich. Einsteiger konzentrieren sich zunächst auf folgende Schaltflächen im System:

Der Menüpunkt *Datei* beinhaltet die Option zum Öffnen neuer oder bereits bestehender Datensätze. Über den Menüpunkt *Bearbeiten* können unter anderem Variablen oder Daten zu bestehenden Datensätzen hinzugefügt werden. Für die Datenaufbereitung (z. B. Umcodieren von Variablen oder Teilung eines Datensatzes) finden Sie die entsprechenden Möglichkeiten im Menübereich *Transformieren*. Die Option *Analysieren* bietet dem Anwender diverse Auswertungsbefehle über das Menüsystem.

Abb. 94: Menüleiste in SPSS
(Quelle: Eigene Darstellung)

Die zweite Variante, mit der Sie in *SPSS* arbeiten können, ist die direkte Eingabe von Befehlen per **Syntax-Sprache**. Diese laufen im Hintergrund bei der Ausführung jeglicher Option aus dem Menü ab. Auch Beginner sollten schon einmal etwas von der Befehlssprache und deren Vorteilen gehört haben. Bspw. können komplexere Analysen nicht mehr über das Menüsystem erledigt werden. Bei regelmäßig stattfindenden Befragungen spart die schriftliche Eingabe von Kommandos außerdem mittel- und langfristig Zeit und Arbeit. Denn Befehle und Befehlsketten können abgespeichert, wieder aufgerufen und jederzeit wiederholt werden. Sollten Sie im späteren Berufsleben einmal mit *SPSS Statistics* zu tun haben, sind in der Regel zumindest Grundkenntnisse der Befehlssprache unerlässlich.

Die Befehle werden vom Benutzer in den *Syntaxeditor* eingegeben. Ein Editor-Fenster öffnen Sie über die Menüpunkte *Datei → Neu → Syntax*. Die Befehlssprache in *SPSS* ist so aufgebaut, dass jede Anweisung an das Programm durch ein bestimmtes Wort definiert ist. Diese Kommandos werden vom Benutzer (falls notwendig auch mit Unterbefehlen über mehrere Zeilen) aneinandergereiht. Jeder Befehl endet mit einem Punkt. Abbildung 95 zeigt ein geöffnetes Syntax-Fenster mit dem Kommando *FREQUENCIES*. Der Anwender möchte sich in diesem Beispiel eine Häufigkeitsverteilung für die Variable mit dem Namen F01 ausgeben lassen.

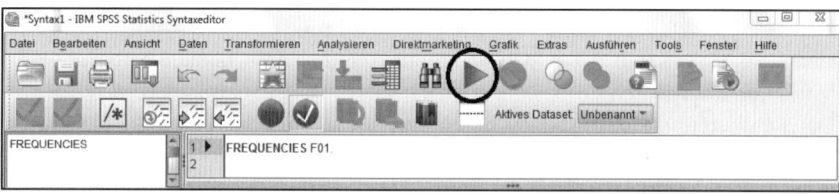

Abb. 95: Syntax-Editor mit Befehl
(Quelle: Eigene Darstellung)

Damit das Programm die Häufigkeiten für die bezeichnete Variable berechnet, können Sie entweder den Pfeil unterhalb der Menüleiste (in der oben stehenden Abbildung umrandet) oder die Tastenkombination *Strg + R* drücken.

In Tabelle 4 können Sie einige häufig verwendete Kommandos des Programmpakets *SPSS Statistics* einsehen.

GRUNDLEGENDE BEFEHLE IN SPSS

GET	Daten einlesen
VARIABLE LABELS	Variablenlabel definieren
VALUE LABELS	Wertelabel definieren
FREQUENCIES	Berechnung von Häufigkeiten
MEANS	Berechnung von Mittelwerten
SELECT IF	Fälle nach einer logischen Bedingung auswählen
RECODE	Variablen umcodieren
SAVE	Daten speichern

Tab. 4: Grundlegende Befehle in SPSS
(Quelle: Eigene Darstellung)

SPSS ist auch hinsichtlich der Befehlssprache anwenderfreundlich organisiert. Schon nach der Eingabe des Anfangsbuchstabens werden dem Benutzer alle denkbaren Kommandos angeboten, die dann über ein Drop-down-Menü ausgewählt werden können. Außerdem ändert sich die Schriftfarbe von rot auf blau, wenn der Befehl vollständig eingegeben wurde. Es ist dabei unerheblich, ob die Auswertungswünsche an das Programm groß oder klein geschrieben werden.

In der Menüleiste gelangen Sie über die Option *Hilfe* → *Befehlssyntaxreferenz zur IBM SPSS Statistics 22 Command Syntax Reference*. In diesem Dokument sind die zahlreichen Kommandos der Programmiersprache in *SPSS Statistics* dargestellt. In den weiteren Ausführungen in diesem Handbuch werden sich die Autoren allerdings auf Datenbearbeitung und Datenauswertungen via Menüsystem beschränken.

9.2.3 Variablen- und Dateneingabe

Wenn Sie eine Befragung mit Hilfe eines ausgedruckten Fragebogens durchgeführt haben, erfahren Sie in diesem Abschnitt, wie Sie die Daten in *SPSS* eingeben.[347] Versehen Sie als ersten Schritt jeden Papierfragebogen mit einer Identifikationsnummer (ID-Nummer). Dies ermöglicht das spätere Auffinden von bestimmten Bogen.[348]

Die Unterscheidung zwischen offenen und geschlossenen Fragen haben Sie bereits in Kapitel 8.3.1.1 kennengelernt. Haben Sie in Ihrem Fragebogen hinsicht-

---

[347] Falls Sie einen Online-Fragebogen eingesetzt haben, sind viele der in diesem Kapitel dargestellten Vorgänge bereits ex ante bei der Programmierung des Fragebogens zu bedenken.

[348] Vgl. Kuckarz et al. [2013], S. 14.

lich der geschlossenen Fragen nicht numerische Antwortmöglichkeiten vorgegeben, dann gilt es zunächst, für diese **Zahlencodes** zu vergeben. Diese Angaben werden in *SPSS* also nicht als Text übernommen, sondern als numerische Codes. In der Praxis wird zunächst ein **Code-Plan** erstellt. Dabei handelt es sich um eine Übersicht, in der jede Frage auf einem leeren Musterbogen per Hand mit einem Namen versehen wird. Zu den zugehörigen Antwortmöglichkeiten werden jeweils **Zahlenwerte** vergeben. Der Code-Plan sollte dann auch für die gesamte Dateneingabe zur Hand genommen werden.[349]

Führen Sie bspw. eine Kundenzufriedenheitsbefragung für den Einzelhandel durch, könnte die Frage im Bogen lauten „Wie zufrieden sind Sie mit der Freundlichkeit des Verkäufers?". Es empfiehlt sich, die Variablen fortlaufend zu bezeichnen und durchgehend einer Systematik zu folgen. Ein Variablenname muss mit einem Buchstaben beginnen und darf keine Sonderzeichen enthalten. Es bietet sich also für die genannte Frage das Kürzel *F01* an. Nehmen wir an, es wurden für die Beantwortung der Frage *F01* die Antwortoptionen „Vollkommen zufrieden", „Sehr zufrieden", „Zufrieden", „Weniger zufrieden" und „Unzufrieden" bereitgestellt. Die Vergabe der Zahlencodes erfolgt dann fortlaufend, wie in Abbildung 96 ersichtlich.[350]

ZUORDNUNG NUMERISCHER CODES

Antwortmöglichkeiten	Vollkommen zufrieden	Sehr zufrieden	Zufrieden	Weniger zufrieden	Unzufrieden
Numerische Zuordnung	1	2	3	4	5

Abb. 96: Zuordnung numerischer Codes
(Quelle: Eigene Darstellung)

Wenn Sie dem Befragten die Möglichkeit eingeräumt haben, zu einer Frage keine Aussage zu tätigen (z. B. über die Antwortoption „Weiß nicht/keine Angabe"), so empfiehlt es sich, bei der Eingabe aus einem Papierfragebogen, einen Code zu wählen, der weit außerhalb der ansonsten verwendeten Antwortskala liegt (z. B. 999). Es handelt sich dabei um einen sogenannten **benutzerdefinierten fehlenden Wert**.[351]

Öffnen Sie für die Eingabe eine leere Datei über das Menü unter *Datei → Neu →
Daten* und beginnen Sie damit, die Variablen im Datensatz zu definieren. Kli-

---

[349] Vgl. Diekmann [2010], S. 663.

[350] Falls Sie eine Online-Befragung durchgeführt haben, so ist es ratsam, die voreingestellten Möglichkeiten für die Variablennamen aus der Software (z. B. *EFS Survey*) zu übernehmen.

[351] Auch bezüglich der fehlenden Werte können Sie die Codierung aus der Software für die webbasierte Befragung übernehmen (siehe Kapitel 9.1.6.2).

cken Sie dazu auf die Registerkarte *Variablenansicht*. Dort sind elf Spalten ersichtlich, allerdings können Sie sich zunächst auf vier davon konzentrieren:

1. *Name* (Variablenname: z. B. F01),

2. *Beschriftung* (Variablenlabel: z. B. „Zufriedenheit mit dem Verkäufer"),

3. *Werte* (Codes und Wertelabel, z. B. 1 = „Vollkommen zufrieden", 2 = „Sehr zufrieden" usw.)

4. *Fehlend* (Fehlende Werte, z. B. einzelne Fehlende Werte wie 999).[352]

Geben Sie alle Fragen und zugehörige Variablen-Informationen aus Ihrem Musterfragebogen ein. Darüber hinaus sollten Sie eine weitere Variable definieren, in der die weiter oben beschriebene Identifikationsnummer erfasst werden kann, die Sie zu Beginn handschriftlich auf jedem Bogen vermerkt haben. Als Name empfiehlt sich bspw. ID_NR. Sie benötigen für diese Variable keine Wertelabel und keine fehlenden Werte.

Wenn Sie mit offenen Fragen arbeiten und keine Antwortalternativen vorgegeben wurden, so müssen Sie in *SPSS* eine **String-Variable (Zeichenfolge)** in der Spalte **Typ** anlegen. Bei Zeichenfolgen ist die Eingabe von Buchstaben, Ziffern oder auch Sonderzeichen möglich. Variablenname und Beschriftung sind auch für diesen Typ festzulegen.

Wurden alle Variablen in die Datei eingetragen, können Sie in die **Datenansicht** wechseln. Hier sind nun die von Ihnen definierten Variablen in den **Spalten** zu sehen. Jede **Zeile** steht für einen Befragten (**Merkmalsträger**) und Sie geben im nächsten Schritt in die **Zellen** die numerischen Codes ein, die für die gegebenen Antworten der Probanden auf die gestellten Fragen stehen. In den Zellen finden sich also die konkreten **Daten (Merkmalsausprägungen)**. Den von Ihnen mit Variablennamen und Codes versehenen Musterfragebogen sollten Sie bei der Eingabe der Fragebogen stets zur Hand haben, um korrekte Codes eintippen zu können.

Beachten Sie, dass die manuelle Dateneingabe unter anderem durch nachlassende Konzentration fehleranfällig ist. Daher empfiehlt es sich, eine **Qualitätskon-**

---

[352] Bei Auswertungen spielen die Skalenniveaus Nominal-Skala, Ordinal-Skala, Intervall- und Ratio-Skala eine wichtige Rolle. Diese wurden bereits in Kapitel 8.3.2 beschrieben. Das Skalenniveau wird in *SPSS* in der Variablenansicht über die Spalte *Maß* abgebildet. Die Intervall- und die Ratio-Skala werden hier als *Skala* zusammengefasst. Für die ersten Schritte kann hinsichtlich der Niveaus die Voreinstellung des Programms übernommen werden. Nichtsdestotrotz muss der Anwender bei sämtlichen Berechnungen unbedingt selbst überlegen, ob diese für das jeweilige Skalenniveau angemessen sind.

trolle durchzuführen. Eine gängige, allerdings auch zeitintensive Variante stellt die **doppelte Eingabe aller Bogen** in zwei gesonderte Datendateien dar. Im Anschluss daran werden jeweils für alle Variablen die Häufigkeitsverteilungen der Antworten berechnet (siehe dazu Kapitel 9.2.5.1) und verglichen. Sind Abweichungen zu finden, ist der Fragebogen zu identifizieren, für den keine identischen Werte in beiden Dateien vorliegen. Über die Identifikationsnummer kann der Bogen aufgefunden und die Eingabe korrigiert werden.

Nach abgeschlossener Dateneingabe folgt in der Regel zunächst die Datenbearbeitung und -transformation, bevor Analysen vorgenommen werden.

9.2.4 Datenbearbeitung und -transformation

Bei der Datenerhebung liegen Befragungsdaten nicht immer in der Form vor, die für spätere Analysen und die Berichtsfassung nützlich ist. Je nach Berechnungsvorgang empfiehlt es sich, den Datensatz für die weitere Bearbeitung vorzubereiten und gegebenenfalls zu modifizieren. Die gängigsten Transformationen beziehen sich auf die Teilung des Datensatzes, das Umcodieren von Variablen und die Bearbeitung der offenen Nennungen.

9.2.4.1 Datensatz teilen

Bei einigen Berechnungen bietet es sich an, den Datensatz in zwei oder mehrere Teile aufzugliedern und die nachfolgenden Analysen anhand der unterteilten Gruppen vorzunehmen. Vor allem, wenn Sie mehrere Berechnungen nur für eine Gruppe interessieren, sollten Sie die Daten anhand einer **Teilungsvariable** aufsplitten und so die Ergebnisse Ihrer Analysen nach Gruppen getrennt im Viewer (Ausgabedatei) betrachten. Eine häufig angewandte Aufteilung stellt hierbei die Unterscheidung nach dem Geschlecht dar.

Die Aufteilung Ihrer Daten durch eine Teilungsvariable können Sie über das Menüsystem *Daten* → *Aufgeteilte Datei* veranlassen. Wenn Sie diesem Pfad folgen öffnet sich das in Abbildung 97 dargestellte Dialogfenster.

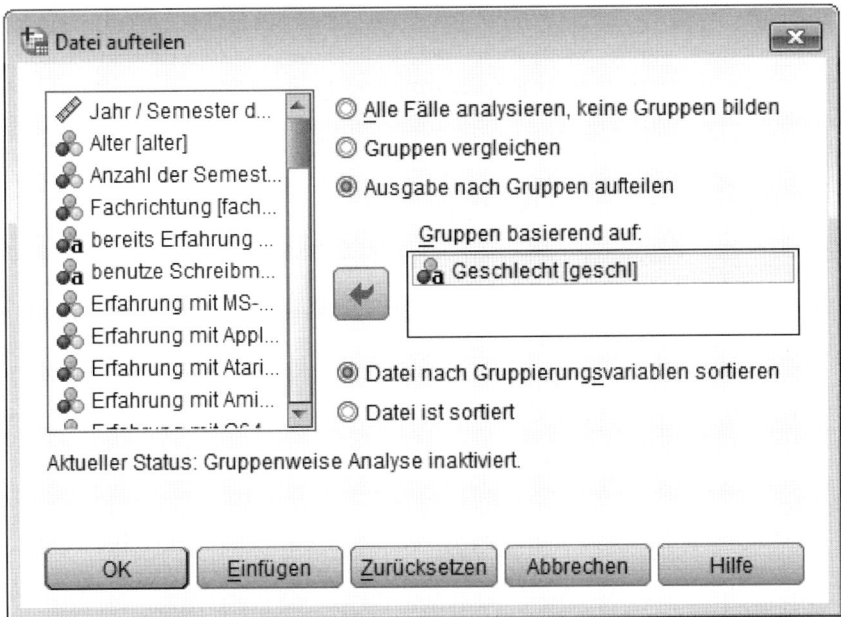

Abb. 97: Dialogfenster Datei aufteilen
(Quelle: Eigene Darstellung)

Wählen Sie die Variable, in unserem Beispiel „Geschlecht", nach der Sie Ihren Datensatz teilen möchten, aus und verschieben Sie diese mit der Pfeiltaste in das Auswahlfenster. Markieren Sie die beiden Auswahloptionen *Ausgabe nach Gruppen aufteilen* und *Datei nach Gruppierungsvariablen sortieren* und klicken anschließend auf *OK*. Die Datendatei wird, bei den in Abbildung 97 vorgenommen Einstellungen, in „männlich" und „weiblich" aufgesplittet. Alle anschließenden Berechnungen finden nun für die beiden Merkmalsausprägungen getrennt statt.

Sobald die nach Gruppen aufgeteilten Berechnungen abgeschlossen sind, ist es notwendig, die Aufteilung der Datendatei wieder zu entfernen. Gehen Sie hierfür bitte wie folgt vor: Folgen Sie wieder dem Pfad *Daten → Aufgeteilte Datei* und klicken Sie im Dialogfenster *Datei aufteilen* auf *Zurücksetzen*.

9.2.4.2 Variablen umcodieren

Gerade bei Erstbefragungen zu einem Thema ist zunächst die Erhebung von Rohdaten in einer vorab unstrukturierten beziehungsweise offenen Form ratsam. Exemplarisch hierfür ist die Frage nach dem „Alter eines Befragten". Bei der nachfolgenden Berichterstattung wird dann häufig die Darstellung der Antworten nach Alterskategorien notwendig. In diesem Fall codieren Sie das ursprünglich offen abgefragte Alter in eine neue **kategoriale Variable** mit Altersklassen um.

Damit die Ausgangsvariable im Original für eventuelle spätere Modifikationen erhalten bleibt, wählen Sie über das Menüsystem die Schritte *Transformieren* → *Umcodieren in andere Variablen*. Es öffnet sich das Dialogfenster *Umcodieren in andere Variablen*, das in Abbildung 98 zu sehen ist.

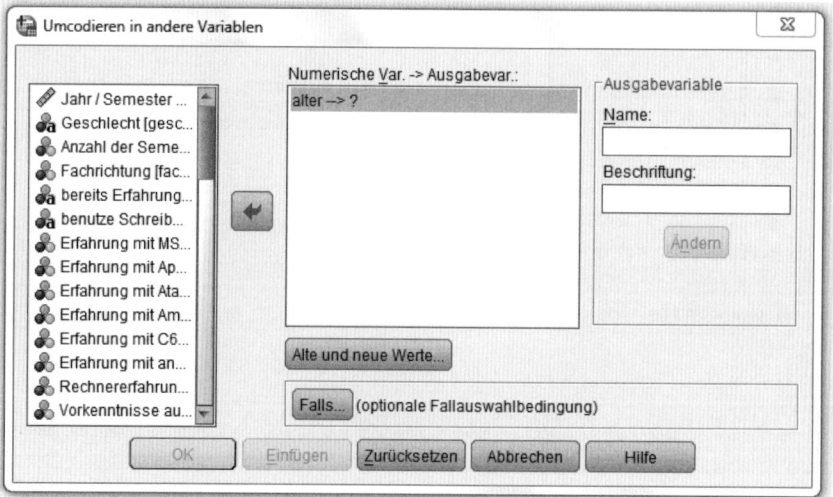

Abb. 98: Dialogfenster Umcodieren in andere Variablen
(Quelle: Eigene Darstellung)

Auf der linken Seite wird aus der Liste aller Variablen die umzucodierende Variable ausgewählt und via Pfeil-Button in den mittig stehenden Kasten transportiert. Im nächsten Schritt werden rechts im Fenster der Name der neuen Variablen (*Ausgabevariable*) und das zugehörige Label (*Beschriftung*) eingegeben. Für unsere Beispielvariable „alter" sind der Name „alter_neu" und das Label „Alter in 5" Kategorien denkbar. Anschließend drücken Sie auf die Funktion *Ändern* und dann auf die Option *Alte und neue Werte*. Daraufhin öffnet sich ein weiteres Fenster, in dem Sie jedem Wertebereich einen Code zuordnen (siehe Abb. 99).

Abb. 99: Dialogfenster Umcodieren in andere Variablen: Alte und neue Werte
(Quelle: Eigene Darstellung)

Die vorzunehmenden Schritte werden weiterhin für die Variable „alter" veran-
schaulicht. Alle 18-25-jährigen Befragungsteilnehmer erhalten in der Variable
„alter_neu" den Code 1. Für die 26-30-Jährigen wird der Wert „2" eingegeben
(siehe Abb. 99). Wenn Sie den Wertebereich und den neuen Wert festgelegt
haben, müssen Sie immer den Button *Hinzufügen* klicken, damit im Kasten *Alt*
→ *Neu* jeder ursprüngliche Wertebereich der Ausgangsvariablen „alter" mit dem
zugehörigen neuen Code der Variable „alter_neu" sichtbar wird. Sind alle Altersklassen definiert, klicken Sie auf *Weiter* und das Fenster mit den alten und
neuen Werten aus Abbildung 99 schließt sich. Schließlich müssen Sie noch den
Button *OK* aus Abbildung 98 aktivieren, damit der Vorgang des Umcodierens
abgeschlossen ist. Nun können Sie weitere Berechnungen für die neue Variable
„alter_neu" vornehmen.

9.2.4.3 Was tun mit offenen Nennungen?

In der quantitativen empirischen Forschung werden in der Regel geschlossene
Fragen mit vorgegebenen Antwortoptionen eingesetzt. Möchten Sie in Ihrer
Erhebung aber zusätzlich eventuelle neue oder bisher unberücksichtigte Aspekte
von den Probanden erfahren, so wird in der gängigen Literatur zur Fragebogenkonstruktion auf die Möglichkeit der Verwendung von offenen Fragen verwiesen.[353] Häufig kommen auch halbgeschlossene Hybridfragen mit vorgegebenen
Antwortmöglichkeiten und der zusätzlichen Option „**Sonstige**" zum Einsatz.[354]

---

[353] Vgl. Diekmann [2010], S. 476 f.
[354] Vgl. Trautmann [2010], S. 108.

Was passiert bei der Auswertung mit den Nennungen im freien Antwortformat, die in *SPSS Statistics* in Zeichenketten festgehalten werden?[355]

Sollen die Aussagen in eine quantitative Analyse miteinbezogen werden, müssen die Antworten verschlüsselt werden. Es wird ein **Code-Plan (Codierschema)** der numerischen Zuordnungen für die Antworten im freien Format erstellt.[356] Dabei gehen Sie wie folgt vor: Sichten Sie zunächst die offenen Nennungen und filtern Sie manuell die am häufigsten genannten Themen heraus. Finden Sie für jedes Thema ein prägnantes **Schlagwort**. Sämtliche Schlagwörter notieren Sie sich auf einem Blatt Papier und ordnen jedem einen Wert zu. Vergeben Sie wiederum einen Code für die Kategorie „Sonstige", um sämtliche Antworten verschlüsseln zu können. In der Regel bleiben Nennungen übrig, die sich ansonsten nicht eindeutig zuordnen ließen.

Nun legen Sie im Datensatz eine neue numerische Variable an und platzieren diese idealerweise direkt neben der Zeichenfolgen-Variablen. Vergeben Sie, wie gewohnt, einen Variablennamen und ein Label. Definieren Sie außerdem Werte und deren Beschriftung. Jetzt tippen Sie in der Datenansicht per Hand die Codes für jede offene Nennung aus der offen erhobenen Variablen ein. Dafür sichten Sie Zeile für Zeile die getätigten Antworten der Merkmalsträger aus dem freien Format.

Je nach Anzahl der Befragungsteilnehmer kann die Verschlüsselung der Antworten mit einem sehr hohen Zeitaufwand verbunden sein. Dieser sollte in Relation zu den durch die quantitative Auswertung erzielbaren Ergebnissen gestellt werden.

Auf die Datenaufbereitung folgt die deskriptive Analyse der Daten, die im unten stehenden Kapitel behandelt wird.

9.2.5 Datenanalyse und Interpretation für Beginner

Für Einsteiger in das empirische Arbeiten bietet es sich an, zunächst also beschreibende Analysen mit *SPSS Statistics* durchzuführen und sich auf diese Weise Schritt für Schritt in die Handhabung des Programms einzuarbeiten. Daher beschränkt sich das vorliegende Unterkapitel auf die Berechnung und Darstellung von Häufigkeitsverteilungen und Lagemaßen sowie die Auswertung von Fragen, bei denen die Probanden mehrere Optionen gleichzeitig auswählen konnten (sogenannte Mehrfachantworten). Mit der Ermittlung von einfachen Kennzahlen können Sie sich einen ersten Eindruck über Ihre Daten verschaffen, Ein-

---

[355] Hybridfragen werden in zwei Variablen angelegt. Die vorgegebenen Antworten werden in einer numerischen Variable abgebildet, die Kategorie „Sonstige" wird als separate Zeichenkette eingepflegt.

[356] Vgl. Jonkisz/Moosbrugger/Brandt [2012], S. 40 f.

gabefehler aufdecken (siehe dazu auch Kapitel 9.2.3) und eine Vorstellung über die Realisierbarkeit von weiterführenden Analysen gewinnen.

9.2.5.1 Häufigkeiten und Lagemaße

Durch die Berechnung der Häufigkeitsverteilung einer Variablen erhalten Sie Auskunft über die jeweiligen Häufigkeiten einer Merkmalsausprägung. Lagemaße liefern Informationen bezüglich der ungefähren Mitte einer Verteilung. Es handelt sich um eindimensionale Betrachtungen. [357]

Eine Häufigkeitsauszählung wird in der Menüleiste über die Optionen *Analysieren → Deskriptive Statistiken → Häufigkeiten* angestoßen (siehe Abb. 100).

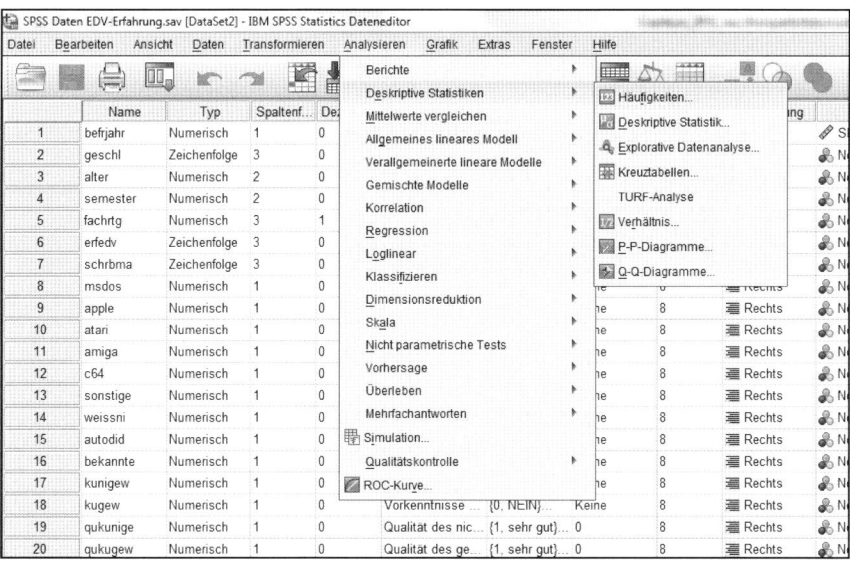

Abb. 100: Menüfolge für die Berechnung von Häufigkeiten
(Quelle: Eigene Darstellung)

Daraufhin öffnet sich ein Fenster zur weiteren Bearbeitung. Hier wählen Sie aus der Variablenliste links im Bild die Variable aus, für die Sie Ihre Berechnungen durchführen möchten. Erneut können Sie sich am Beispiel der Variable „alter" orientieren, wie in Abbildung 101 ersichtlich.

---

[357] Vgl. Janssen/Laatz [2013], S. 209.

Abb. 101: Dialogfenster Häufigkeiten
(Quelle: Eigene Darstellung)

Klicken Sie auf den Button *Statistiken*, um im nächsten Fenster zusätzlich die Berechnung von **Lagemaßen** zu aktivieren (siehe Abb. 102). Es stehen die Optionen **Mittelwert, Median, Modalwert und Summe** zur Verfügung. Nachdem Sie sich für eine oder mehrere der genannten Kennzahlen entschieden haben, drücken Sie auf *Weiter* und betätigen schließlich im Dialogfenster *Häufigkeiten* den Button *OK*. In unserem Beispiel wurde die Berechnung des Mittelwertes (arithmetisches Mittel) der Variable „alter" ausgewählt.[358]

---

[358] Die Auswahl geeigneter Maßzahlen ist vom Skalenniveau abhängig. Für die Berechnung des Mittelwertes ist es erforderlich, dass eine Variable mindestens intervallskaliert ist.

Abb. 102: Dialogfenster Häufigkeiten: Statistik
(Quelle: Eigene Darstellung)

Die Berechnung des **Mittelwertes** (in diesem Fall 23,08) basiert auf den Nennungen von 190 Befragten. Aus Tabelle 5 ist ein durchschnittliches Alter von 23 Jahren für die Merkmalsträger abzulesen.

Statistiken		
Alter		
N	Gültig	190
	Fehlend	1
Mittelwert		23,08

Tab. 5: Mittelwert
(Quelle: Eigene Darstellung)

Nachfolgend zeigt Tabelle 6 das Ergebnisfenster mit einer Häufigkeitsverteilung für die ausgewählte Variable mit **absoluten Häufigkeiten**, **Prozentwerten** (mit und ohne Einbeziehung der fehlenden Werte) und **kumulierten Prozentwerten**. In der linken Spalte werden die gültigen und die fehlenden Werte aufgelistet.

Alter

		Häufigkeit	Prozent	Gültige Prozent	Kumulative Prozente
Gültig	19	19	9,9	10,0	10,0
	20	49	25,7	25,8	35,8
	21	30	15,7	15,8	51,6
	22	13	6,8	6,8	58,4
	23	12	6,3	6,3	64,7
	24	14	7,3	7,4	72,1
	25	12	6,3	6,3	78,4
	26	8	4,2	4,2	82,6
	27	6	3,1	3,2	85,8
	28	5	2,6	2,6	88,4
	29	5	2,6	2,6	91,1
	30	6	3,1	3,2	94,2
	31	2	1,0	1,1	95,3
	32	2	1,0	1,1	96,3
	33	1	,5	,5	96,8
	35	2	1,0	1,1	97,9
	36	1	,5	,5	98,4
	37	1	,5	,5	98,9
	38	1	,5	,5	99,5
	41	1	,5	,5	100,0
	Gesamtsumme	190	99,5	100,0	
Fehlend	999	1	,5		
Gesamtsumme		191	100,0		

Tab. 6: Häufigkeitsverteilung
(Quelle: Eigene Darstellung)

Im Datensatz befinden sich bspw. 14 Personen, die 24 Jahre alt sind. Sehen Sie sich für die Interpretation der Daten die Spalte mit den **gültigen Prozenten** an. Die Probanden, die auf die Frage nach dem Alter keine Angabe gemacht haben, wurden hier bereits abgezogen. Hier hat nur eine Person die Antwort verweigert. Die 24-Jährigen nehmen in diesem Datensatz daher einen Anteil von 7,4 Prozent ein. Wenn Sie in Ihrem Ergebnisbericht Prozentzahlen nennen, so fügen Sie unbedingt die **Anzahl der Befragten (N)**, die diese Frage beantwortet haben als zusätzliche Information hinzu. In diesem Beispiel haben **N= 190** Personen eine Antwort gegeben.

Die Berücksichtigung von fehlenden Werten kann in einigen Fällen auch eine gewisse Informationsgrundlage darstellen (Spalte *Prozent*). Sehr viele Antwortverweigerungen können bspw. Aufschluss über die Brauchbarkeit einer Frage geben. Für die eigentliche Analyse sind allerdings die **gültigen Prozentwerte** relevant. Die rechte Spalte mit den kumulierten Prozentwerten bildet die zeilenweise Addition ab. Je nach Skalenniveau kann diese Spalte ebenfalls für Ihre Auswertungen brauchbar sein.[359]

9.2.5.2   Variablensets für Mehrfachantworten

Im voranstehenden Unterkapitel wurde die deskriptive Analyse von Fragen mit nur einer zugelassenen Antwort beschrieben. Je nach Befragungsthema kann es aber durchaus sinnvoll sein, **Mehrfachantworten** zu ermöglichen. So kann es z. B. bei der Frage nach den Motiven für die Aufnahme eines Studiums bei den Probanden verschiedene Faktoren geben, die sich nicht ausschließen und parallel nebeneinander für die Entscheidung verantwortlich waren. Denkbar wären Motivatoren wie persönliches Interesse, spätere Berufschancen, Verfügbarkeit eines Studienplatzes oder Einfluss des Elternhauses. Derartige Messungen sind hinsichtlich der Analyse anders zu handhaben als Werte, die sich gegenseitig ausschließen.[360]

In diesem Fall muss jede Antwortmöglichkeit als **separate dichotome Variable** im Datensatz angelegt werden. Dies bedeutet für das oben genannte Beispiel, dass Sie eine Variable für persönliches Interesse mit den beiden Optionen „**trifft zu**" und „**trifft nicht zu**" (codiert mit 1 = „trifft zu" und 0 = „trifft nicht zu") und jeweils weitere Variablen für spätere Berufschancen, Verfügbarkeit eines Studienplatzes und Einfluss des Elternhauses mit identischen Antwortoptionen und Codierungen im Datensatz bereitstellen müssen.

Möchten Sie die Häufigkeitsverteilung dieser Fragenart berechnen, so sind die Variablen für die Auswertung wiederum in ein sogenanntes **Set** zusammenzufas-

---

[359] Vgl. Janssen/Laatz [2013], S. 205.
[360] Vgl. Janssen/Laatz [2013], S. 297.

sen. Im Menüsystem finden Sie das passende Werkzeug für Mehrfachantworten unter *Analysieren* → *Mehrfachantworten* → *Variablensets definieren*. Klicken Sie auf diese Option, so öffnet sich das Dialogfenster *Mehrfachantwortsets* (siehe Abb. 103). Hier definieren Sie Sets, für die Sie später Häufigkeiten und Kreuztabellen erstellen können. Wählen Sie dafür aus dem linken Teilfenster die Variablen aus, die zusammengefasst werden sollen und transportieren Sie diese über den mittig stehenden Pfeil in das Fenster *Variablen im Set*. Aktivieren Sie unter *Variablen codiert als* die Option *Dichotomien* und veranlassen Sie die Berücksichtigung des Wertes „1" („trifft zu"), indem Sie als *gezählten Wert* eine „1" eingeben. Sie benötigen darüber hinaus einen Variablennamen und ein Label (im beschriebenen Beispiel wurde „Set_Motiv" mit der Beschriftung „Set Motivation Aufnahme Studium" gewählt). Wenn Sie nun auf den Button *Hinzufügen* klicken, so erscheint im rechten Fenster **Variablensets** das von Ihnen zusammengefasste Mehrfachantwortset. Bei Sets steht zu Beginn des Namens immer ein **$-Zeichen**, das den Anwender darauf aufmerksam macht, dass es sich um eine Zusammenfassung von dichotomen Antwortoptionen in einem Set handelt.

Für die Berechnung der Häufigkeiten schließen Sie nun zunächst das Dialogfenster *Mehrfachantwortsets*. Jetzt folgen Sie in der Menüleiste dem Pfad *Analysieren* → *Mehrfachantworten* → *Häufigkeiten*. Im folgenden Dialogfenster wählen Sie das entsprechende Set aus, für das eine Tabelle erstellt werden soll und drücken *OK*. Die Ergebnisse erhalten Sie in zwei Tabellen. Zunächst können Sie aus Tabelle 7 ablesen, dass insgesamt 191 Befragte im Datensatz vorhanden sind, aber nur 189 Personen mindestens eine Antwort auf die Frage nach den Motiven für die Aufnahme eines Studiums gegeben haben.

Tabelle 8 zeigt, dass insgesamt 259 Antworten (Spalte *H*) gegeben wurden. Die Summe dieser Antworten ergibt 100 Prozent und die einzelnen Antworten nehmen einen prozentualen Anteil an sämtlichen gegebenen Antworten ein (Spalte *Prozent*). So wurde bspw. 148-mal die Antwortoption **Berufschancen** als Motiv für die Aufnahme eines Studiums angegeben, das sind 57 Prozent sämtlicher von den Probanden geäußerter Antworten. In der rechten Spalte *Prozent der Fälle* werden die Antworten auf die Anzahl der Befragten prozentuiert. Da jedem Befragungsteilnehmer gestattet war, mehrere Optionen zu wählen, ist die Anzahl der Antworten höher als die Summe der Befragten. Dadurch entsteht ein Gesamtprozentwert von 137. Für Ergebnisberichte ist meist die Spalte *Prozent* von Interesse, in der eine Gesamtsumme von 100 Prozent dargestellt ist. Damit sind nicht mehr Personen, sondern Antworten als Interpretationseinheiten zu betrachten.[361]

---

[361] Vgl. Schendera [2005], S. 96.

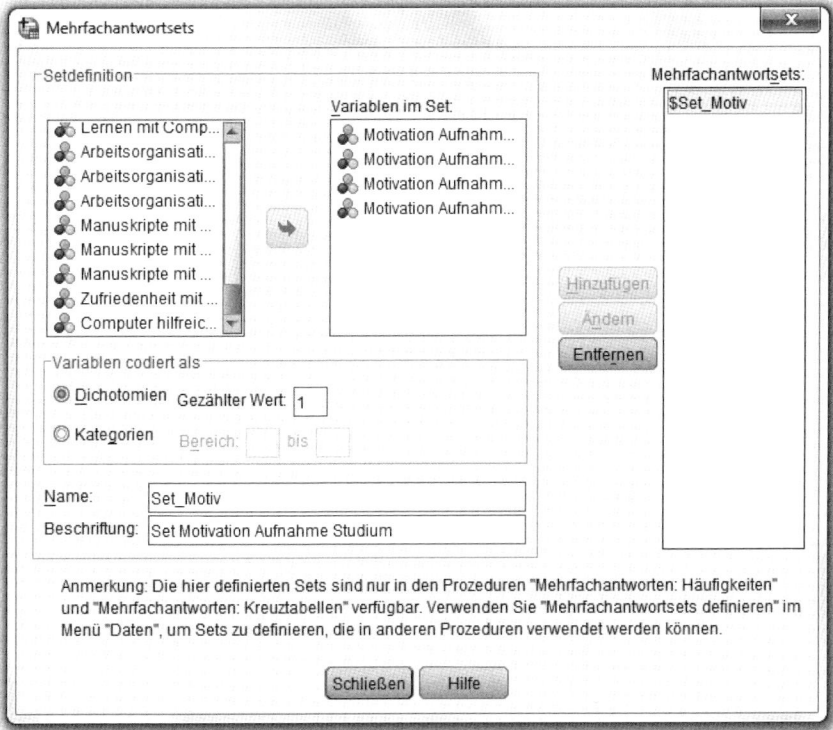

Abb. 103: Dialogfenster Mehrfachantwortensets
(Quelle: Eigene Darstellung)

Fallzusammenfassung

	Fälle					
	Gültig		Fehlend		Gesamtsumme	
	H	Prozent	H	Prozent	H	Prozent
$Set_Motiv[a]	189	99,0%	2	1,0%	191	100,0%

a. Dichotomiegruppe tabuliert bei Wert 1.

Tab. 7: Fallzusammenfassung Mehrfachantworten
(Quelle: Eigene Darstellung)

$Set_Motiv Häufigkeiten

		Antworten		Prozent der Fälle
		H	Prozent	
Set Motivation Aufnahme Studium[a]	Motivation Aufnahme Studium_Interesse	70	27,0%	37,0%
	Motivation Aufnahme Studium_Berufschancen	148	57,1%	78,3%
	Motivation Aufnahme Studium_Studienplatz	36	13,9%	19,0%
	Motivation Aufnahme Studium_Elternhaus	5	1,9%	2,6%
Gesamtsumme		259	100,0%	137,0%

a. Dichotomiegruppe tabuliert bei Wert 1.

Tab. 8: Häufigkeiten Mehrfachantwortenset
(Quelle: Eigene Darstellung)

Im dargestellten Beispiel wurden die Teilnehmer nach den Motiven für die Aufnahme eines Studiums gefragt. Es wird somit ersichtlich, dass spätere Berufschancen hier das stärkste Motiv für die Entscheidung der Befragten sind.

Für die Berichtsfassung einer empirischen Studie ist neben der Analyse der Daten auch die Darstellung der Ergebnisse relevant. Auf einige Möglichkeiten der Visualisierung wird im nachfolgenden Kapitel eingegangen.

9.2.6 Darstellung von Ergebnissen

Die visuelle Darstellung von Auswertungen dient nicht nur der Veranschaulichung Ihrer Ergebnisse, sondern hilft Ihnen und Ihrem Leser oder Zuhörer, Zusammenhänge und Beziehungen zwischen Variablen schnell zu erkennen und diese gezielt in Erinnerung zu behalten. Bedenken Sie hierbei, dass gerade die Visualisierung von Ergebnissen einen Vortrag, eine wissenschaftliche Arbeit oder auch ein wissenschaftliches Poster, bei der Verwendung von angemessenen Layouts, erfolgsversprechend unterstützen kann. Vor allem Verhältnisse zwischen verschiedenen Variablen und absolute Werte können, als Ergänzung zur tabellarischen Darstellung, anhand verschiedener Methoden in Diagrammen grafisch aufbereitet werden.

9.2.6.1 Diagramme

Es gibt verschiedene Wege, die grafische Aufbereitung Ihrer Daten in *SPSS* vorzunehmen. In diesem Kapitel wird exemplarisch auf die Ausführung anhand des Diagrammeditors und die verkürzte Variante während der Durchführung einer Analyse eingegangen.

Die schnellere, dafür nicht für alle Belange modifizierbare beziehungsweise ausreichende Variante können Sie direkt bei den Eingaben für deskriptive Berechnungen einstellen. Über *Analysieren* → *Häufigkeiten* gelangen Sie zu dem Dialogfenster *Häufigkeiten*. In diesem haben Sie die Möglichkeit, den Button *Diagramme* zu klicken und vereinfachte Einstellungen zur Verbildlichung Ihrer Daten vorzunehmen. Es stehen die Diagrammtypen *Balkendiagramm*, *Kreisdiagramm* und *Histogramm* (siehe Abb. 104) zur Auswahl.

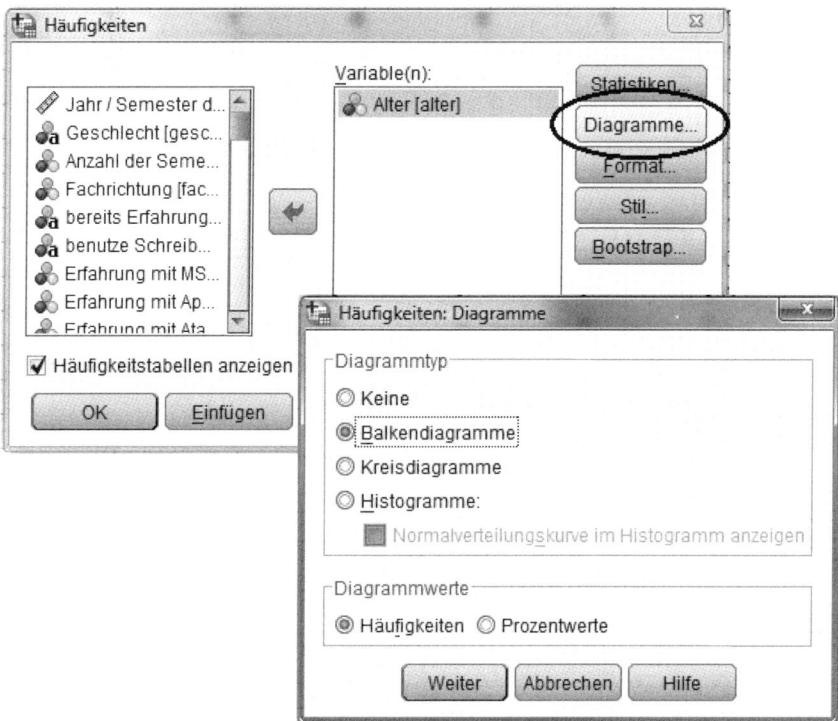

Abb. 104: Dialogfenster Häufigkeiten und Unterfenster Häufigkeiten: Diagramme (Quelle: Eigene Darstellung)

Wenn Sie die Einstellungen analog zu Abbildung 104 übernehmen, wird Ihnen in der Ausgabedatei, zusätzlich zu Ihrer Ergebnistabelle der Häufigkeitsberechnung, die Auswertung in einem einfachen Balkendiagramm dargestellt.

Wesentlich vielfältiger sind die Einstellungen, die Sie im Diagrammeditor vornehmen können. Über die Menüführung gelangen Sie unter dem Punkt *Grafik* → *Diagrammerstellung* zu einem weiteren Dialogfenster, in dem Sie Optionen zur Visualisierung Ihrer Ergebnisse vorfinden. Es handelt sich hierbei um ein interaktives Fenster, das Ihnen anhand der vorzunehmenden Einstellungen eine Vorschau auf die ausgewählte Grafik liefert. Bitte beachten Sie jedoch, dass die Vorschau aus Beispielwerten erstellt und nicht mit Ihren Ergebnissen generiert wird.

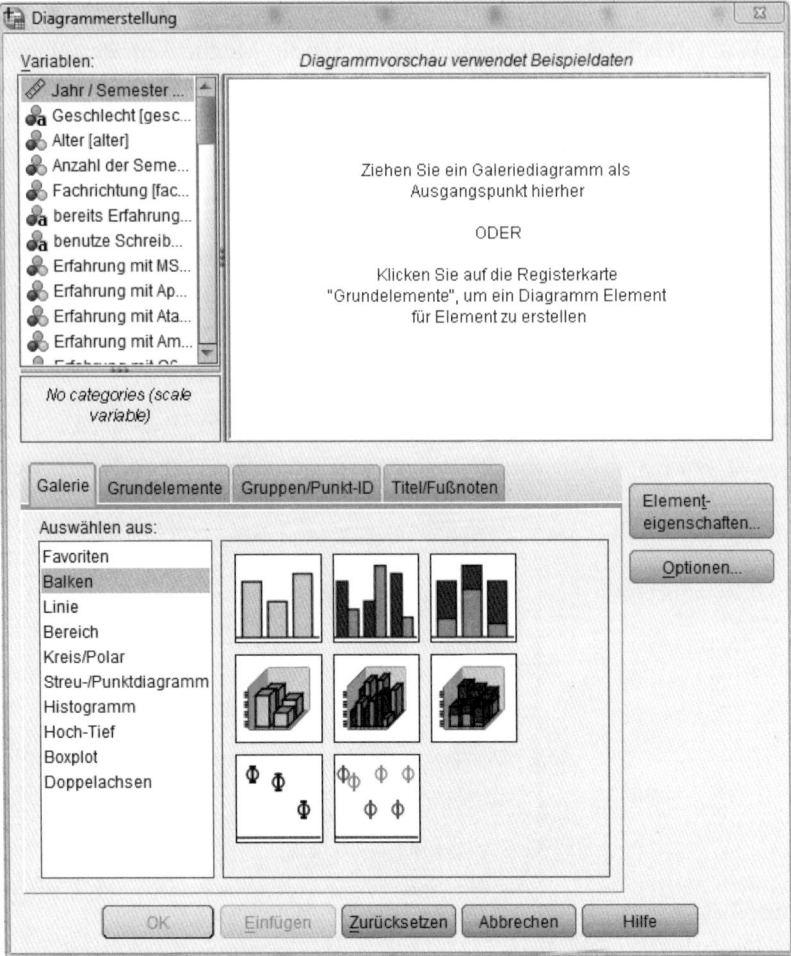

Abb. 105: Dialogfenster Diagrammerstellung
(Quelle: Eigene Darstellung)

Der Aufbau des Dialogfensters *Diagrammerstellung* erfolgt über zwei Einstellungsmodule. Im oberen Teil des Fensters bestimmen Sie die Variablen, die für Ihre Darstellung herangezogen werden sollen, wohingegen der untere Teil des Fensters die Auswahl der zur Verfügung stehenden Diagrammtypen ermöglicht.

Bei der Entscheidung für die darzustellenden Variablen können Sie mit einem Rechtsklick auf die Variable ein zusätzliches Kontextmenü öffnen. So können Sie an dieser Stelle einstellen, in welcher Reihenfolge die Antwortmöglichkeiten sortiert werden, die Messniveaus nachträglich verändern oder auch die Anzeige-option nach Variablenlabel oder Variablennamen eingeben.[362]

Allein die Darstellungsart **Balkendiagramm** ist in sieben Visualisierungsmög-lichkeiten (einfaches, gestapeltes, gruppiertes Balkendiagramm, in 3D oder nur mit Fehlerbalken) unterteilt. Ziehen Sie eins der Galeriediagramme in das Vor-schaufenster und bedienen Sie dieses in einem zweiten Schritt mit den darzustel-lenden Variablen. Über das korrespondierende Fenster *Elementeigenschaften* haben Sie nun noch die Möglichkeit, Ihre Grafik nach statistischen Kennwerten einzustellen (Mittelwert, Median, Modalwert usw.).

Bei der Diagrammerstellung ist es wichtig, dass Sie sich im Vorfeld überlegen, was Sie mit der Visualisierung erreichen möchten. So kann nicht jede Dia-grammform für jede Analyseart gleichermaßen herangezogen werden. Dia-grammtypen für Kennwerte (Häufigkeiten, Mittel- und Extremwerte) unterschei-den sich bspw. in Balkendiagramme, die man für absolute Häufigkeiten heran-zieht oder Liniendiagramme, die einen zeitlichen Verlauf darstellen können, und Kreisdiagramme, die Sie dann auswählen, wenn die Anzahl der Kategorien nicht zu hoch ist. Bei Korrelationsdarstellungen eignen sich wiederum das gestapelte oder geschichtete Balkendiagramm, das Streudiagramm, das die Beziehungen zwischen zwei intervallskallierten Variablen in Form einer Punktwolke be-schreibt oder das Korrelationsdiagramm.

9.2.6.2 Bearbeitung in SPSS und Export

In den meisten Fällen werden Sie Ihre Auswertungen und Diagramme in weite-ren Dokumenten (Projektarbeit, Bachelorarbeit, Präsentation) nutzen und ein-gliedern. Eine einheitliche und ordentlich formatierte Gestaltung hinsichtlich der Beschriftung, der Legende, der Größengestaltung und der Farbwahl ist aus-schlaggebend für die Professionalität Ihrer Arbeiten.

Sobald Sie Ihre Datendarstellung in der Ausgabedatei angezeigt bekommen, können Sie diese über den *SPSS*-eigenen *Diagrammeditor* nachbearbeiten. Kli-cken Sie hierzu mit einem Doppelklick (linke Maustaste) auf das zu editierende Diagramm. Es öffnet sich der Diagrammeditor (siehe Abb. 106), der zahlreiche Optionen zur Layoutgestaltung Ihrer Grafiken bereithält. Sie haben die Möglich-keit, über die Menü- oder Symbolleiste Bearbeitungen vorzunehmen oder über das Anklicken einzelner Bereiche Ihrer Grafik (z. B. X-/Y-Achse, Balken, Be-schriftungen). Es öffnet sich das zusätzlich in Abbildung 106 gezeigte Dialog-fenster *Eigenschaften*. Die Varianten Ihre Grafik gestalterisch aufzubereiten, sind zahlreich, aber auch Texteingaben und Anpassungen in der Beschriftung sind möglich. Bitte vergessen Sie hierbei nicht, dass gerade eine Legende bei ge-

---

[362] Vgl. Bühl [2012], S. 975.

schichteten oder gestapelten Diagrammen wie bei Kreisdiagrammen unerlässlich für das Verständnis der aufbereitenden Grafik ist.

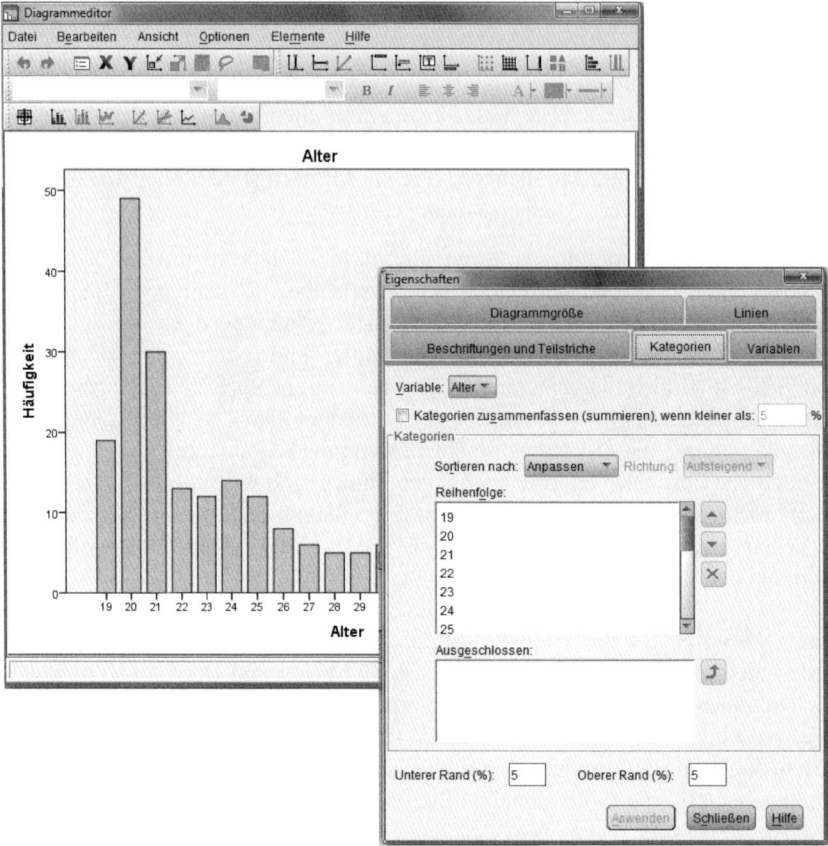

Abb. 106: Dialogfenster Diagrammeditor und Unterfenster Eigenschaften
(Quelle: Eigene Darstellung)

Damit nicht bei jedem Diagramm alle Einstellungen Ihrer Layoutgestaltung erneut vorgenommen werden müssen, empfiehlt es sich, eine **Diagrammvorlage zu speichern** und diese anschließend auf alle Grafiken zu übertragen. Im Diagrammeditor finden Sie unter dem Menüpunkt *Datei → Diagrammvorlage speichern* die Option, ein Diagrammvorlagen-Template zu sichern. Die zweite Möglichkeit unter diesem Menüpunkt *Datei → Diagrammvorlage zuweisen* überträgt im Nachfolgenden das erstellte Template auf die von Ihnen ausgewählten Grafiken.

Weitere Bearbeitungsvarianten ergeben sich, wenn Sie Ihre Ausgabedatei exportieren. Über die Befehlsdurchführung *Datei → Datei exportieren* öffnet sich das Dialogfenster *Ausgabe exportieren* (siehe Abb. 107).

Abb. 107: Dialogfenster Ausgabe exportieren
(Quelle: Eigene Darstellung)

Das Programm bietet die Option, die berechneten Tabellen und/oder Grafiken in die geläufigsten Dateiformate zu exportieren und dort zur weiteren Bearbeitung oder als Anschauungsmaterial zu integrieren. Primär können Sie unter *Zu exportierende Objekte* auswählen, ob Sie *Alle, Alle sichtbaren* oder nur *Ausgewählte Objekte* und Berechnungen exportieren möchten. Unter der Einstellung *Typ* können Sie nun auswählen, in welchem Dateiformat Sie weiterarbeiten möchten. *SPSS* bietet für den Datenexport die gängigsten *MS Office-Programme* wie *Excel, Word, PowerPoint, Access*, aber auch Grafikformate wie *jpg, gif* und Fremdformate wie *html* oder *pdf* an.

Aufgrund der Komplexität und der Anwendungsvielfalt des Programmpakets *SPSS* sind in diesem Kapitel nur die wichtigsten Funktionen exemplarisch beschrieben. Es empfiehlt sich, die Software intuitiv kennenzulernen und die erwähnten Einstellungsoptionen zu verwenden, aber sich auch darüber hinaus an schwierigeren Analysen oder Grafikdarstellungen auszuprobieren.

ZUSAMMENFASSUNG

- Charakteristika von Online- und Papierfragebogen
- Anlage dynamisch strukturierter, internetbasierter Fragebogen in EFS Survey
- Durchführung von Pretest, Feldphase und Datenexport mittels EFS Survey
- Aufbau der Programmstruktur in SPSS
- Erste Schritte der Dateneingabe, -aufbereitung und -analyse
- Grafische Darstellung von Ergebnissen mit SPSS

QR-Code zu den Übungen:

ILIAS-Pfad zu den Übungen: Magazin » FB Wirtschaft & Medien » Standortübergreifend » "Wissenschaftliches Arbeiten 2.0"

10 Vorhang auf! Die Präsentation Ihrer Arbeit

Sebastian Dederichs, Annika Musiol, Katharina Quehenberger

In der Regel müssen Sie die Inhalte Ihrer wissenschaftlichen Arbeit im Rahmen eines Referates vorstellen. Präsentieren ist theoretisch ganz einfach: Erzählen Sie einem Publikum einen spannenden Sachverhalt und verwenden Sie zur Unterstützung begleitende Bilder oder unterschiedliche Medien, welche zum Verständnis Ihres Vortrages beitragen. Bereiten Sie den Inhalt interessant auf und tragen Sie diesen verständlich und motiviert vor. Vermeiden Sie dabei typische Fehler wie zu schnelles Sprechen, Ablesen, überladene visuelle oder unzureichende Hilfsmittel.

Wahrscheinlich gibt es keinen Beruf nach Ihrem Studium, in dem Sie nicht in die Situation kommen werden, etwas präsentieren zu müssen. In vielen Branchen gehören Präsentationen und sicheres Auftreten zum Tagesgeschäft. Sie müssen Ihre Arbeitsergebnisse aufbereiten und sowohl präsentieren als auch vertreten können. Während Ihrer Präsentation stehen nicht nur Ihre Arbeitsergebnisse im Mittelpunkt der Betrachtung, sondern auch Sie selbst. Hier sind Kompetenzen auf der methodischen, sozialen und fachlichen Ebene gefragt, denn Sie müssen Überzeugungsarbeit leisten und das Publikum für Ihr Thema interessieren.

Oftmals werden Vorträge von Studierenden wenig geschätzt. Dies lässt sich möglicherweise auf die fehlende Übung im Bereich der mündlichen Präsentation von Ergebnissen zurückführen. Trotz dieser allgemeinen Unbeliebtheit sollten Sie Ihre Referate als Chance begreifen, Ihre eigene Leistung zu präsentieren und gute Erfahrungen für spätere mündliche Vorträge zu sammeln.[363]

Richtiges Präsentieren kann man lernen, weshalb Sie während Ihres Studiums jede Möglichkeit dazu nutzen sollten. Nur ausreichend Erfahrung in der Formulierung und Darstellung komplexer Inhalte sowie die Auseinandersetzung mit den zur Verfügung stehenden Hilfsmitteln kann Sie zu einem selbstsicheren und kompetenten Redner machen. Sie sollten konstruktive Kritik immer dankend annehmen und sich nicht persönlich angegriffen fühlen. Außerdem ist es sinnvoll, dass Sie stetig an Ihrer schriftlichen und mündlichen Ausdrucksweise arbeiten und diese verfeinern. Wie Sie sich auf eine Präsentation vorbereiten und die entsprechenden Medien dafür auswählen, wird im Folgenden erläutert.

---

[363] Vgl. Theisen [2008], S. 228.

233

10.1 Vorbereitung der Präsentation

Die **Vorbereitung Ihrer Präsentation** basiert in erster Linie auf der **Auswahl der geeigneten Medien**. Welche Medien Sie einsetzen, ist immer auch abhängig von der Art Ihrer Präsentation bzw. Ihres Themas. In jedem Fall sollten die eingesetzten Medien an die jeweilige Präsentationssituation angepasst sein. Der gezielte Einsatz von Medien ermöglicht eine zusätzliche **Visualisierung Ihres Vortrags** und kann dadurch die Aufmerksamkeit Ihres Publikums steigern.[364]

Sie können Ihr Referat auf verschiedenen Wegen visualisieren, so z. B. mithilfe einer **PowerPoint-Präsentation**, durch den Einsatz eines **Flipcharts**, eines **Overhead-Projektors** oder durch die Verwendung von **Metaplanwänden**. Die verschiedenen Medien können im Rahmen Ihres Vortrags auch miteinander kombiniert werden.

Flipcharts eignen sich hervorragend zur Visualisierung komplexer Gedankengänge, die Sie sukzessiv mit Ihrem Publikum aufbauen und erarbeiten können. Allerdings geht dieser positive Effekt bei zu großen Gruppen verloren, daher empfiehlt es sich, Flipcharts nur bei geringen Gruppengrößen einzusetzen.[365] Selbstverständlich ist die Lesbarkeit Ihrer Handschrift bei der Verwendung von Flipcharts eine unabdingbare Grundvoraussetzung. Dies gilt auch für eventuelle Zeichnungen, die Sie auf dem Flipchart vornehmen. Achten Sie hier auch unbedingt auf die Sorgfalt der Darstellung.[366]

Mit der Einspielung von **Videosequenzen** können Sie etwaige komplizierte Sachverhalte veranschaulichen und werden sicher die gesamte Aufmerksamkeit Ihres Publikums auf sich ziehen. Sollten Sie sich jedoch für den Einsatz von Videosequenzen entscheiden, so gilt es, einige grundlegende Dinge zu beachten. Insbesondere sollten Sie bei der Präsentation von Filmausschnitten das Urheberrecht beachten und auch in diesem Fall unbedingt die korrekte Quelle angeben.[367] Wägen Sie zudem sehr sorgfältig ab, ob der Inhalt des Videos wirklich auch dem roten Faden Ihres Vortrags folgt und auch tatsächlich zum Thema passt. Die Einbindung themenfremder Beiträge wirkt unter Umständen unprofessionell. Achten Sie zusätzlich auch darauf, dass Sie nach der Vorführung einer Videosequenz die Aufmerksamkeit Ihres Publikums zurückholen und keine ungewollte Pause entstehen lassen.[368]

---

[364] Vgl. Stickel-Wolf/Wolf [2009], S. 294.
[365] Vgl. Hartmann/Funk/Nietmann [2008], S. 96.
[366] Vgl. Hartmann/Funk/Nietmann [2008], S. 96f.
[367] Vgl. Hartmann/Funk/Nietmann [2008], S. 95.
[368] Vgl. ebd.

Bei der **Auswahl der Medien** sollten Sie insbesondere darauf achten, dass Sie sich als Vortragender durch die eingesetzten Medien selbst nicht in den Hintergrund drängen lassen.[369] Eine Kombination verschiedener Medien wird zwar empfohlen, dabei sollten Sie allerdings eine **mediale Überfrachtung** Ihres Vortrags vermeiden, da dies das Publikum von dem eigentlichen Thema bzw. den Kernaussagen Ihrer Präsentation ablenken kann.[370]

Eine Visualisierung Ihres Referats hat mehrere Vorteile. Zum einen können Sie mit einer gelungenen Visualisierung Ihre **Zuhörer motivieren**, Ihrem Vortrag aufmerksam und interessiert zu folgen. Des Weiteren unterstützt und erleichtert die Visualisierung des Vortrags das **Verständnis** und **Behalten des Präsentationsinhalts**.[371] An dieser Stelle ist allerdings anzumerken, dass die Qualität eines Vortrags bzw. einer Präsentation nicht am Einsatz und der Anzahl von modernen Projektionsmedien gemessen wird.[372]

Im Folgenden wird exemplarisch auf die **Präsentation mit PowerPoint** eingegangen. Die dafür angegebenen Empfehlungen gelten in gleicher Weise für alle anderen Präsentationsmittel. Die Software PowerPoint bietet sehr viele Möglichkeiten, die Aufmerksamkeit Ihres Publikums zu lenken. Dies können Sie z. B. über die **Animation von Folien** erreichen. Diese Funktion sollte jedoch sehr sparsam eingesetzt werden, damit Ihre Zuhörer nicht durch zu viele Animationen vom Kern Ihres Vortrags abgelenkt werden.

Für eine gelungene **Foliengestaltung** in PowerPoint sollten Sie einige Hinweise beachten. Sehr wichtig ist in erster Linie eine übersichtliche Gestaltung der Folien.[373] Dies erreichen Sie vor allem durch die Darstellung des Folieninhalts in Kurzform, d. h. verwenden Sie keine ganzen Sätze und greifen Sie nach Möglichkeit auf Stichwörter zurück, die Sie dann während Ihres Vortrags erläutern.[374] Zu Beginn Ihrer Präsentation ist es zudem sehr hilfreich, wenn Sie eine Gliederungsfolie mit einer Agenda einbauen. Damit ermöglichen Sie Ihren Zuhörern einen kurzen Überblick über die Themen, die Sie ansprechen wollen. Stellen Sie auf Ihrer Folie einen komplexeren Sachverhalt dar, empfiehlt es sich, diesen durch die Verwendung einer Grafik zu veranschaulichen.[375] Um zu gewährleisten, dass jeder im Raum den Text auf den Folien gut lesen kann, sollten Sie darauf achten, eine angemessene Schriftgröße zu verwenden. Wichtige Wörter oder

---

[369] Vgl. Stickel-Wolf/Wolf [2009], S. 294.

[370] Vgl. ebd.

[371] Vgl. Franck/Stary [2006], S. 255.

[372] Vgl. Franck/Stary [2006], S. 263.

[373] Vgl. Karmasin/Ribing [2011], S. 156 f.

[374] Vgl. Schäfer/Heinrich [2010], S. 46.

[375] Vgl. Karmasin/Ribing [2011], S. 157.

Kernaussagen können Sie durch fette oder kursive Markierung hervorheben, da sich diese besser abhebt als die Unterstreichung von Wörtern.[376]

Beachten Sie darüber hinaus, dass Sie nicht unnötig viele verschiedene Schriftgrößen und -farben verwenden. Um die Übersichtlichkeit Ihrer Folien zu gewähren und dem Betrachter eine bessere Lesbarkeit zu ermöglichen, sollten Sie sich daher für eine Schriftgröße entscheiden und lediglich Überschriften oder Folientitel in einer größeren Darstellung verwenden.

Um einen gelungenen Vortrag zu halten, gilt es, einige Dinge **vor und während der Präsentation** zu beachten. Als Vorbereitung auf Ihren Vortrag sollten Sie überlegen, wie Sie Ihrem Publikum den Inhalt bzw. die Information auf den Folien erläutern. Das Ablesen der Information von den Folien durch Sie als Referenten hat eine ermüdende Wirkung auf die Zuhörer[377] und führt wahrscheinlich dazu, dass Ihnen das Publikum wenig Aufmerksamkeit schenkt. Eine ebenso negative Wirkung hat dagegen das strikte Vortragen des auswendig gelernten Inhalts. Sie sollten demnach versuchen, einen Mittelweg zu finden, der Ihren Vortrag für die Zuhörer interessant macht und mit dem Sie erreichen, dass man Ihnen bis zum Ende Aufmerksamkeit schenkt.[378] Um diesen Mittelweg zu realisieren, ist die **Vorbereitung von Karteikarten** sinnvoll. Karteikarten leiten Sie wie ein roter Faden durch Ihre Präsentation und ermöglichen es Ihnen, den Inhalt durch die Zuhilfenahme von Stichwörtern während des Vortrags frei zu formulieren.[379] Zusätzlich zu den inhaltlichen Stichpunkten können Sie auch Regieanweisungen auf den Karteikarten notieren, z. B. wenn Sie an entsprechenden Stellen den Einsatz weiterer Medien planen oder wenn Sie eine Pause machen wollen. Weiterhin ist es sinnvoll, die Karteikarten nur einseitig zu beschriften und zu nummerieren, damit Sie während Ihres Vortrags nicht durcheinander kommen.[380] Dennoch müssen Sie beachten, dass die Kunst Ihrer flüssigen Rede dann darin liegt, nicht lediglich Ihre Notizen vorzutragen, sondern in passenden Momenten einen kurzen Blick auf Ihre Aufzeichnungen zu riskieren. Weniger ist hier sicherlich mehr, vermeiden Sie daher unbedingt den stetigen Blick in Ihre Karten und schauen Sie lieber häufiger souverän zum Auditorium. So können Sie mit wenig Aufwand einen deutlich professionelleren Vortrag abliefern.

Um Unsicherheiten zu vermeiden, ist das wiederholte Üben des Vortrags, vor Freunden oder der Familie, sehr zu empfehlen. Auch dem Lampenfieber kann durch wiederholtes Üben des Vortrags vorgebeugt werden. Dabei ist zu beachten, dass sich ein gewisses Maß an Anspannung positiv auf Ihren Vortrag aus-

---

[376] Vgl. Schäfer/Heinrich [2010], S. 47.
[377] Vgl. Stickel-Wolf/Wolf [2009], S. 292.
[378] Vgl. ebd.
[379] Vgl. Stickel-Wolf/Wolf [2009], S. 293.
[380] Vgl. ebd.

wirkt. Die Anspannung hilft uns, leistungsfähig und konzentriert zu arbeiten und ist demnach eine sinnvolle Reaktion. Ein zu großes Maß an Anspannung kann sich wiederum negativ auf Ihren Vortrag auswirken. Eine optimale Leistungsfähigkeit erreichen Sie somit bei einem mittleren Anspannungsniveau. Fordern Sie nach Ihren „Probevorträgen" aktiv Feedback ein und Sie werden sehen, dass die von Ihnen erlebte Anspannung und Nervosität dem Zuhörer nicht auffällt. Fremd- und Selbsteinschätzung weichen in diesem Fall oft stark voneinander ab.[381] Weitere Tipps, um das Lampenfieber zu senken sind eine regelmäßige Atmung und ein wenig Bewegung vor dem Vortrag.[382]

Vor einer Präsentation ist ein **Technik-Check** obligatorisch, um eventuellen Verzögerungen und Problemen zum Zeitpunkt der Präsentation vorzubeugen. Für den Fall, dass Sie mit einem Laptop präsentieren, ist es ratsam, sich vorher zu erkundigen, wie Sie Ihren Laptop an die vorhandene Hardware anschließen und wen Sie im Falle eines technischen Problems um Hilfe bitten können. Nutzen Sie für Ihre Präsentation auch einen Overhead-Projektor, empfiehlt es sich, vorher dessen Funktionstüchtigkeit zu prüfen.[383] Äquivalent verfahren Sie idealerweise bei allen übrigen Hilfsmitteln Ihres Vortrags, denn auch ein Whiteboard-Marker kann schon mal seinen Dienst verweigern.

Während Ihrer Präsentation sollten Sie dafür sorgen, dass alle Materialien und Hilfsmittel, die Sie benötigen, in direkter Nähe und gut sortiert für Sie griffbereit sind. Des Weiteren ist es sehr wichtig, während des Vortrags die Zeit im Blick zu halten, da oftmals eine genaue Zeitvorgabe besteht. Prüfen Sie daher vorher, dass Ihre Präsentation die vorgegebene Dauer weder über- noch unterschreitet.

10.2 Inhalte und Struktur der Präsentation

Bevor Sie die Inhalte Ihrer Präsentation festlegen, ist es erforderlich zu wissen, an wen sich Ihr Vortrag richtet, denn dieser sollte immer auf das Publikum abgestimmt werden.[384] Dazu bietet es sich an, die folgenden Fragen vor der inhaltlichen Vorbereitung Ihres Vortrages zu beantworten:[385]

- Welche **Personen** werden während Ihres Vortrags anwesend sein (Kommilitonen, Dozenten etc.)?

- Welches **Fachwissen** können Sie bei Ihren Zuhörern voraussetzen?

---

[381] Vgl. Hartmann/Funk/Nietmann [2008], S. 125 ff.
[382] Vgl. Karmasin/Ribing [2010], S. 164.
[383] Vgl. Franck/Stary [2006], S. 271.
[384] Vgl. Ebster/Stalzer [2008], S. 129 f.
[385] Vgl. ebd.

- Welche **Vortragsmedien** (z. B. Overheadprojektor, Videobeamer, Flip-chart) sollten und können Sie für Ihren Vortrag einsetzen?

- Wie ist die **zeitliche Vorgabe** für Ihren Vortrag?

- Sind **Fragen** am Ende Ihres Vortrags vorgesehen?

Erst wenn Sie diese Fragen beantworten können, kann die inhaltliche Vorbereitung der Präsentation beginnen. Hierbei ist es besonders wichtig, dass Sie sich nicht ausschließlich auf die verständliche Vermittlung von Fachwissen konzentrieren, sondern vor allem das Ziel verfolgen, Ihr Publikum von Ihrem Thema zu begeistern.[386]

Im Kern geht es also darum, den themenrelevanten Stoff zu sammeln und vorab zu selektieren. Ganz sicher reicht Ihr Zeitkontingent für den Vortrag nicht aus, um alle Aspekte Ihres Themas zu beleuchten, deshalb sollten Sie unbedingt Ihre ausgewählten Inhalte auf das Grundlegendste und Wichtigste reduzieren. Komprimieren Sie also die Fülle des Materials auf das Wesentliche.[387]

Ihre Präsentation sollte von der Einleitung bis zum Schluss klar und übersichtlich strukturiert und für das Publikum in jedem Punkt nachvollziehbar sein. Im Folgenden werden wichtige Aspekte für die Einleitung, den Hauptteil und den Schluss kurz erläutert.

Die **Einleitungsphase** Ihres Vortrags dient dazu, einen Kontakt zum Publikum herzustellen. Dazu gehören die Begrüßung der anwesenden Personen, die Vorstellung der eigenen Person sowie die des Themas.[388] Bei Referaten in Ihrem Kurs ist die Vorstellung des Themas und ggf. die Begrüßung der Anwesenden ausreichend. Bereits hierbei können Sie dem Publikum Ihre Freude an der Bearbeitung des Themas vermitteln und so Aufmerksamkeit und Interesse beim Publikum wecken.[389] Sie können Ihre Einleitung auch mit einem Zitat, einem Bericht über ein aktuelles Thema oder einer provokanten Frage beginnen.[390] In der Einleitungsphase empfiehlt es sich ebenfalls zu klären, ob Zwischenfragen des Publikums erwünscht sind oder ob diese notiert werden sollen und erst am Ende der Präsentation gestellt werden dürfen.[391]

Der **Hauptteil** stellt den Schwerpunkt Ihrer Präsentation dar und wird die meiste Zeit beanspruchen. Aufgrund einer oftmals beschränkten Zeitvorgabe empfiehlt es sich, die zu präsentierenden Punkte einzugrenzen. Davon abgesehen wird

---

[386] Vgl. Ebster/Stalzer [2008], S. 130.

[387] Vgl. Seifert [2004], S. 53.

[388] Vgl. Ebster/Stalzer [2008], S. 130.

[389] Vgl. ebd.

[390] Vgl. Stickel-Wolf/Wolf [2009], S. 287.

[391] Vgl. Stickel-Wolf/Wolf [2009], S. 288.

möglicherweise nicht jeder Punkt Ihres Referats wichtig sein. Bestimmte Kernaussagen Ihres Referats, die sogenannten **Muss-Informationen,** sind für Ihre Präsentation essentiell. Ebenso gibt es einige Details, die Sie idealerweise in Ihre Präsentation aufnehmen; diese nennt man **Soll-Informationen. Kann-Informationen** nutzen Sie zur spontanen Ausschmückung Ihrer Präsentation.[392] Diese unterschiedlichen Qualitäten Ihrer Informationen sollten Ihnen vor dem Referat bereits vollkommen klar sein.

Der **Schluss** Ihres Vortrags ist ebenso wichtig wie die Einleitung, denn nicht nur der erste Eindruck zählt, sondern auch die Art und Weise, wie Sie Ihre Präsentation beenden. Wenn Sie einen guten Abschluss finden, bleiben Sie bzw. Ihr Vortrag Ihren Zuhörern positiv im Gedächtnis.[393] Hierzu ist es besonders hilfreich, wenn Sie in Ihrem Schlussteil wieder den Bogen zurück zu Ihrer einleitenden Fragestellung schlagen.[394]

Generell fasst der Schlussteil Ihrer Präsentation die wichtigsten Erkenntnisse zusammen und gibt einen Ausblick. An dieser Stelle können Sie auch eine **Diskussionsrunde** integrieren. Die Planungsschritte für die Vorbereitung der Diskussionsrunde gleichen denen zur Vorbereitung Ihrer Präsentation. Hierzu können Ihnen folgende Fragen helfen:

- Was ist das **Ziel der Diskussion**?

- Wie sieht der **zeitliche Rahmen** Ihrer Diskussionsrunde aus?

- Welche **Fragen der Zuhörer** sind zu erwarten und wie werden **Wortmeldungen** koordiniert?

- Welchen **Wissensstand** bringt das Publikum mit?

- Welche **Themen** sollen Bestandteil der Diskussionsrunde sein?

Überlegen Sie sich für das Ende der Präsentation ein kurzes Fazit und schließen Sie vor allem den Dank an Ihr Publikum für die Aufmerksamkeit mit ein.

Einer der häufigsten Fehler inhaltlicher Natur bei Referaten ist das Präsentieren des reinen Aufbaus der Hausarbeit und der Themenfindung. Natürlich können Sie mitteilen, welche Beweggründe für Sie bei der Themenfindung relevant waren, jedoch sollten Sie die ohnehin oftmals sehr kurze Vortragszeit dazu nutzen, um die wesentlichen thematischen Inhalte wiederzugeben. Konzentrieren Sie sich also unbedingt auf ihr Thema und präsentieren Sie nicht Ihre Arbeitsschritte.

---

[392] Vgl. Stickel-Wolf/Wolf [2009], S. 289.
[393] Vgl. ebd.
[394] Vgl. Stickel-Wolf/Wolf [2009], S. 290.

10.3 Layout der Präsentation

Bei der Gestaltung des Layouts für Ihre Präsentation gilt grundsätzlich, dass Sie das Layout an das Thema der wissenschaftlichen Arbeit anpassen müssen. Dies bedeutet, dass die Gestaltung des Hintergrundes, der Schriftart und Schriftfarbe sowie die allgemeine Foliengestaltung dem gewählten Thema gerecht werden sollten. Diesbezüglich sollten Sie auf die Verwendung von vielen verschiedenen oder zu verspielten Schriftstilen und -farben ebenso verzichten wie auf das inhaltliche und multimediale Überladen von Präsentationsseiten.[395] Über die **Masterfolien-Funktion** in PowerPoint können Sie Elemente, die im Layout immer wiederkehren, als Standardelemente definieren. Dies minimiert den Aufwand, der für Eingabe und Änderung der Daten entsteht.[396]

Im Folgenden werden häufige Fehler bei der Gestaltung von Folien aufgeführt:

- Überladene Folien,

- zu kleine Schrift,

- Inhalt der Folien nur aus der zugehörigen wissenschaftlichen Arbeit kopiert und nicht komprimiert,

- übermäßige Verwendung von verschiedenen Farben,

- zu viele Animationen,

- zu viele Folien.[397]

Beachten Sie darüber hinaus aber auch, dass sich der Einsatz zu weniger Folien negativ auf Ihren Vortrag auswirken kann, da Sie möglicherweise die Aufmerksamkeit Ihrer Zuhörer verlieren.

Die **Aufteilung der Folien** Ihrer Präsentation ist in erster Linie abhängig von Inhalt und Umfang der Präsentation. Je nach Umfang des zu präsentierenden Inhalts ergibt sich die Gesamtanzahl der Folien. Behandeln Sie pro Folie nur ein Thema, um das Publikum nicht mit Informationen zu überladen.

Bei der **Gestaltung des Layouts** sollten Sie **keine 3D-Grafiken** nutzen und perspektivische Darstellungen vermeiden. Weiterhin ist die Verwendung von verschiedenen geometrischen Formen nicht empfehlenswert. Die Verwendung von einfachen Grafiken und Charts lenkt das Publikum nicht unnötig von den wesentlichen Inhalten des Vortrags ab. Achten Sie bei Grafiken darauf, dass die Folie lange genug gezeigt wird, damit das Publikum genügend Zeit hat, den

---

[395] Vgl. Stickel-Wolf/Wolf [2009], S. 299 f.
[396] Vgl. ebd.
[397] Vgl. Stickel-Wolf/Wolf [2009], S. 296.

Inhalt nachzuvollziehen. Als Richtwert gelten hier mindestens 90 Sekunden, maximal sollte die Grafik drei Minuten gezeigt werden.[398]

Die **Verwendung von Farben** in einer PowerPoint-Präsentation dient dazu, Elemente hervorzuheben, voneinander abzuheben oder Aspekte zu strukturieren.[399] Farben fungieren demnach als Bedeutungsträger![400] Bei den Farben sollten Sie jedoch ebenso wie bei den Schriftarten und -größen nicht zu viele verschiedene verwenden. Zu empfehlen ist die Verwendung von maximal zwei bis vier kontrastreichen Farben.[401] So wird gewährleistet, dass die Folien auch aus größerer Distanz für das Publikum gut lesbar sind.

Nutzen Sie in Ihrer Präsentation Farben, ist es ratsam, die Wirkung der Farben über den Beamer vorab zu testen. Oftmals wirkt die Farbe, wenn die Präsentation über den Beamer an die Wand projiziert wird, anders als auf dem PC-Bildschirm. Testen Sie daher vor Ihrer Präsentation die Wirkung der von Ihnen verwendeten Farben auf dem entsprechenden Beamer.

Weiter gilt es zu beachten, dass Ihre Vorträge in aller Regel wissenschaftlicher Natur sind, deshalb sollten Sie Aussagen auf Ihren PowerPoint-Folien genauso wie in Ihrer wissenschaftlichen Arbeit mit Quellen versehen. Dabei gilt die Faustregel, mindestens eine Quellenangabe pro Folie zu verwenden. Auch Abbildungen oder Tabellen sollten Sie adäquat beschriften und mit Quellenangaben versehen. Da jede Quelle einem Eintrag im Literaturverzeichnis zugeordnet wird, ist dieses ebenfalls ein wichtiger Bestandteil Ihrer Präsentation, den man auf einer Ihrer letzten Folien finden sollte. Hierbei gilt, dass Sie ausschließlich Quellen im Literaturverzeichnis aufführen, die Sie auch tatsächlich auf Ihren Folien verwendet haben.

10.4 Vortragsstil

Im folgenden Abschnitt möchten wir Aspekte aufzeigen, die Sie speziell beim Vortragen Ihrer Präsentation beachten sollten.

Natürlich sollten Sie zu Ihrem Vortrag zunächst einmal pünktlich erscheinen. Dies vermeidet unnötigen Stress (und einen möglichen Punktabzug bei Referaten). Versuchen Sie insgesamt, sich vor dem Vortrag zu entspannen und nicht mehr in Ihren Skripten zu lesen. Dies kann als Zeichen von Unsicherheit gewertet werden, wenn das Publikum schon eingetroffen ist. Richten Sie stattdessen all Ihre Aufmerksamkeit auf folgende Aspekte:

---

[398] Vgl. Karmasin/Ribing [2011], S. 157.
[399] Vgl. Franck/Stary [2006], S. 267 f.
[400] Vgl. Seifert [2004], S. 44.
[401] Vgl. Stickel-Wolf/Wolf [2009], S. 296.

Achten Sie darauf, dass Ihre Kleidung ordentlich und der Situation angemessen ist. Je nach Vortragssituation können verschiedene Personen für Sie relevant sein: Techniker, andere Vortragende oder die Organisatoren. Sprechen Sie sich mit ihnen ab und klären Sie offene Fragen im Vorfeld. Prüfen Sie weiterhin vor Ihrem Vortrag nochmals die benötigten Hilfsmittel. Steht der Internetzugang, lässt sich die PowerPoint-Präsentation problemlos vorführen oder ist z. B. der Overhead Projektor angeschlossen, sind Flipchart und Flipchart-Marker im Raum?

Die folgenden Punkte, die Ihnen helfen werden, Nervosität abzubauen, können im Vorfeld gut vorbereitet werden. Auch hier zählt der erste Eindruck. Wirken Sie auf das Publikum kompetent und sympathisch? Damit Sie einen möglichst positiven Eindruck hinterlassen, sollten Sie die folgende Checkliste vor Ihrer Präsentation durchgehen:

Begrüßung: Achten Sie bei Ihrer Präsentation darauf, dass die Begrüßung nicht in jeder Situation erforderlich ist, dann aber der Situation angemessen sein sollte. Ihre Kommilitonen müssen Sie bspw. in der Regel nicht siezen. Lassen Sie Ihr Publikum wissen, dass Sie sich auf Ihre Präsentation freuen.

Vorstellung: Stellen Sie sich oder Ihre Arbeitsgruppe ggf. kurz und prägnant vor. Weiterhin sollten Sie das Thema Ihrer Präsentation erläutern.

Organisatorisches: Ihre Zuhörer möchten wissen, was sie erwartet. Geben Sie deshalb immer eine kurze Übersicht über das, was Sie präsentieren, wie z. B. Dauer der Präsentation, Aufteilung der einzelnen Abschnitte und Medieneinsatz.

Dank: Wenn Anlass besteht, sich für die technische Unterstützung oder die Einladung zu bedanken, dann tun Sie dies gleich zu Beginn Ihrer Präsentation. Es kann auch sinnvoll sein, sich bei den eigenen Team-Mitgliedern zu bedanken, ohne deren Hilfe Sie gar nicht hätten präsentieren können. Ihren Dank können Sie am Schluss des Vortrags noch einmal wiederholen.

Regeln für die Zuhörer: Eine wichtige Regel für die Zuhörer ist sicherlich, ob auftretende Fragen zwischendurch oder gesammelt am Schluss der Präsentation gestellt werden dürfen.

Einbeziehung des Publikums: Die Teilnehmer sollten und wollen neugierig gemacht werden, sie möchten mitdenken können. Dies können Sie z. B. durch eine humorvolle Einleitung erreichen, wenn es zum Thema passt.

Vermeiden Sie in der Anfangsphase vor allem eines: Entschuldigen Sie sich nicht für etwaige Fehler und werten Sie Ihren Vortrag nicht im Vorfeld ab, dies zeugt nicht gerade von einer professionellen Vorgehensweise. Treten Sie stattdessen selbstsicher und kompetent auf. Achten Sie insbesondere auch auf Ihre **Körpersprache**, denn non-verbale Signale beeinflussen den Gesamteindruck einer Person und machen erfahrungsgemäß mehr als die Hälfte dieser aus. Ihre **Gestik** und **Mimik** sollte positive Assoziationen beim Publikum auslösen. Dazu gehören ein freundliches Gesicht und offene Hände sowie ein ruhiger Blick. Abweisend wirken bspw. verschränkte Arme. Mithilfe der Gestik unterstreichen Sie – größtenteils unbewusst – Ihre Aussagen und können diese verstärken oder abschwächen. Da Ihr Publikum in aller Regel die gleiche oder eine ähnliche Gestensprache wie Sie nutzt, sollten Sie darauf achten, dass Sie Gesten, die durchaus auch Doppeldeutungen aufweisen können, gezielt und unterstützend verwenden.[402]

Es gilt, darauf zu achten, Ihre Gestik den Gegebenheiten der Situation anzupassen und somit bewusst Ihre Körpersprache einzusetzen. Doch auch hier gilt die Devise der richtigen Dosierung. Zu viel Gestikulation kann Ihrem Vortrag ebenso schaden wie zu sparsam eingesetzte Gesten, die Ihre Präsentation möglicherweise trist und wenig dynamisch erscheinen lassen.[403] Ferner sollten Sie Ihrem Publikum höflich entgegentreten, d. h. verzichten Sie auf Kaugummi und Kopfbedeckungen. Achten Sie auch darauf, dass Sie Ihrem Publikum nicht den Rücken zuwenden.

Für viele Vortragende ist der adäquate Einsatz der Hände ein unlösbares Problem. Sie wirken im Allgemeinen aktiver, wenn Sie Ihre Hände einsetzen. Es ist günstig, wenn Sie diese in Hüfthöhe halten und z. B. eine Hand in die andere legen. Versuchen Sie zudem Blickkontakt zum Publikum herzustellen, das strahlt Selbstbewusstsein Ihrerseits und Wertschätzung gegenüber dem Publikum aus. Dabei ist zu beachten, den Blickkontakt möglichst zu verschiedenen Personen herzustellen und nicht nur Ihren Prüfer anzusehen.[404]

Selbstverständlich ist auch die beste Form nichts ohne den richtigen Inhalt. Wenn Sie dem Handbuch aber bis hierher gefolgt sind und sich nun mit dem richtigen Stil und der nötigen Etikette vertraut gemacht haben, kann nun der Vorhang für Ihren Vortrag geöffnet werden.

---

[402] Vgl. Kellner [2000], S. 196 f.

[403] Vgl. Kellner [2000], S. 200.

[404] Vgl. Kellner [2000], S. 206 f.

ZUSAMMENFASSUNG

- Interesse wecken durch gelungene Visualisierung und Einsatz verschiedener Medien
- Nicht nur Fachwissen vermitteln, sondern das Publikum begeistern
- Präsentationen sollten durchgängig klar, übersichtlich strukturiert und nachvollziehbar sein
- Achten Sie auf Ihre Körpersprache

QR-Code zu den Übungen:

ILIAS-Pfad zu den Übungen: Magazin » FB Wirtschaft & Medien » Standortübergreifend » "Wissenschaftliches Arbeiten 2.0"

IV Literaturverzeichnis

Adept Scientific [2012]
> End Note Anwender. Hochschulen Deutschland und Österreich, verfügbar unter: http://www.adeptscience.de (01.06.2012).

American Psychological Association [2010]
> Publication Manual of the American Psychological Association, 6. Aufl., Washington DC 2010.

Ashworth, P. D. [2003]
> The origins of qualitative psychology, in: Smith, J. A. (Hrsg.): Qualitative Psychology. A practical guide to research methods, London 2003, S. 4-24.

Atteslander, P. [2010]
> Methoden der empirischen Sozialforschung, 13. neu bearb. und erw. Aufl., Berlin 2010.

Balzer, W. [1997]
> Die Wissenschaft und ihre Methoden. Grundsätze der Wissenschaftstheorie. Ein Lehrbuch, München 1997.

Bänsch, A. [2003]
> Wissenschaftliches Arbeiten. Seminar- und Diplomarbeiten, 8. durchges. und erw. Aufl., München 2003.

Bänsch, A./Alewell, D. [2009]
> Wissenschaftliches Arbeiten, 11. Aufl., München 2009.

Berger, D. [2010]
> Wissenschaftliches Arbeiten in den Wirtschafts- und Sozialwissenschaften. Hilfreiche Tipps und praktische Beispiele, Wiesbaden 2010.

Bernhard, R. H./Ryan, G. W. [2010]
> Analyzing Qualitative Data. Systematic Approaches, Los Angeles/London/ New Delhi/Singapore/Thousand Oaks 2010.

Berzbach, F. [2001]
> Künstliche Intelligenz aus Holz, verfügbar unter: http://www.sciencegarden.de/content/2001-07/k%25C3%25BCnstliche-intelligenz-aus-holz (03.01.2013).

Boeglin, M. [2012]
> Wissenschaftlich arbeiten Schritt für Schritt. Gelassen und effektiv studieren, 2. Aufl., Paderborn 2012.

Literaturverzeichnis

Bortz, J./Döring, N. [2006]
Forschungsmethoden und Evaluation für Human- und Sozialwissenschaftler, 4. überarb. Aufl., Heidelberg 2006.

Brink, A. [2007]
Anfertigung wissenschaftlicher Arbeiten. Ein prozessorientierter Leitfaden zur Erstellung von Bachelor-, Master- und Diplomarbeiten in acht Lerneinheiten, 3. überarb. Aufl., München 2007.

Bühl, A. [2012]
SPSS 20. Einführung in die moderne Datenanalyse, 13. Aufl., München 2012.

Bünting, K.-D./Bitterlich, A./Pospiech, U. [2002]
Schreiben im Studium: mit Erfolg. Ein Leitfaden, 3. Aufl., Berlin 2002.

Carnap, R. [1961]
Der Sinn der erkenntnistheoretischen Analyse, in: Blumenberg, H./Habermas, J./Henrich, D./Taubes, J. (Hrsg.): Scheinprobleme in der Philosophie. Einführung von Günther Patzig. Theorie 1, Frankfurt am Main 1966, S. 1-30.

Chalmers, A. F. [1999]
Wissenschaft als Erkenntnisform, die auf erfahrbaren Tatsachen beruht, in: Bergemann, N./Altstötter-Gleich, C. (Hrsg.): Wege der Wissenschaft. Einführung in die Wissenstheorie, 6. verbesserte Aufl., Berlin/Heidelberg/New York 2007, S. 1-18.

Claes, L./Mutschler, W./ Neugebauer, E. A. M. [2011]
Projektplanung, in: Neugebauer, E. A. M./Mutschler, W./Claes, W. (Hrsg.): Von der Idee zur Publikation. Erfolgreiches wissenschaftliches Arbeiten in der medizinischen Forschung, 2. Aufl., Heidelberg 2011, S. 1-16.

Deutsche Forschungsgemeinschaft [1998]
Sicherung guter wissenschaftlicher Praxis, verfügbar unter: http://www.dfg.de/download/pdf/dfg_im_profil/reden_stellungnahmen/download/empfehlung_wiss_praxis_0198.pdf (13.07.2011).

Deutsche Gesellschaft für Psychologie [1997]
Richtlinien zur Manuskriptgestaltung, 2. überarb. und erw. Aufl., Göttingen 1997.

Deutsches Institut für Wirtschaftsforschung e.V. [2013]
Instrumente und Feldarbeit, verfügbar unter: http://www.diw.de/ de /diw_02. c.222729. de/ instrumente_feldarbeit.html (04.07.2013).

Deutsche Nationalbibliothek [2012]
Sammelauftrag der Deutschen Nationalbibliothek, verfügbar unter:
www. dnb.de/DE/Wir/Sammelauftrag/sammelauftrag_node.html
(22.04.2013).

Diekmann, A. [2005]
Empirische Sozialforschung. Grundlagen, Methoden, Anwendungen,
14. Aufl., Reinbek 1999.

Diekmann, A. [2010]
Empirische Sozialforschung. Grundlagen, Methoden, Anwendungen,
21. Aufl., Reinbek 2010.

Ebster, C./Stalzer, L. [2008]
Wissenschaftliches Arbeiten für Wirtschafts- und Sozialwissenschaftler,
3. überarbeitete Aufl., Wien 2008.

Eid, M./Gollwitzer, M./Schmitt, M. [2010]
Statistik und Forschungsmethoden, Basel/Weinheim 2010.

Esselborn-Krumbiegel, H. [2008]
Von der Idee zum Text. Eine Anleitung zum wissenschaftlichen Schreiben,
3. überarb. Aufl., Paderborn 2008.

Falk, A./Ichino, A. [2006]
Clean Evidence on Peer Effects, in: Journal of Labor Economics, Vol. 24,
No. 1, 2006, S. 39-57.

Fisseni, H.-J. [2004]
Lehrbuch der psychologischen Diagnostik. Mit Hinweisen zur Intervention,
3. überarb. und erw. Aufl., Göttingen 2004.

Franck, N./Stary, J. [2006]
Die Technik wissenschaftlichen Arbeitens, 13. Aufl., Paderborn 2006.

Friedrichs, J. [1990]
Methoden empirischer Sozialforschung, 14. Aufl., Opladen 1990.

Gansen, D./Aretz, W. [2010]
Kaufsucht im Internet – Hypothesenprüfung und Modellexploration zur
Klärung von Ursachen und Auslösern pathologischen Kaufverhaltens, in:
Journal of Business and Media Psychology, Vol. 1, 2010, S. 24-38.

Gerrig, R. J. [2015]
Psychologie, 20. Aufl., Hallbergmoos 2015.

Literaturverzeichnis

Gläser, J./Laudel, G. [2010]
Experteninterviews und qualitative Inhaltsanalyse, 4. Aufl., Wiesbaden 2010.

Glaser, B. G./Strauss, A. L. [2010]
Grounded Theory. Strategien qualitativer Forschung, 3. Aufl., Bern 2010.

Goldberg, N. [2010]
Writing Down the Bones, Freeing the Writer Within, Boston 2010.

Grass, B./Drügg, S. [1998]
Der praktische Studienbegleiter. Das ABC des erfolgreichen Wirtschafts-studiums, Köln 1998.

Hagenloch, T. [2010]
Die Seminar- und Bachelorarbeit im Studium der Wirtschaftswissenschaf-ten. Ein kompakter Ratgeber (Schriftenreihe des Kompetenzzentrums für Unternehmensentwicklung und –beratung, 1), Burgheim 2010.

Hartmann, M./Funk, R./Nietmann, H. [2008]
Präsentieren. Präsentationen: zielgerichtet und adressatenorientiert, 8. Aufl., Weinheim und Basel 2008.

Heesen, B. [2010]
Wissenschaftliches Arbeiten. Vorlagen für das Bachelor-, Master- und Promotionsstudium, 13. Aufl., Heidelberg/Dordrecht/London/New York 2010.

Helfferich, C. [2011]
Die Qualität qualitativer Daten. Manual für die Durchführung qualitativer Interviews, 4. Aufl., Wiesbaden 2011.

Helfferich, C./Kandt, I. [1996]
Wie kommen Frauen zu Kindern. Die Rolle von Planung, Wünschen und Zufall im Lebenslauf, in: Bundeszentrale für gesundheitliche Aufklarung (Hrsg.): Kontrazeption, Konzeption, Kinder oder keine. Dokumentation ei-ner Expertentagung (Reihe Forschung und Praxis der Sexualaufklärung, 6, S. 51-79), Köln 1996.

Hochschulrektorenkonferenz [1998]
Zum Umgang mit wissenschaftlichem Fehlverhalten in den Hochschulen. Empfehlung des 185. Plenums vom 6. Juli 1998, verfügbar unter: http://www.hrk.de/positionen/gesamtliste-beschluesse/position/convention/zum-umgang-mit-wissenschaftlichem-fehlverhalten-in-den-hochschulen (30.04.2014).

Höft, S./Funke, U. [2006]
Simulationsorientierte Verfahren der Personalauswahl, in: Schuler, H.
(Hrsg.): Lehrbuch der Personalpsychologie, 2. überarb. und erw. Aufl.,
Göttingen 2006, S. 145-187.

Holzkamp, K. [1995]
Lernen. Subjektwissenschaftliche Grundlegung, Frankfurt am Main/New
York 1995.

Horster, D. [2005]
Niklas Luhmann, 2. überarb. Aufl., München 2005.

Jäger, R. [2007]
Selbstmanagement und persönliche Arbeitstechniken (ibo Schriftenreihe,
8), Wettenberg 2007.

Janson, S. [2007]
Selbstorganisation und Zeitmanagement, Heidelberg 2007.

Janssen, J./Laatz, W. [2013]
Statistische Datenanalyse mit SPSS, 8. Aufl., Berlin 2013.

Jonkisz, E./Moosbrugger, H./Brandt, H. [2012]
Planung und Entwicklung von Tests und Fragebogen, in: Moosbrugger,
H./Kelava, A. (Hrsg.): Testtheorie und Fragebogenkonstruktion, 2. aktual.
und überarb. Aufl., Berlin/Heidelberg/New York 2012, S. 27-74.

Karlsruher Institut für Technologie [2013]
Hilfe und Infos. Über den KVK, verfügbar unter: www.ubka.uni-
karlsruhe.de/kvk/kvk/kvk_hilfe.html (22.04.2013).

Karmasin, M./Ribing, R. [2011]
Die Gestaltung wissenschaftlicher Arbeiten, 6. Aufl., Wien 2011.

Kellner, H. [2000]
Reden Zeigen Überzeugen. Von der Kunst der gelungenen Präsentation,
München und Wien 2000.

Kentzler, C./Richter, J. [2010]
Stressmanagement. Das Kienbaum- Trainingsprogramm, Freiburg i. Br.,
Berlin, München/Planegg 2010.

Koeder, K.-W. [2012]
Studienmethodik. Selbstmanagement für Studienanfänger, 5. Aufl., München 2012.

Literaturverzeichnis

Kornmeier, M. [2007]
Wissenschaftstheorie und wissenschaftliches Arbeiten. Eine Einführung für Wirtschaftswissenschaftler, Heidelberg 2007.

Kornmeier, M. [2009]
Wissenschaftliches Schreiben leicht gemacht: für Bachelor, Master und Dissertation, 2. erw. Aufl., Bern/Stuttgart/Wien 2009.

Kromrey, H. [2009]
Empirische Sozialforschung. Modelle und Methoden der standardisierten Datenerhebung und Datenauswertung, 12. neu bearb. Aufl., Stuttgart 2009.

Krautz, B./Schiebeck, H./Schülke, J. [2014]
Stressfrei studieren ohne Burnout, Konstanz, München 2014.

Kreidl, C. (Hrsg.) [2013]
Zeitmanagement, Arbeits- und Lerntechniken. Ein Leitfaden für Studium und Praxis, 2. Aufl., Wien 2013.

Kuckartz, U. [2012]
Qualitative Inhaltsanalyse. Methoden, Praxis, Computerunterstützung, Weinheim/Basel 2012.

Kuckartz, U./Rädiker, S./Ebert, T./Schehl, J. [2013]
Statistik. Eine verständliche Einführung, 2. Aufl., Wiesbaden 2013.

Kuhn, T. S. [1973]
Die Struktur wissenschaftlicher Revolutionen (Suhrkamp Taschenbuch Wissenschaft, 25), Frankfurt am Main 1973.

Kunz, K.-L. [1977]
Die analytische Rechtstheorie. Eine „Rechts"-theorie ohne Recht? Systematische Darstellung und Kritik (Schriften zur Rechttheorie, 59), Berlin 1977.

Kunz, K.-L./Mona, M. [2006]
Rechtsphilosophie, Rechtstheorie, Rechtssoziologie. Eine Einführung in die theoretischen Grundlagen der Rechtswissenschaft, Bern/Stuttgart/Wien 2006.

Langer, I./Schulz von Thun, F./Tausch, R. [1974]
Verständlichkeit in Schule, Verwaltung, Politik und Wissenschaft, München/Basel 1974.

Lazarus, R. S. [1993]
From Psycholgical Stres to the Emotions. A History of Changing Outlooks, in: Annual Review of Psychology, Vol. 44, Issue 1,1993, pp. 1-22.

Leonhart, R. [2010]
   Datenanalyse mit SPSS, Göttingen 2010.

Leven, I./Quenzel, G./Hurrelmann, K. [2010]
   Familie, Schule, Freizeit: Kontinuitäten im Wandel, in: Shell Deutschland
   Holding (Hrsg.): 16. Shell Jugendstudie. Jugend 2010, Frankfurt am Main
   2012, S. 53-128.

Lipson, C. [2011]
   Cite Right: A Quick Guide to Citation Styles – MLA, APA, Chicago, the
   Sciences, Professions and More, 2. Aufl., Chicago 2011.

Löbner, S. [2003]
   Semantik. Eine Einführung, Berlin 2003.

Lüdecke, D. [2013]
   Zkn3 – Zettelkasten nach Luhmann, verfügbar unter:
   http://zettelkasten.danielluedecke.de (03.01.2013).

Luhmann, N. [1984]
   Soziale Systeme. Grundriss einer allgemeinen Theorie, Frankfurt am Main
   1984.

Luhmann, N. [1992]
   Die Wissenschaft der Gesellschaft, Frankfurt am Main 1992.

Maier, P./Barney, A./Price, G. [2011]
   Survival-Guide für Erstis, München 2011.

Mastronardi, P. [2009]
   Angewandte Rechtstheorie, Bern/Stuttgart/Wien 2009.

Mayer, H. O. [2008]
   Interview und schriftliche Befragung. Entwicklung, Durchführung und
   Auswertung, 4. Aufl., München 2008.

Mayring, P. [2010]
   Qualitative Inhaltsanalyse. Grundlagen und Techniken, 11. aktual. und
   überarb. Aufl., Weinheim 2010.

Meidl, C. N. [2009]
   Wissenschaftstheorie für SozialforscherInnen, Wien/Köln/Weinheim 2009.

Möllers, T. M. J. [2005]
   Juristische Arbeitstechniken und wissenschaftliches Arbeiten. Klausur,
   Hausarbeit, Seminar, Studienarbeit, Staatsexamen, Dissertation, 3. Aufl.,
   München 2005.

Moosbrugger, H./Kelava, A. [2012]
Qualitätsanforderungen an einen psychologischen Test (Testgütekriterien), in: Moosbrugger, H./Kelava, A. (Hrsg.): Testtheorie und Fragebogenkonstruktion, 2. Aufl., Berlin/Heidelberg 2012, S. 7-25.

Nerdinger, F. W./Blickle, G./Schaper, N. [2008]
Arbeits- und Organisationspsychologie, Heidelberg 2008.

Neumann, U. [2011]
Wissenschaftstheorie der Rechtswissenschaft, in: Kaufmann, A./Hassemer, W./Neumann, U. (Hrsg.): Einführung in die Rechtsphilosophie und Rechtstheorie der Gegenwart, 8. Aufl., Heidelberg 2011, S. 385-400.

Neville, C. [2010]
The Complete Guide to Referencing and Avoiding Plagiarism, 2. Aufl., Maidenhead 2010.

Pertl, K. N. [2005]
Karrierefaktor Selbstmanagement. So erreichen Sie Ihre Ziele. Mit Karriereplaner auf CD ROM, Freiburg i. Br./Planegg 2005.

Popper, K. [1994]
Vermutungen und Widerlegungen. Das Wachstum der wissenschaftlichen Erkenntnis, in: Homann K. (Hrsg.): Die Einheit der Gesellschaftswissenschaften (Studien in den Grenzbereichen der Wirtschafts- und Sozialwissenschaften, 1, S. 198-242), Tübingen 1994.

Püschel, E. [2010]
Selbstmanagement und Zeitplanung, Paderborn 2010.

Porst, R. [2011]
Fragebogen. Ein Arbeitsbuch, 3. Aufl., Wiesbaden 2011.

Preißner, A. [1994]
Wissenschaftliches Arbeiten, München 1994.

QuestBack GmbH [2014]
EFS Survey 10.1 Handbuch, verfügbar unter:
http://www.unipark.info/files/efssurvey101manual_ger_2014-01-20.pdf
(20.05.2014).

Schäfer, S./Heinrich, D. [2010]
Wissenschaftliches Arbeiten an deutschen Universitäten. Eine Arbeitshilfe für ausländische Studierende im geistes- und gesellschaftlichen Bereich, München 2010.

Schendera, C. [2005]
Datenmanagement mit SPSS. Kontrollierter und beschleunigter Umgang mit Datensätzen, Texten und Werten, Berlin 2005.

Schimmel, R./Weinert, M./Basak, D. [2007]
Juristische Themenarbeiten. Eine Anleitung für Klausur und Hausarbeit im Schwerpunktbereich. Seminar- und wissenschaftliche Abschlussarbeit, 7. Aufl., Heidelberg/München/Landsberg/Berlin 2007.

Schmidt, F. L./Hunter, J. E. [1998]
The validity and utility of selection methods in personnel psychology: Practical and theoretical implications of 85 years of research findings, in: Psychological Bulletin, Vol. 124., No. 2, 1998, S. 262-274.

Schneider, W. [2004]
Deutsch fürs Leben. Was die Schule zu lehren vergaß, 13. Aufl., Reinbek 2004.

Schnell, R./Hill, P. B./Esser, E. [2005]
Methoden der empirischen Sozialforschung. 7. Aufl., München/Wien, 2005.

Schuler, H./Höft, S. [2006]
Konstruktorientierte Verfahren der Personalauswahl, in: Schuler, H. (Hrsg.): Lehrbuch der Personalpsychologie, 2. überarb. und erw. Aufl., Göttingen 2006, S. 101-144.

Scott, M. [2006]
Zeitgewinn durch Selbstmanagement. So kriegen Sie Ihre Aufgaben in den Griff, Frankfurt a. M. 2006.

Sedlmeier, P./Renkewitz, F. [2008]
Forschungsmethoden und Statistik in der Psychologie, München 2008.

Sedlmeier, P./Renkewitz, F. [2013]
Forschungsmethoden und Statistik. Ein Lehrbuch für Psychologen und Sozialwissenschaftler, 2. aktual. und erw. Aufl., Hallbergmoos 2013.

Seifert, J. W. [2004]
Visualisieren Präsentieren Moderieren. Das Standardwerk, 21. Aufl., Offenbach 2004.

Stickel-Wolf, C./Wolf, J. [2013]
Wissenschaftliches Arbeiten und Lerntechniken. Erfolgreich studieren – gewusst wie!, 7. Aufl., Kiel 2013.

Literaturverzeichnis

Stock, S./Schneider, P./Peper, E./Molitor, E. [2009]
    Planung und Organisation, in: Stock, S. (Hrsg.): Erfolgreich promovieren.
    Ein Ratgeber von Promovierten für Promovierende, 2. Aufl., Ber-
    lin/Heidelberg 2009, S. 95-118.

Storch, M. [2009]
    S.M.A.R.T.-Ziele und Motivation. Motto-Ziele, in: Birgmeier, B. (Hrsg.):
    Coachingwissen. Denn sie wissen nicht, was sie tun?, Wiesbaden 2009, S.
    183-205.

Swiss Academic Software [2013]
    Citavi. Referenzen, verfügbar unter: http://citavi.com/de/referenzen.html
    (04.03.2013).

Theisen, M. R. [2008]
    Wissenschaftliches Arbeiten, 14. Aufl., München 2008.

Theisen, M. R. [2013]
    Wissenschaftliches Arbeiten. Erfolgreich bei Bachelor- und Masterarbeit,
    München 2013.

Trautmann, T. [2010]
    Interviews mit Kindern, Wiesbaden 2010.

Trimmel, M. [2009]
    Wissenschaftliches Arbeiten in Psychologie und Medizin, Wien 2009.

Virtuelle Fachbibliothek Recht [2013]
    Virtuelle Fachbibliothek Recht, verfügbar unter: http://www.vifa-recht.de/
    (01.02.2013).

Von Hentig, H. [2005]
    Wissenschaft. Eine Kritik, Weinheim/Basel 2005.

Voss, R. [2011]
    Wissenschaftliches Arbeiten, 2. Aufl., Konstanz 2011.

Weber-Wulff, D. [2009]
    Fremde Federn Finden. Kurs über Plagiat, verfügbar unter: http://plagiat.
    htw-berlin.de/ ff/schule/3_2/wie (24.05.2013).

Wolfsberger, J. [2009]
    Frei geschrieben. Mut, Freiheit und Strategie für wissenschaftliche Ab-
    schlussarbeiten, Wien/Köln/Weimar 2009.

Woolfolk, A. [2014]
    Pädagogische Psychologie, 12. Aufl., Hallbergmoos 2014.

V   Stichwortverzeichnis

Abbildungen 27, 58, 60, 63, 66, 84, 85, 108, 114, 115, 116, 241

Abbildungsverzeichnis 58, 63

Abkürzungsverzeichnis 58, 63, 139

Absatz 79, 107, 114

Abstufungsprinzip 70

Akademische Titel 81

ALPEN-Methode 20, 25, 26

Anhang 53, 58, 60, 63, 65, 66, 74, 94, 100, 124, 175

Anhangsverzeichnis 53, 58, 59, 64

Balkendiagramm 201, 227, 229

Beiblatt 58

Beobachtungen 5, 8, 143, 145, 153, 167, 169

Bestandteile einer wissenschaftlichen Arbeit 1, 57

Bibliothekskatalog 40, 41

Big Five 9

Biorhythmus 26, 27, 28, 31

Brainstorming 36

Chicago of Manual Style 50

Computergestützte Anwendungen 2, 177

Coping 33

Darstellung von Ergebnissen 172, 226

Datenbank 38, 40, 42, 43, 44, 49, 50

Deckblatt 57, 58, 64

Deduktiv 72

Deskriptive Studien 144

Diagramme 20, 205, 226, 227, 229

Diskussion 73, 74, 147, 172, 239

Disziplin 7, 16, 30

Effektgrößen 151

Eidesstattliche Erklärung 58, 64, 66

Eigennamen 61

Einleitung 1, 59, 67, 68, 72, 73, 137, 138, 141, 172, 238, 239, 242

Eisenhower-Methode 20

Elektronische Zeitschriftenbibliothek 42

Elemente des Textteils 67, 69

Empirische Arbeiten 172

Empirischer Forschungsprozess 147, 148

Englische Zusammenfassung 58, 64

Ergebnisteil 74, 174, 175

Erhebungsinstrument 10, 151, 177

Et al. 82, 211

Experiment 165, 166

Explorative Untersuchung 144

Fachbegriffe 62, 139

Falsifikation 7

Stichwortverzeichnis

Fehlende Werte 196, 213

Formale Vorgaben 57

Format der Arbeit 59

Formatierung 23, 57, 58, 65, 161

Forschungsdesign 151, 165

Forschungsfrage 38, 55, 73, 147, 149, 150, 167, 168

Fragestellung 2, 8, 37, 38, 39, 42, 46, 52, 54, 55, 66, 67, 68, 69, 73, 74, 138, 145, 146, 148, 149, 151, 153, 167, 170, 174, 183, 188, 239

Fußnoten 59, 82, 83, 102, 108, 113, 131, 134

Gantt-Diagramm 20, 24, 25

Geschlossene Fragen 157, 217

Gliederungsebene 60, 182

Gliederungsmöglichkeiten 68, 72, 73

Gliederungspunkt 71, 107, 114

Grounded Theory 170, 171, 248

Harvard-Zitierweise 51

Hauptteil 67, 137, 238

Hermeneutik 7, 170, 171

Hypothese 9, 10, 73, 74, 149, 150, 151, 153, 167

Inhaltsanalyse 145, 169, 170, 171, 248, 250, 251

Inhaltsverzeichnis 57, 58, 59, 62, 63, 64, 65, 69, 70, 71

Intervall-Skala 161

Interview 171, 201, 251

Jahreszahl 81

Karteikartensysteme 47, 49

Kreativitätstechniken 36

Kurzzitat 83

Kurzzitiertechnik 79, 82, 106, 113

Langzitat 83

Layout 64, 181, 240

Lerntyp 27

Lernumgebung 28

Linienprinzip 70

Literaturrecherche 1, 36, 38, 39, 40, 42, 43, 47, 136, 174

Literaturverwaltungsprogramm 49, 50

Literaturverzeichnis 1, 44, 50, 53, 58, 63, 65, 80, 81, 82, 85, 86, 92, 102, 106, 108, 113, 116, 117, 123, 131, 241, 245

Mehrfachauswahl 187, 188, 198

Methodenteil 73, 74, 172

Mindmapping 36

Motivation 16, 17, 30, 31, 158, 164, 224, 254

Muster-Quellenangaben 1, 86, 108, 117

Netzplantechnik 24

Nominal-Skala 161, 213

Nummerierung 59, 60, 65, 69, 81, 83

Objektivität 7, 11, 155

Offene Fragen 157

Onlinebefragung 177

OPAC 40

Ordinal-Skala 161, 213

Pareto-Prinzip 20, 21, 22

Pflichtfragen 195, 198, 199

Plagiat 76, 77, 79, 254

Planung 10, 16, 21, 23, 24, 73, 143, 152, 171, 248, 249, 254

Pleonasmen 139

Präsentation 229, 233, 234, 235, 236, 237, 238, 239, 240, 241, 242, 243, 249

Primärquelle 102, 131

Priorisierung 16, 17, 20, 26

Prokrastination 30, 31

Qualität 1, 11, 12, 36, 46, 51, 151, 185, 202, 235, 248

Qualitätskriterien 52

Quantität 51

Rahmenelemente 62, 63, 65

Randomisierung 166, 195, 197, 198

Ratio-Skala 162, 213

Referenzdatenbanken 42

Referenzzeichen 82, 83, 107, 108, 113, 114, 117

Reliabilität 12, 155

Schneeballsystem 44

Schreibblockade 136, 137

Schreibfluss 136, 137

Schriftart 59, 61, 65, 181, 240

Schriftgröße 59, 60, 84, 115, 235

Seitenränder 59, 60

Seitenzahlen 59, 63, 64, 65, 80, 82, 137

Sekundärquelle 92, 123

Selbstmanagement 16, 17, 26, 249, 252, 253

Skalenniveau 156, 161, 213, 220, 223

SMART-Regel 18, 19

Sperrvermerk 58, 66

SPSS 172, 175, 177, 179, 203, 204, 205, 206, 207, 208, 209, 210, 211, 212, 213, 218, 226, 229, 231, 246, 249, 251, 253

Stand der Forschung 39, 51

Statista 42

Stichprobe 5, 73, 145, 149, 152, 153, 164, 168, 172, 173, 178, 201

Stress 15, 20, 31, 32, 33, 34, 47, 241

Studiengang Wirtschaftsrecht Zitiertechnik 113

Studienschwerpunkt Steuerberatung und Unternehmensprüfung 106, 108

Suchmaschinen 44

Tabellen 29, 58, 59, 60, 63, 64, 66, 84, 85, 108, 115, 116, 205, 208, 224, 231, 241

Tertiärquelle 51

Tests 153, 164, 177, 249

Stichwortverzeichnis

Textausrichtung 59

Themenfindung 36, 239

Themensuche 1, 36

Themenwahl 38, 54

Theorie 4, 6, 7, 8, 9, 10, 11, 72, 74, 144, 148, 149, 175, 246, 251

Tippfehler 80

Titelblatt 58, 59, 62, 64, 81

Überschriften 57, 60, 61, 69, 71, 141, 189, 236

Unternehmenspapiere 53

Unvollständigen Quellenangaben 81

Validität 12, 155

Verlagsort 81

Verlagsverzeichnis 43

Versuchsdesign 10

Vorlagen 64, 248

Vortrag 2, 226, 235, 236, 237, 238, 239, 240, 241, 242, 243

Wichtigkeits-Dringlichkeits-Matrix 22, 23

Wissenschaftliche Fachzeitschriften 41

Wissenschaftliche Methode 3, 6, 8, 147, 148

Wissenschaftliches Fehlverhalten 76, 248

Wissenschaftliches Schreiben XIV, 136, 250

Wissenschaftstheorie 3, 4, 6, 7, 245, 250, 251, 252

Zeilenabstand 59, 83, 84, 115

Zeiteinteilung 15, 16, 21

Zeitmanagement 1, 20, 21, 26, 50, 249

Zeitschriftendatenbank 41

Zettelsammlung 47

Ziel 1, 11, 17, 18, 19, 20, 22, 28, 33, 66, 144, 145, 147, 149, 165, 167, 171, 174, 238, 239

Zielsetzung 16, 17, 73, 150

Zielsetzungstheorie 18

Zitat im Zitat 80

Zitierfähigkeit 51, 52, 53

Zitierwürdigkeit 51, 53, 76